高职高专"十三五"规划教材

物理化学

WULI HUAXUE

胡彩玲　王伟　谭美蓉　主编
童孟良　主审

化学工业出版社
·北京·

《物理化学》分理论和实训两大部分，理论部分共分 8 章，包括气体状态方程、热力学第一定律、热力学第二定律、化学平衡限度计算、物质分离提纯基础、电化学基础、动力学基础、表面现象与胶体。该部分每章前设有学习指导，每节前设有学习导航，介绍基本概念，启迪学生思维。理论公式本着"必需、够用"为度，淡化理论推导，侧重公式条件的把握及应用。每章后附有阅读材料、主要公式小结及习题，拓展学生视野，习题中的拓展题理论密切联系实际，学以致用，便于知识的进一步巩固和提高。实训部分包括基本知识的准备、常用仪器操作技能训练、基础实训和设计性实训。为方便教学，本书配有电子课件。

本书可作为高职高专化工、制药及相关专业教学用书，也可供其他从事化学化工及其相关专业的人员作为参考书。

图书在版编目（CIP）数据

物理化学/胡彩玲，王伟，谭美蓉主编. —北京：化学工业出版社，2017.7（2023.2 重印）
高职高专"十三五"规划教材
ISBN 978-7-122-29679-5

Ⅰ.①物⋯　Ⅱ.①胡⋯ ②王⋯ ③谭⋯　Ⅲ.①物理化学-高等职业教育-教材　Ⅳ.①O64

中国版本图书馆 CIP 数据核字（2017）第 101052 号

责任编辑：旷英姿　林　媛　　　　　　装帧设计：王晓宇
责任校对：边　涛

出版发行：化学工业出版社（北京市东城区青年湖南街 13 号　邮政编码 100011）
印　　装：三河市双峰印刷装订有限公司
787mm×1092mm　1/16　印张 13¼　字数 318 千字　2023 年 2 月北京第 1 版第 7 次印刷

购书咨询：010-64518888　　　　　　　售后服务：010-64518899
网　　址：http://www.cip.com.cn
凡购买本书，如有缺损质量问题，本社销售中心负责调换。

定　价：33.00 元　　　　　　　　　　　　　　　　版权所有　违者必究

前言 FOREWORD

随着高等职业技术教育改革不断深入，高职教育已从"规模扩张型"向"内涵提升型"转变。为适应高职教育人才培养目标要求，本书按照全国高职化工类教材基本要求，以加强基础与培养能力为主线，遵循循序渐进的认知规律，结合国内外新技术的发展，培养学生创新能力，为后续专业课程的学习奠定基础。

《物理化学》主要包含物理化学理论知识和实训两大部分。理论部分每章都设有学习指导，每节由学习导航开启，带着学生有目的地学习。章末设有阅读材料、主要公式小结和习题，帮助学生理清思路，掌握重要公式的应用。阅读材料与新技术、化工生产、科学家等密切联系，拓展学生视野，增强学习趣味性。习题类型多样，注重与生活、生产的联系，特增加拓展题，提高学生自主学习、分析问题、解决问题、理论联系实际的能力。理论教学内容重概念、重结论、重应用，淡化公式推导，避免学习的枯燥乏味。实训部分由基本知识、常用仪器基本操作训练、基础实训和设计性实训组成，由简到难，逐步提升学习技能。本书中标有"＊"的为选学内容。

本书由湖南化工职业技术学院胡彩玲、谭美蓉和湖南石油化工职业技术学院王伟担任主编。绪论由湖南化工职业技术学院周芝兰编写；第一章、第二章由胡彩玲编写；第三章由湖南化工职业技术学院佘媛媛编写；第四章、第五章由湖南化工职业技术学院阳铁建编写；第六章由王伟编写；第七章由谭美蓉编写；第八章由湖南石油化工职业技术学院陈卓编写；物理化学实训部分由湖南化工职业技术学院侯德顺编写；谭美蓉参与了书中部分文字校对工作。全书由胡彩玲统稿，湖南化工职业技术学院童孟良教授担任主审。本书在编写过程中还得到了湖南化工职业技术学院、湖南石油化工职业技术学院其他老师的帮助和支持，在此一并致谢！本书编写时参考了相关专著和资料，在此向其作者也表示深深的谢意。

由于编者水平有限，书中难免有不妥之处，在使用过程中恳请广大师生予以批评指正。

编者
2016 年 12 月

目录 CONTENTS

绪论 / 001
    一、物理化学课程性质和地位 / 001
    二、物理化学的研究内容 / 001
    三、物理化学的研究方法 / 002
    四、物理化学的建立与发展 / 002
    五、物理化学的学习要求 / 002

第一章 气体状态方程 / 003
    第一节 理想气体 / 003
        一、理想气体微观模型 / 003
        二、低压气体实验定律 / 004
        三、理想气体状态方程 / 004
        四、理想气体混合物的平均摩尔质量 / 005
    第二节 混合气体分压定律 / 006
        一、分压力 / 006
        二、道尔顿分压定律 / 006
    第三节 混合气体分体积定律 / 007
        一、分体积及阿玛格分体积定律 / 007
        二、阿玛格分体积定律的数学表达式 / 007
        三、气体物质的量分数与分体积的关系 / 008
    第四节 范德华方程与压缩因子 / 008
        一、真实气体的范德华方程 / 009
        二、压缩因子和普遍化压缩因子图 / 009
    习题 / 013

第二章 热力学第一定律 / 016
    第一节 热力学基本概念 / 016
        一、体系与环境 / 016
        二、状态与状态函数 / 017
        三、热力学平衡态 / 017
        四、过程与途径 / 018
        五、热和功 / 019
        六、热力学能 / 020
    第二节 热力学第一定律概述 / 021
        一、热力学第一定律的文字表述 / 021
        二、热力学第一定律的数学表达式 / 021

三、恒容热、恒压热及焓 ／022
第三节 热力学第一定律的应用 ／023
一、p、V、T 变化过程 ／023
二、相变过程 ／026
三、化学变化过程 ／027
习题 ／036

第三章 热力学第二定律 ／040

第一节 自发过程及热力学第二定律 ／040
一、自发过程 ／040
二、热力学第二定律 ／041
第二节 克劳修斯不等式及熵增加原理 ／042
一、卡诺定理 ／042
二、熵函数及克劳修斯不等式 ／043
三、熵判据——熵增加原理 ／045
第三节 熵变的计算 ／046
一、简单 pVT 变化过程 ／046
二、相变过程 ／048
三、化学变化过程 ／049
第四节 吉布斯函数与亥姆霍兹函数 ／050
一、吉布斯函数 ／051
二、亥姆霍兹函数 ／054
习题 ／056

第四章 化学平衡限度计算 ／060

第一节 化学反应方向和限度 ／060
一、理想气体反应等温方程式 ／060
二、理想气体反应的标准平衡常数 ／061
三、平衡常数的各种表示方法 ／063
四、化学平衡常数的计算 ／064
第二节 温度对化学平衡的影响 ／065
一、等压方程式 ／066
二、标准摩尔反应焓为常数时标准平衡常数与温度的关系 ／066
第三节 其他因素对理想气体反应平衡的影响 ／066
一、压力对理想气体反应平衡的影响 ／067
二、惰性介质对化学平衡的影响 ／067
三、反应物的原料配比对平衡组成的影响 ／068
习题 ／069

第五章 物质分离提纯基础 ／72

第一节 相律 ／072

一、相 /072
　　二、独立组分 /073
　　三、自由度 /074
　　四、相律 /074
　第二节　单组分体系的相图 /075
　　一、单组分体系的特点 /075
　　二、单组分体系的相图——水的相图的绘制 /076
　　三、单组分体系的相图——水的相图的分析 /076
　　四、单组分体系两相平衡时温度和压力的关系 /077
　第三节　双组分体系气-液平衡相图 /079
　　一、双组分完全互溶体系 /079
　　二、二组分完全不互溶体系 /081
　第四节　双组分凝聚体系相图 /083
　　一、热分析法 /083
　　二、溶解度法 /084
　　三、杠杆规则 /085
　　四、相图应用举例 /086
　　五、形成稳定化合物的双组分体系 /087
　习题 /089

第六章　电化学基础 /091

　第一节　电解质溶液 /092
　　一、电解质溶液的导电及法拉第定律 /092
　　二、离子迁移数 /093
　　三、电导、电导率和摩尔电导率 /094
　第二节　原电池 /099
　　一、原电池的表示方法 /099
　　二、可逆电池 /100
　　三、电化学热力学 /101
　　四、电极电势 /103
　　五、电极的种类 /105
　　六、电动势的计算 /107
　第三节　电解与极化 /110
　　一、分解电压 /111
　　二、极化作用 /111
　　三、电解时电极上的反应 /112
　习题 /115

第七章　动力学基础 /119

　第一节　化学反应速率 /119

一、反应速率的表示 / 120
　　二、化学反应速率的测定 / 121
　第二节　化学反应速率方程 / 121
　　一、基元反应和非基元反应 / 122
　　二、质量作用定律 / 122
　　三、速率方程的一般形式 / 123
　第三节　简单级数化学反应的动力学特征 / 123
　　一、零级反应 / 124
　　二、一级反应 / 124
　　三、二级反应 / 126
　第四节　温度对反应速率的影响 / 128
　　一、范特霍夫（Van't Hoff）规则 / 129
　　二、阿伦尼乌斯（Arrhenius）方程 / 129
　　三、活化能 / 130
＊第五节　典型复合反应的动力学特征 / 131
　　一、对行反应 / 131
　　二、平行反应 / 132
　　三、连串反应 / 133
　第六节　催化反应 / 133
　　一、催化剂的基本特征 / 134
　　二、单相催化反应 / 135
　　三、多相催化反应 / 136
　习题 / 138

第八章　表面现象与胶体　/ 141

　第一节　表面张力及表面吉布斯函数 / 142
　　一、液体的表面张力 / 142
　　二、表面吉布斯函数 / 143
　第二节　吸附现象 / 144
　　一、吸附现象 / 144
　　二、溶液的表面吸附 / 145
　　三、固体表面吸附 / 147
　第三节　表面活性剂 / 149
　　一、表面活性剂 / 149
　　二、表面活性剂在溶液中的性质 / 152
　　三、表面活性剂的作用 / 155
　第四节　乳状液 / 156
　　一、乳化作用 / 156
　　二、乳状液的性质 / 158

习题 /160

物理化学实训 /163

实训一　基本知识的准备 /163

实训二　常用仪器操作技能训练 /166
  任务一　阿贝折光仪使用方法 /166
  任务二　旋光仪的使用方法 /169

实训三　基础实训 /172
  任务一　超级恒温水浴与其性能测定 /172
  任务二　燃烧焓的测定 /175
  任务三　双液系气液相图的绘制 /179
  任务四　电导测定及其应用 /181
  任务五　原电池电动势和电极电势的测定 /184
  任务六　蔗糖水解反应速率系数的测定 /189

实训四　设计性实训 /192
  任务一　求蔗糖的标准摩尔燃烧焓，并测定10%蔗糖水溶液室温下的比旋光度 /193
  任务二　设计"快速检测乙醇和水的混合液在精馏塔顶产品浓度"实训方案 /193

附录 /194

附录一　某些气体范德华常数 /194
附录二　某些物质的临界参数 /194
附录三　25.0℃时物质的标准热力学数据 /195
附录四　某些有机化合物的标准摩尔燃烧焓 /200
附录五　25℃时在水溶液中某些电极的标准电极电势 /201

参考文献 /203

绪 论

一、物理化学课程性质和地位

物理化学课程是化工技术类专业一门重要的专业基础课。本课程从研究物理现象与化学变化之间的相互联系入手，探索化学变化基本规律的一门学科，在实验方法上主要是采用物理学中的方法。它主要是从理论上探讨化学变化的方向和限度问题，化学反应的速率和机理问题，以及物质结构与其性能间的关系问题等，其原理、研究方法及结论普遍适用于化工相关的各个专业。其培养目标是通过本课程的学习能解决生产实践和科学实验向化学提出的理论问题，从而使化学能更好地为生产实际服务。通过本课程的学习，使学生掌握物理化学基本知识与基本技能，为后续专业课程学习打下理论与实践的基础，并且具备一定的分析问题、解决问题的能力。

二、物理化学的研究内容

任何化学变化的发生总是伴随着物理变化。例如，发生化学反应时通常有热量的吸收或放出；蓄电池中电极和溶液之间进行的化学反应导致电流的产生。反之，发生物理变化也可能导致化学变化的发生，影响化学变化的进行。例如，光照射照相底片引起的化学反应可使图像显示出来；水在常温下通电可以电解生成氢气和氧气。可见，化学变化与物理变化之间有着紧密联系，人们在长期的实践过程中考察、研究这种联系，逐渐形成了物理化学这门学科。

物理化学是从研究化学变化和物理变化之间的联系入手，运用物理学的理论和方法，研究化学变化基本规律的一门学科。

物理化学研究的内容有以下三个方面。

（1）化学热力学——化学变化的方向和限度问题 研究化学反应以及与之密切相关的相变化、表面现象和电化学等的方向、限度及其所伴随的能量得失等，即化学热力学。对学习化工工艺、石油炼制等工艺类的学生而言，它是理解热量衡算、化学反应、物质分离等操作条件的基础。对学习工业分析与检验等分析类专业的学生而言，是学习电化学分析、热值分析、色谱分析的基础。

（2）化学动力学——化学反应的速率和机理问题 研究各种因素（温度、压力、催化剂、浓度等）对化学反应速率影响的规律，探索反应进行的原理，即化学动力学。对工艺类专业的学生而言，它是理解反应操作条件、优化操作的基础；对分析类专业的学生而言，它是了解近代催化分析等技术的基础。

（3）物质结构——物质的性质与其结构之间的关系问题 研究物质的微观结构与宏观性质（如耐高温、耐低温、耐高压、耐腐蚀等）的联系，即物质结构。它是近代物理化学的重要组成部分，是了解化学热力学和化学动力学本质问题的基础。本书对这部分内容不作介绍。

三、物理化学的研究方法

物理化学采用物理学方法，主要包括热力学方法、统计力学方法和量子力学方法。

1. 热力学方法

以众多质点组成的宏观体系作为研究对象，以两个经典热力学定律为基础，用一系列热力学函数及其变量，描述体系从始态到终态的宏观变化，而不涉及变化的细节。热力学方法的局限性是不知道反应的机理、速率和微观性质，只讲可能性，不讲现实性。

2. 统计力学方法

用概率规律计算出体系内部大量质点微观运动的平均结果，从而解释宏观现象并能计算一些热力学的宏观性质。

3. 量子力学方法

用量子力学的基本方程（E. Schrodinger 方程）求解组成体系的微观粒子之间的相互作用及其规律，从而指示物性与结构之间的关系。

本书主要采用热力学的方法，以热力学第一定律和热力学第二定律为基础，导出化学平衡、相平衡、电化学、表面现象等一系列理论。着重介绍热力学状态函数的应用，统计力学和量子力学的方法限于教学要求不作介绍。

四、物理化学的建立与发展

（1）十八世纪开始萌芽　从燃素说到能量守恒与转化定律。俄国科学家罗蒙诺索夫最早使用"物理化学"这一术语。

（2）十九世纪中叶形成　1887 年德国科学家 W. Ostwald（1853—1932）和荷兰科学家 J. H. van't Hoff（1852—1911）合办了第一本《物理化学杂志》（德文）。

（3）二十世纪迅速发展　新测试手段和新的数据处理方法不断涌现，形成了许多新的分支学科。例如，热化学、化学热力学、电化学、溶液化学、胶体化学、表面化学、化学动力学、催化作用、量子化学和结构化学等。

五、物理化学的学习要求

物理化学是化工、轻工、冶金、医药等专业的重要基础课之一，学习本课程应达到以下基本要求：

① 掌握热力学基本概念，理解运用热力学的基本原理，分析生产过程和生活实践能量转化和平衡问题。

② 了解化学反应速率的概念以及各种因素对反应速率的影响。

③ 初步掌握物理化学的计算方法，图像绘制方法，能够对数据和图像做出分析和判断。

④ 掌握物理化学实验的基本原理和操作技能，能够正确使用仪器和设备。

物理化学是一门系统性和理论性较强的课程，它涉及数学、物理和化学的基础知识。课程本身概念和公式较多，且各部分内容关系比较密切。读者在学习中应注意复习，注意联想，注意各结论的应用条件，注意解题的举一反三，这样学习将事半功倍。

第一章
气体状态方程

学习指导

1. 理解理想气体的概念及特点，掌握理想气体状态方程及有关计算。
2. 掌握道尔顿分压定律及其应用。
3. 掌握阿玛格分体积定律及其应用。
4. 了解临界参数的意义和气体液化的作用，了解饱和蒸气压的概念。
5. 掌握范德华方程及其应用，理解压缩因子图及其应用。

物质主要有三种聚集状态：固态、液态和气态。气体和液体由于具有良好的流动性，统称为流体，而液体和固体常称为凝聚态。物质以何种方式凝聚微观上取决于微粒间的作用力和距离，宏观上，取决于物质所处的温度、压力和体积。其中，气体是化工生产中最常见的聚集状态。本章主要介绍气体的性质。

第一节　理想气体

学习导航

气柜储存有 121.6kPa、27℃的氯乙烯气体 300m³，若以 90kg·h⁻¹ 的流量输往使用车间，试问储存的气体能用多久？

一、理想气体微观模型

实际气体分子之间都存在相互作用力，且分子本身占有体积。但随着分子之间距离的增大，分子之间的作用力将会减小，当分子之间的距离非常大时（宏观上表现为气体体积非常大，气体产生的压力非常小），分子之间的作用力非常小，分子本身所占有的体积与此时气体所具有的体积相比可忽略不计。因而我们得到理想气体的微观模型。

理想气体微观模型：①气体分子本身不占有体积；②分子之间没有相互作用力。

理想气体微观模型是一个科学的抽象概念，但对研究非常重要且有意义。

二、低压气体实验定律

1. 波义耳定律

在一定温度下，一定量的气体的体积与压力成反比，即

$$pV = k_1 \text{ 或 } p_1V_1 = p_2V_2 \tag{1-1}$$

式中，k_1 为常数；p_1、V_1 是状态 1 时的压力和体积；p_2、V_2 是状态 2 时的压力和体积。

2. 盖·吕萨克定律

在一定压力下，一定量的气体的体积与热力学温度（又称绝对温度）成正比，即

$$V/T = k_2 \text{ 或 } V_1/T_1 = V_2/T_2 \tag{1-2}$$

式中，k_2 为常数；V_1、T_1 是状态 1 时的体积和热力学温度；V_2、T_2 是状态 2 时的体积和热力学温度。

3. 阿伏伽德罗定律

在一定的温度和压力下，气体的体积与物质的量成正比：

$$V/n = k_3 = V_m \tag{1-3}$$

式中，k_3 为常数；V_m 为气体的摩尔体积，其值与气体的温度和压力有关。

V_m 与 $22.4 \text{L} \cdot \text{mol}^{-1}$ 的关系：$22.4 \text{L} \cdot \text{mol}^{-1}$ 是标准状况（273.15K，101.325kPa）下气体的摩尔体积，亦即 $22.4 \text{L} \cdot \text{mol}^{-1}$ 是特指，在其他温度压力下，气体的摩尔体积不一定是 $22.4 \text{L} \cdot \text{mol}^{-1}$。

三、理想气体状态方程

将上述三个定律相结合，整理，可得理想气体状态方程：

$$pV = nRT \tag{1-4}$$

式中　p——气体的压力，Pa；

　　　V——气体的体积，m³；

　　　T——热力学温度，K，$T(\text{K}) = t(\text{℃}) + 273.15$；

　　　n——物质的量，mol；

　　　R——摩尔气体常数，$8.314 \text{J} \cdot \text{mol}^{-1} \cdot \text{K}^{-1}$。

在任何温度压力下都严格遵守 $pV = nRT$ 的气体称为理想气体。

理想气体的其他形式：

$pV_m = RT$ 　$(V_m = V/n)$

$pV = \dfrac{m}{M}RT$ 　$(n = \dfrac{m}{M}$，m 为质量，kg；M 为摩尔质量，$\text{kg} \cdot \text{mol}^{-1})$

$p = \dfrac{\rho RT}{M}$ 　$(\rho = \dfrac{m}{V}$，密度，$\text{kg} \cdot \text{m}^{-3}$，本式也可写作 $\rho = \dfrac{pM}{RT})$

理想气体状态方程表达了 p、V、T、n 四个量之间的关系，只要知道其中三个量，第四个量即可求。理想气体状态方程适用于理想气体，因高温、低压下的真实气体可看作理想气体，故也适用。

【例 1-1】某厂氢气柜设计容积为 $2.00 \times 10^3 \text{ m}^3$，设计容许压力为 $5.00 \times 10^{-3} \text{ kPa}$。设氢气为理想气体，问气柜在 300K 时最多可装多少千克氢气？

解 $m = nM = \dfrac{MpV}{RT} = \dfrac{0.002 \times 5.00 \times 2.00 \times 10^3}{8.314 \times 300} = 8.02 \times 10^{-3} \text{(kg)}$

【例 1-2】用管道输送天然气（天然气可看作是纯的甲烷气体），当输送压力为 200kPa 时，温度为 25℃，管道内天然气的密度为多少？

解 $\rho = \dfrac{pM}{RT} = \dfrac{200 \times 10^3 \times 16 \times 10^{-3}}{8.314 \times (25 + 273.15)} = 1.291 \text{(kg} \cdot \text{m}^{-3})$

四、理想气体混合物的平均摩尔质量

理想气体混合物是由纯的理想气体混合而成的，所以理想气体状态方程不仅适用于纯的理想气体，而且也适用于理想气体混合物，压力为理想气体混合物产生的总压力。当理想气体状态方程用于理想气体混合物时，常需计算混合物的平均摩尔质量 $\overline{M}$。

设有 A、B 二组分组成的混合气体，质量分别为 m_A、m_B，物质的量分别为 n_A、n_B，其摩尔质量分别为 M_A、M_B，则二者组成的混合物的平均摩尔质量 $\overline{M}$ 可用混合物的总质量 m 除以混合物的总物质的量 n 表示，即

$$\overline{M} = \dfrac{m}{n} = \dfrac{m_A + m_B}{n} = \dfrac{n_A M_A + n_B M_B}{n}$$

$$= \dfrac{n_A}{n} M_A + \dfrac{n_B}{n} M_B = y_A M_A + y_B M_B$$

式中 y_A，y_B——$y_A = \dfrac{n_A}{n}$，$y_B = \dfrac{n_B}{n}$ 分别代表 A、B 组分的摩尔分数。

推论 $$\overline{M} = \sum_B y_B M_B \tag{1-5}$$

即气体混合物的平均摩尔质量 $\overline{M}$ 等于各组分摩尔分数 y_B 与其摩尔质量 M_B 的乘积之和。

对理想气体混合物运用理想气体状态方程时，只需用 $\overline{M}$ 代替 M。

【例 1-3】3.897×10^{-4} kg C_2H_6 及 C_4H_{10} 的混合气体，在 20℃、101.3kPa 下体积为 $2 \times 10^{-4} \text{ m}^3$，求两气体的摩尔分数。

解 用 A、B 分别代表 C_2H_6 和 C_4H_{10}，由 $pV = \dfrac{m}{M}RT$，得

$$\overline{M} = \dfrac{mRT}{pV} = \dfrac{3.897 \times 10^{-4} \times 8.314 \times (20 + 273.15)}{101.3 \times 10^3 \times 2 \times 10^{-4}}$$

$$= 4.688 \times 10^{-2} \text{(kg} \cdot \text{mol}^{-1})$$

又由 $\overline{M} = y_A M_A + y_B M_B$，得

$$\overline{M} = (1 - y_B) M_A + y_B M_B$$

$$y_B = \dfrac{\overline{M} - M_A}{M_B - M_A} = \dfrac{(4.688 - 3) \times 10^{-2}}{(5.8 - 3) \times 10^{-2}} = 0.603$$

故 $$y_A = 1 - y_B = 1 - 0.603 = 0.397$$

第二节 混合气体分压定律

> **学习导航**
>
> 氯乙烯、氯化氢及乙烯构成的混合气体中,各组分的摩尔分数分别为 0.89、0.09 及 0.02。于恒定压力 101.325kPa 下,用水吸收其中的氯化氢,所得混合气体中增加了分压力为 2.670kPa 的水蒸气。试求洗涤后的混合气体中氯乙烯及乙烯的分压力。

对于混合气体,无论是理想的,还是非理想的,都可以用分压力的概念来描述其中某一种气体所产生的压力。

一、分压力

混合气体中某一组分 B 的分压 p_B 等于它的摩尔分数 y_B 与总压 p 的乘积,其数学表达式为

$$p_B = y_B p \tag{1-6}$$

因为混合气体中各种气体的摩尔分数之和 $\sum_B y_B = 1$,所以各种气体的分压之和等于总压。

$$p = \sum_B p_B \tag{1-7}$$

式(1-6)、式(1-7)对所有混合气体都适用。

二、道尔顿分压定律

对于理想气体混合物,因为 $p = \dfrac{\sum_B n_B RT}{V}$, $y_B = \dfrac{n_B}{\sum_B n_B}$,结合式(1-6),得

$$p_B = \frac{n_B RT}{V} \tag{1-8}$$

也就是说,理想混合气体中某一组分 B 的分压等于该组分 B 单独存在且与混合气体具有相同的温度和体积时所具有的压力,而混合气体的总压等于各组分气体的分压之和,称为**道尔顿分压定律**,简称分压定律。道尔顿分压定律适用于理想气体混合物,对低压下的真实气体近似适用。

【例 1-4】 在 300K,将 101.3kPa、$2.00 \times 10^{-3} m^3$ 的氧气与 50.65kPa、$2.00 \times 10^{-3} m^3$ 的氮气混合,混合后温度为 300K,总体积为 $4.00 \times 10^{-3} m^3$,求总压力是多少?

解法一 因混合前后温度不变,故根据 $p_1 V_1 = p_2 V_2$ 分别解出混合后氧气和氮气的分压力。

$$p_2 = p_1 V_1 / V_2$$

$$p(\text{O}_2) = \frac{101.3 \times 10^3 \times 2.00 \times 10^{-3}}{4.00 \times 10^{-3}} = 50.65 \text{(kPa)}$$

$$p(\text{N}_2) = \frac{50.65 \times 10^3 \times 2.00 \times 10^{-3}}{4.00 \times 10^{-3}} = 25.325 \text{(kPa)}$$

$$p = p(\text{O}_2) + p(\text{N}_2) = 75.975 \text{(kPa)}$$

解法二 首先对两种气体分别使用理想气体状态方程，解出氧气和氮气的物质的量，再对二者混合后，组成的理想气体混合物，应用理想气体状态方程，解出总压力。

小结关于 y_B 关系式：
$$y_B = \frac{n_B}{\sum_B n_B} = \frac{p_B}{p}$$

第三节 混合气体分体积定律

学习导航

设有一混合气体，压力为 101.325kPa，取样气体体积为 0.100dm³，用气体分析仪进行分析。首先用氢氧化钠溶液吸收 CO_2，吸收后剩余气体体积为 0.097dm³；接着用焦性没食子酸溶液吸收 O_2，吸收后余下气体体积为 0.096dm³；再用浓硫酸吸收乙烯，最后剩余气体的体积为 0.063dm³，已知混合气体有 CO_2、O_2、C_2H_4、H_2 四个组分，试求（1）各组分的物质的量分数；（2）各组分的分压。

一、分体积及阿玛格分体积定律

1. 分体积

分体积就是指气体混合物中的任一组分 B 单独存在于气体混合物所处的温度、压力条件下所占有的体积 V_B。

2. 阿玛格分体积定律

低压气体混合物的总体积等于组成该气体混合物的各组分的分体积之和。

二、阿玛格分体积定律的数学表达式

$$V(p, T) = V_A(p, T) + V_B(p, T) + \cdots$$

或
$$V = \sum_B V_B \tag{1-9}$$

对于理想气体混合物，在 p、T 一定条件下，气体体积只与气体物质的量有关，根据理想气体状态方程，有

$$n = \frac{pV}{RT} = n_A + n_B + n_C + \cdots$$

$$= \frac{pV_A}{RT} + \frac{pV_B}{RT} + \frac{pV_C}{RT} + \cdots$$
$$= (V_A + V_B + V_C + \cdots)p/RT$$

故有 $\quad V = V_A + V_B + V_C + \cdots \quad$ 或 $\quad V = \sum_B V_B$

适用范围：理想气体混合物或接近于理想气体性质的气体混合物。

三、气体物质的量分数与分体积的关系

气体混合物中组分 B 的分体积与总体积之比可用理想气体状态方程得出：

$$\frac{V_B}{V} = \frac{n_B RT/p}{nRT/p} = \frac{n_B}{n} = y_B$$

即 $\quad\quad\quad\quad\quad\quad V_B = y_B V \quad\quad\quad\quad\quad\quad\quad\quad$ (1-10)

式中 y_B——组分 B 的物质的量分数。

式 (1-10) 表明，混合气体中任一组分的分体积等于该组分的物质的量分数与总体积的乘积。

【例 1-5】有 $2\mathrm{dm}^3$ 湿空气，压力为 $101.325\mathrm{kPa}$，其中水蒸气的分压力为 $12.33\mathrm{kPa}$。设空气中 O_2 与 N_2 的体积分数分别为 0.21 与 0.79，求水蒸气、N_2 及 O_2 的分体积以及 O_2、N_2 在湿空气中的分压力。

解 $V_{总} = 2\ \mathrm{dm}^3$，湿空气中 $p(\mathrm{H_2O}) = 12.33\mathrm{kPa}$，$p_{总} = 101.325\mathrm{kPa}$

$y(\mathrm{H_2O}) = p(\mathrm{H_2O})/p_{总} = 12.33/101.325 = 0.1217$

$y(\mathrm{N_2}) = [1 - y(\mathrm{H_2O})] \times 0.79 = 0.6939$

$y(\mathrm{O_2}) = [1 - y(\mathrm{H_2O})] \times 0.21 = 0.1844$

在一定 T、p 下，任一组分 B 的分体积 $V_B = V_{总} y_B$，

所以，$V(\mathrm{H_2O}) = 0.1217 \times 2 = 0.2434 (\mathrm{dm}^3)$

$\quad\quad V(\mathrm{N_2}) = 0.6939 \times 2 = 1.3878 (\mathrm{dm}^3)$

$\quad\quad V(\mathrm{O_2}) = 0.1844 \times 2 = 0.3688 (\mathrm{dm}^3)$

在一定 V、T 下，任一组分 B 的分压力 $p_B = p_{总} y_B$，

所以，$p(\mathrm{O_2}) = 0.1844 \times 101.325 = 18.684 (\mathrm{kPa})$

$\quad\quad p(\mathrm{N_2}) = 0.6939 \times 101.325 = 70.309 (\mathrm{kPa})$

也可用下列方法计算 O_2 及 N_2 的分压，即

$p(\mathrm{O_2}) = [p_{总} - p(\mathrm{H_2O})] \times 0.21 = (101.325 - 12.33) \times 0.21 = 18.689 (\mathrm{kPa})$

$p(\mathrm{N_2}) = [p_{总} - p(\mathrm{H_2O})] \times 0.79 = (101.325 - 12.33) \times 0.79 = 70.306 (\mathrm{kPa})$

第四节　范德华方程与压缩因子

> **学习导航**
>
> $1\mathrm{mol}\ \mathrm{N_2}$ 在 $0℃$ 时体积为 $70.3 \times 10^{-6}\ \mathrm{m}^3$，试计算其压力，已知实验值为 $40.53\mathrm{MPa}$，并计算百分误差。

真实气体只有在高温、低压下，可以近似看做理想气体来处理，但化工生产中，也常遇到较高压力下的气体，例如氨和甲醇的合成等，这时应用理想气体状态方程将会产生较大偏差。为更好地研究真实气体的行为，常有如下处理方式。

一、真实气体的范德华方程

从理想气体的微观模型可以知道，对理想气体分子来讲，分子本身不占有体积，分子之间没有相互作用力，但在高压低温下，真实气体分子之间的距离减小，本身的体积则不能忽略，而且，分子之间的相互作用力将逐渐增加，分子之间的作用力同样不能忽略。

基于上述两点，范德华等对理想气体状态方程进行了修正，提出了压力修正项 (a/V_m^2)，及体积修正项 b，得出了适应于中低压下的真实气体状态方程。

$$\left(p + \frac{a}{V_m^2}\right)(V_m - b) = RT \tag{1-11}$$

将 $V_m = V/n$，代入上式，得适应于物质的量为 n 的范德华方程。

$$\left(p + \frac{an^2}{V^2}\right)(V - nb) = nRT \tag{1-12}$$

式中，a、b 为范德华常数，是与气体种类有关的特性常数，其值可查附录一。

真实气体当压力趋于 0 时，上式又可还原成理想气体状态方程。

实践表明，许多真实气体在几兆帕的中压范围内，其 pVT 性质能较好地服从范德华方程。

【例 1-6】 10.0mol 的 C_2H_6 在 300K 充入 4.86×10^{-3} m³ 的容器中，测得其压力为 3.445MPa。试用（1）理想气体状态方程（2）范德华方程计算容器内的压力。

解　（1）由理想气体状态方程计算

$$p = \frac{nRT}{V} = \frac{10.0 \times 8.314 \times 300}{4.86 \times 10^{-3}} = 5.13(\text{MPa})$$

（2）由范德华方程计算　查附录一可知，C_2H_6 的范德华常数 $a = 0.5562$ Pa·m⁶·mol⁻²，$b = 6.380 \times 10^{-5}$ m²·mol⁻¹

$$p = \frac{nRT}{V - nb} - \frac{an^2}{V^2} = \frac{10.0 \times 8.314 \times 300}{4.86 \times 10^{-3} - 10.0 \times 6.380 \times 10^{-5}} - \frac{0.5562 \times 10.0^2}{(4.86 \times 10^{-3})^2} = 3.55(\text{MPa})$$

由例 1-6 可以看出，在中压范围内，实际气体按范德华方程计算结果比理想气体状态方程计算结果更准确。

二、压缩因子和普遍化压缩因子图

1. 压缩因子概念

由于范德华方程未考虑温度对 a、b 的影响，故在压力较高时，还不能满足工程计算上的需要。因此，在理想状态方程基础上引入压缩因子 Z 进行修正，即可用于真实气体。该法简单、直接、准确、适用压力范围也最广。

$$pV = ZnRT$$

或

$$pV_m = ZRT$$

式中　Z——压缩因子，也叫校正因子。

所以压缩因子 Z 可定义为

$$Z = \frac{pV}{nRT} = \frac{pV_m}{RT} \tag{1-13}$$

与理想气体状态方程相比较,可得 $Z = \dfrac{V(真实)}{V(理想)}$,显然,Z 的大小反映了真实气体对理想气体的偏差程度。

对理想气体而言,$Z=1$;

若 $Z>1$,则 $V(真实)>V(理想)$,即真实气体的体积大于理想气体,比理想气体难压缩;

若 $Z<1$,则 $V(真实)<V(理想)$,即真实气体的体积小于理想气体,比理想气体易压缩。

2. 气体的液化与物质的临界状态

理想气体分子之间没有相互作用力,故任何温度、压力下都不可能使其液化。而真实气体则不同,其分子间存在相互作用力,所以可以液化(或凝结)。生产上气体液化有两种途径:一是降温,二是加压。实践表明,单凭降温可使气体液化,但仅凭加压不一定能使气体液化,这说明气体的液化是有条件的。

以 CO_2 的液化为例说明该问题。

(1) 气体的 $p-V_m$ 图 由图 1-1 知,$p-V_m$ 图以 304.2K 为界,分为三类,即 $T>304.2K$,$T=304.2K$,$T<304.2K$。

① $T>304.2K$ 的等温线 如 $T=673.2K$ 的等温线,此线与波义耳定律的双曲线相似,在气相区,压缩时气体的体积随压力的增加而减小,气体不能液化。

② $T<304.2K$ 的等温线 如 $T=286.3K$ 的等温线,该等温线可分为三段:AB 段(气相区),BD 段(气液两相共存区)和 DE(液相区)段。

在 AB 段,起初压力很低,如 A 点所示,随着压力逐渐增加,气体被压缩,体积逐渐减小,曲线光滑,接近双曲线,近似服从波义耳定律。

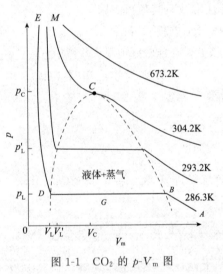

图 1-1 CO_2 的 $p-V_m$ 图

在 BD 段,随着压力的逐渐增加到 B 点,气体成为饱和蒸气,开始液化。随着液化的进行,气体体积不断减小,但压力保持不变,BD 段呈水平线段。到达 D 点时,气体全部液化。点 B 和点 D 对应的横坐标分别为饱和气体和饱和液态的摩尔体积。

$T=293.2K$ 的情况与此类似。

把不同温度下开始液化和液化完毕时的点用虚线连起来就形成图中所示的帽形区,帽形区域气液两相共存。

在 DE 段,D 点后,继续增大压力,液体逐渐被压缩,由于液体难被压缩,所以 DE 段很陡。

③ $T=304.2K$ 的等温线 随着温度逐渐升高,水平线段逐渐缩短,当温度达到 304.2K 时,水平线段缩成一个点 C,该点表明,饱和气体的摩尔体积和饱和液体的摩尔体积相等,在这点上,气体和液体的差别消失,把该点称为临界点,临界点左侧为液体的恒温

压缩曲线，右侧为气体的恒温压缩曲线。

等温线各水平线段所对应的压力即为 CO_2 在不同温度下的饱和蒸气压。例如，$T =$ 286.3K 这条等温线上，到达点 B 以前的 AB 段上只有 CO_2 气体，而在点 D 以后的 DE 段上只有 CO_2 液体，只是在 BD 段上（B、D 点除外），CO_2 气、液两态共存，同时压力恒定，与气体的体积变化无关。这个恒定的压力称为 CO_2 在此温度时的饱和蒸气压，饱和蒸气与液体两相共存的状态叫做气-液相平衡。

在一定温度下，液体与其蒸气达平衡时，平衡蒸气的压力称为这种液体在该温度下的饱和蒸气压，简称蒸气压。在这个温度下若低于此压力，物质则全部为气相；若高于此压力，则全部为液相。温度升高，液体的饱和蒸气压增大，当温度一定时，液体的饱和蒸气压是一定值。

饱和蒸气压是液体物质的一种重要物理性质，是液体蒸发能力的量度。液体的蒸气压与外压相等的温度称为沸点。习惯将 101.325kPa 外压下的沸点称为正常沸点。

（2）物质的临界状态　气体所在临界点时所处的状态称为临界状态。临界点时所对应的温度称为临界温度，记作 T_c，临界温度是使气体能够液化所允许的最高温度，如 CO_2 的临界温度是 304.2K，超过临界温度，气体将不能液化，因此低于临界温度是气体液化的必要条件。在临界温度时，气体液化所需的最低压力称为临界压力，记作 p_c。在临界温度 T_c 和临界压力 p_c 下，气体的摩尔体积称为临界摩尔体积，记作 $V_{c,m}$。T_c、p_c、$V_{c,m}$ 统称临界常数（临界参量），它们是由物质的特性决定的，不同物质，临界常数值不同，这反映了真实气体的个性，但所有气体在临界条件下都能被液化，这是气体的共性。常见气体的临界常数见附录二。

（3）对应状态原理及压缩因子图　各种真实气体虽性质不同，但在临界点时，却有共性，临界点处饱和蒸气和饱和液体无区别，经实验发现不同气体的 $p_c V_{c,m}/RT_c$ 值非常接近，即临界压缩因子 Z_c 非常接近，故以临界常数为基准，引入对比参数，定义以下：

$$T_r = \frac{T}{T_c}, \quad p_r = \frac{p}{p_c}, \quad V_r = \frac{V_m}{V_{c,m}} \tag{1-14}$$

式中，T_r、p_r、V_r 分别称为对比温度、对比压力和对比体积，统称为气体的对比参数。范德华指出，各种真实气体只要两个对比参数相同，则第三个对比参数大体具有相同的值，此时气体处于同一对应状态，这一原理称为对应状态原理。

将对比参数的定义式引入到压缩因子 Z 的定义式中，得

$$Z = \frac{pV_m}{RT} = \frac{p_c V_{c,m}}{RT_c} \times \frac{p_r V_r}{T_r} = Z_c \frac{p_r V_r}{T_r}$$

因 Z_c 为一近似常数，上式表明，无论气体性质如何，只要是处在相同对应状态下的气体，具有相同的压缩因子。根据这一结论及某些气体的实验数据，荷根和华德生描绘出等 T_r 的 Z-p_r 曲线，称为双变量普遍化压缩因子图，如图1-2所示。

【例 1-7】 40℃和 6060kPa 下 1000mol CO_2 气体的体积为多少？分别用（1）理想气体状态方程、（2）压缩因子图计算。已知实验值为 0.304m³，试比较两种方法的计算误差。

解　（1）根据理想气体状态方程计算

$$V = \frac{nRT}{p} = \frac{1000 \times 8.314 \times (273.15+40)}{6060 \times 10^3} = 0.429(\text{m}^3)$$

(2) 根据压缩因子图计算

查附录二，可得 CO_2 的 $p_c=7.38\times10^6$ Pa，$T_c=304.1$ K

则 $p_r=\dfrac{p}{p_c}=\dfrac{6060\times10^3}{7.38\times10^6}=0.82$，$T_r=\dfrac{T}{T_c}=\dfrac{313.15}{304.1}=1.03$

查图 1-2，知 $Z=0.66$

故 $V'=\dfrac{ZnRT}{p}=ZV=0.66\times0.429=0.283(\text{m}^3)$

因实验值为 0.304m^3，所以第一种方法的相对误差为

$$\frac{0.429-0.304}{0.304}\times100\%=41.14\%$$

第二种方法的相对误差为

$$\frac{0.283-0.304}{0.304}\times100\%=-6.91\%$$

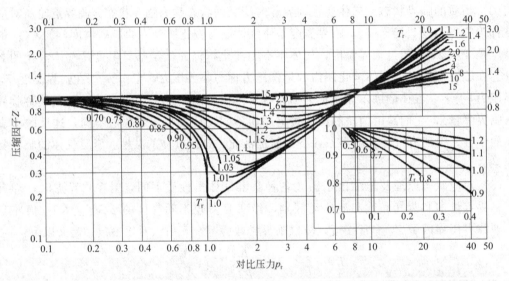

图 1-2　双变量普遍化压缩因子图

阅读材料

超临界流体及其应用

超临界流体是处于临界温度和临界压力以上，介于气体和液体之间的流体。例如，当水的温度和压力升高到临界点（$t=374.3$ ℃，$p=22.05$ MPa）以上时，就处于一种既不同于气态，也不同于液态和固态的新的流体态——超临界态，该状态的水即称为超临界水。其兼有气体、液体的双重性质和优点：①溶解性强，密度接近液体，且比气体大数百倍。由于物质的溶解度与溶剂的密度成正比，因此超临界流体具有与液体溶剂相近的溶解能力。②扩散性能好。因黏度接近于气体，较液体小 2 个数量级。扩散系数介于气体和液体之间，为液体的 10~100 倍。具有气体易于扩散和运动的特性，传质速率远远高于液体。③易于控制。在临界点附近，压力和温度的微小变化，都可以引起流体密度很大的变化，从而使溶解度发生

较大的改变（对萃取和反萃取至关重要）。

超临界流体得到了广泛应用，如超临界流体萃取（supercritical fluid extraction，SFE）、超临界水氧化技术、超临界流体干燥、超临界流体制备超细微粒、超临界流体色谱（supercritical fluid chromatography）和超临界流体中的化学反应等。

超临界流体萃取应用得最为广泛。很多物质都有超临界流体区，但由于CO_2的临界温度比较低（304.1K），临界压力也不高（7.38MPa），且无毒、无臭、无公害，所以在实际操作中常使用CO_2超临界流体。如用超临界CO_2从咖啡豆中除去咖啡因，从烟草中脱除尼古丁，从大豆或玉米胚芽中分离甘油酯，对花生油、棕榈油、大豆油脱臭等。又例如从红花中提取红花苷及红花醌苷（它们是治疗高血压和肝病的有效成分），从月见草中提取月见草油（其对心血管病有良好的疗效）等。使用超临界技术的唯一缺点是涉及高压系统，大规模使用时其工艺过程和技术的要求高，设备费用也大。但由于其优点甚多，仍受到重视。

超临界水氧化法（supercritical water oxidation，SCWO）：在超临界水中，易溶有氧气，可使氧化反应加快，可将不易分解的有机废物快速氧化分解成二氧化碳、氮气、水及可以从水中分离的无机盐等无毒的小分子化合物，达到净水的目的，是一种绿色的"焚化炉"。

由于超临界流体有密度大且黏稠度小的特点，可将天然气变为超临界态后在管道中运送，这样既可以节省动力，又可以增加运输速率。

超临界二氧化碳具有低黏稠度、高扩散性，易溶解多种物质且无毒无害，可用于清洗各种精密仪器，亦可代替干洗所用的氯氟碳化合物，以及处理被污染的土壤。

超临界二氧化碳可轻易穿过细菌的细胞壁，在其内部引起剧烈的氧化反应，杀死细菌。

主要公式小结

1. 理想气体状态方程　　$pV = nRT$

2. 摩尔分数　　$y_B = \dfrac{n_B}{n}$

3. 混合物平均摩尔质量　　$\overline{M} = \sum\limits_B y_B M_B$

4. 道尔顿分压定律　　$p_B = y_B p$，$p = \sum\limits_B p_B$，$p_B = \dfrac{n_B RT}{V}$

5. 阿玛格分体积定律　　$V_B = y_B V$，$V = \sum\limits_B V_B$，$V_B = \dfrac{n_B RT}{p}$

6. 范德华方程　　$(p + \dfrac{a}{V_m^2})(V_m - b) = RT$

7. 压缩因子　　$Z = \dfrac{pV}{nRT} = \dfrac{pV_m}{RT}$

习　题

一、选择题

1. 物质能以液体存在的最高温度是（　　）。

A. 沸点 T_b　　　　B. 临界温度 T_c　　　　C. 任意温度

2. 讨论气体液化的气液平衡时，饱和蒸气和相应的饱和液体的摩尔体积与温度的关系，正确的论述是（　　）。

A. 随温度升高，饱和蒸气和饱和液体的摩尔体积皆增大

B. 随温度升高，饱和蒸气和饱和液体的摩尔体积皆减小

C. 随温度升高，饱和蒸气的摩尔体积减小，而饱和液体的摩尔体积增大

D. 随温度升高，饱和蒸气的摩尔体积增大，而饱和液体的摩尔体积减小

3. 对比温度 T_r 的定义为温度 T 和下列（　　）的比值。

A. 临界温度 T_c　　B. 沸腾温度 T_b　　C. 273.15 K

4. 若实际气体比理想气体难压缩，则该气体的压缩因子 Z（　　）1。

A. 大于　　　　B. 等于　　　　C. 小于　　　　D. 不能确定。

5. 理想气体的液化行为是（　　）。

A. 不能液化　　　　　　　　　　B. 低温高压下才能液化

C. 低温下能液化　　　　　　　　D. 高压下能液化

6. 理想气体状态方程实际上概括了三个实验定律，它们是（　　）。

A. 波义耳定律，分压定律和分体积定律

B. 波义耳定律，盖·吕萨克定律和阿伏伽德罗定律

C. 波义耳定律，盖·吕萨克定律和分压定律

D. 波义耳定律，分体积定律和阿伏伽德罗定律

7. 范德华方程中的压力修正项对 V_m 的关系为（　　）。

A. 正比于 V_m^2　　B. 正比于 V_m　　C. 正比于 $1/V_m^2$　　D. 正比于 $1/V_m$

二、计算题

1. 已知体积为 $10^{-3}\,m^3$ 的容器内，含有 $1.4\times10^{-3}\,kg$ 的 N_2（设为理想气体），计算 20℃时的压力。

2. 在 0℃和 101.325kPa 下，CO_2 的密度是 $1.96\,kg/m^3$，试求 CO_2 气体在 86.66kPa 和 25℃时的密度。

3. 某地夏天最高温度为 42℃，冬天最低温度为 -38℃。有一容量为 $2000\,m^3$ 的气柜，若其压力始终维持在 $103.9\times10^3\,Pa$，试问最冷天比最热天可多储多少千克的氢？（已知 H_2 的摩尔质量为 $2.016\,g\cdot mol^{-1}$。）

4. 27℃、100kPa 下，$0.1\,dm^3$ 的含有 N_2、H_2、NH_3 的混合气体，经用硫酸溶液吸收 NH_3 后，混合气体的体积减少到 $0.086\,dm^3$，试求混合气体中 NH_3 的物质的量及分压。

5. 合成氨生产中，以氮气和氢气的体积比为 1∶3 的比例进行混合，混合气体的压力为 30.4MPa，试求氮气和氢气的分压力。

6. 体积为 $5\times10^{-3}\,m^3$ 的高压锅内有 0.142kg 的氯气，温度为 350K，试用范德华方程计算氯气的压力。

7. 在一个 $0.02\,m^3$ 能承受最高压力为 15.2MPa 的储氧钢瓶内，装有 1.64kg 的氧气，试用范德华方程计算出最高允许温度为多少？

8. 计算温度为 573K，压力为 20.26MPa 时，3kmol 甲醇气体的体积。实验测得在该条

件下甲醇气体的体积为 $0.342m^3$。(1) 用理想气体状态方程计算；(2) 用压缩因子图计算，并计算两种方法的百分误差。

9. 300K，104.365kPa 的湿烃类混合气体（含水蒸气），其中水蒸气分压为 3.167kPa。现欲得到除去水蒸气的 1kmol 干烃类混合气体。求：

(1) 应从湿烃类混合气体中除去水蒸气的物质的量；
(2) 所需湿烃类混合气体的初始体积。

三、简答题

1. 实际气体在什么情况下可近似看做理想气体？
2. 分压定律的应用条件是什么？
3. 为什么高压下不能使用理想气体状态方程，真实气体与理想气体产生偏差的原因是什么？
4. 气体液化的途径有哪些？为什么在临界温度以上无论加多大压力也不能使其液化？气体液化的必要条件是什么？
5. 在临界点，饱和液体与饱和蒸气的摩尔体积相等。对不对？
6. 对比温度 $T_r > 1$ 的气体不能被液化，对不对？
7. 不同物质在它们相同的对应状态下，具有相同的压缩性，即具有相同的压缩因子 Z。对吗？
8. 已知氨的 $t_c = 132.3℃$，$p_c = 11.3$ MPa，液氨的饱和蒸气压和温度的关系如下：

$t/℃$	-40	-30	-20	-10	0	10	20	30
p/MPa	0.072	0.12	0.19	0.29	0.43	0.61	0.86	1.17

问在 $t = 30℃$，$p = 1.00MPa$ 时氨气能否液化？为什么？

四、拓展题

1. 查阅相关资料，了解合成氨生产工艺条件。
2. 查阅相关资料，了解聚氯乙烯生产工艺条件。

第二章 热力学第一定律

学习指导

1. 掌握热力学基本概念。
2. 理解热力学第一定律的含义,掌握其数学表达式。
3. 掌握热、功、热力学能变之间的定量转换关系。
4. 掌握恒压热、恒容热及它们与焓变、热力学能变之间的关系和意义。
5. 弄清标准摩尔反应焓、标准摩尔生成焓、标准摩尔燃烧焓的概念及相互关系。
6. 掌握热力学第一定律在各种变化过程中的应用。

第一节 热力学基本概念

学习导航

夏天将室内冰箱门打开,接通电源紧闭门窗(设墙壁门窗均不传热),能否使室内温度降低?为什么?

一、体系与环境

热力学中,把选定的作为研究对象的那部分物质称为体系或系统。而体系之外,与体系密切相关的部分称为环境。体系和环境之间的界面,可以真实存在,也可以是假想的。

为研究方便,常根据体系与环境之间是否存在物质和能量交换,把体系分为三类(见表2-1)。

表 2-1 体系分类

体系类型	体系与环境之间是否有物质交换	体系与环境之间是否有能量交换
敞开(开放)体系	有	有
封闭(密闭)体系	无	有
隔离(孤立)体系	无	无

严格意义上讲,真正的隔离体系是不存在的,因为自然界中的物质之间是相互联系的,真实体系不可能完全与环境隔绝,在热力学研究中,有时把体系与环境一起作为研究对象,

把这个整体看做隔离体系。

例如，一个保温瓶中装有水，用软木塞塞紧瓶口，把其中的水作为研究对象，当软木塞打开时或密封效果不好时，水是敞开体系；若保温瓶保温性能不好，而瓶塞密封效果好时，水是封闭体系；若保温瓶保温性能好，且瓶塞密封效果好时，水是隔离体系。

二、状态与状态函数

1. 体系的性质

描述体系状态的宏观物理量（如温度、压力、体积、质量等）称为体系的热力学性质，简称性质。体系的性质按其是否与物质的数量有关，可分为强度性质和广度性质。

（1）强度性质　强度性质与物质的数量无关，不具有加和性，如温度、压力、密度等。

（2）广度性质（又称广延性质，或容量性质）　广度性质与物质的数量有关，具有加和性，如体积、质量、热力学能等。

两个广度性质的比值一定是强度性质。如气体的质量（广度性质）与气体的体积（广度性质）的比值是气体的密度（强度性质）。

2. 状态与状态函数

体系的状态是体系所有性质的综合表现。当体系的各种性质确定后体系的状态就确定了；反之，当体系的状态确定后，体系的性质就具有了确定的数值。可见，体系的性质与状态间存在着单值对应的关系。所以，热力学性质又称为状态函数，即状态函数为状态的单值函数。

状态函数特征：①状态一定，状态函数值一定。如水在温度 T 时，处于两相平衡状态，那么温度与饱和蒸气压具有唯一确定数值。②状态改变，状态函数值改变，且状态函数值的改变量只与体系的始、终状态有关，而与变化所经历的具体途径无关。如一杯水从 20℃ 加热到 80℃，其 $\Delta T = T_2 - T_1 = 80 - 20 = 60$（K），$\Delta T$ 的数值与加热方式及如何加热的具体步骤无关。③同一状态下，状态函数的集合（和、差、积、商）也是状态函数。

状态函数在数学上具有全微分的性质，如温度的微小改变量可用"dT"表示。

3. 状态函数法

状态函数法就是利用状态函数的特征来解题的方法。其中使用最多的是"始、终状态一定，状态函数值的改变量一定"。热化学中应用较广的盖斯定律和基希霍夫公式都是建立在状态函数上述特征基础之上的。在运用状态函数法解题时需注意以下几点：

① 当体系在某一过程前后的状态函数改变值不好求时，可在原过程的始、终态之间设计另一个或几个过程求算该改变量。

② 严格区分状态函数与过程量（如功和热等），过程量与经历的途径有关。

③ 在指定的始态、终态之间，有时不可能设计出设想的某类过程，如从同一始态经绝热可逆过程和经绝热不可逆过程不可能到达同一终态。

三、热力学平衡态

经典热力学中所指的状态是指热力学平衡态，因为只有在平衡态下，体系的宏观性质才具有真正的确定值。热力学平衡态包括以下四个平衡。

(1) 热平衡　如果体系内部及体系与环境之间无绝热壁存在，则体系内部及体系与环境之间的温度均相同。

(2) 力平衡　如果体系内部及体系与环境之间无刚性壁存在，则体系内部及体系与环境之间的压力均相同。

(3) 相平衡　相是指体系中物理性质和化学性质皆相同且均匀的部分。达到相平衡时，体系中各相的组成及数量不随时间而改变。

(4) 化学平衡　达到化学平衡时，体系的组成不再随时间而改变。

四、过程与途径

过程是指体系从某一状态变化到另一状态的经历或变化。过程开始的状态称为初态或始态，过程终了的状态称为终态或末态。而途径是指实现这一过程的具体步骤。例如，由 C 转变成 CO_2 可经历如下两种途径。

途径 I　　　　　　　　　　$C + O_2 \longrightarrow CO_2$

途径 II　　　　　　　　　　$C + O_2 \longrightarrow CO + \frac{1}{2}O_2 \longrightarrow CO_2$

热力学研究中经常遇到以下几种过程。

1. 单纯 p、V、T 变化过程

(1) 恒温（或等温）过程　体系与环境温度相等且恒定不变，即 $T_1 = T_2 = T_环 =$ 常数。

(2) 恒压（或等压）过程　体系与环境压力相等且恒定不变，即 $p_1 = p_2 = p_环 =$ 常数。

(3) 恒外压过程　环境压力保持不变，体系压力可以改变，即 $p_环 =$ 常数。

(4) 恒容（或等容）过程　体系体积恒定不变，即 $V =$ 常数。

(5) 绝热过程　体系与环境之间没有热的交换，只有功的交换，即 $Q = 0$。若体系被一绝热壁所包围或体系内发生一极快过程，如爆炸，可看做是绝热过程。

(6) 循环过程　体系由某一始态出发，经过一系列过程又回到始态的过程。显然，循环过程中，体系的所有状态函数的改变量均为 0。

(7) 可逆过程　通过过程的反方向可使体系恢复到原来状态，同时环境也恢复到原来状态而没有留下任何痕迹的过程称为可逆过程。可逆过程中，不仅体系内部在任何瞬间均处于无限接近平衡的状态，而且体系与环境之间也无限接近平衡，体系的状态函数与环境相差无限小的量。可逆过程是一个理想过程，自然界中并不存在，但某些实际过程，如液体在其沸点下的蒸发，液体在其凝固点下的凝固，均可近似看做可逆过程。

可逆过程是热力学中一个极其重要的概念，研究可逆过程的意义在于可将实际过程与可逆过程进行比较，从而确定提高实际过程效率的可能性。可逆过程体系做功最多，环境消耗功最小，某些重要的热力学函数值，只有通过可逆过程方能求算，而这些函数的变化值在解决实际问题中起着重要作用，如熵变。可逆过程中的物理量用下标"R"标记。

2. 相变过程

相是体系中物理性质和化学性质皆相同且均匀的部分。例如，液态水和固态水共存，液态水是一相，固态水（冰）是另一相，虽然二者化学性质相同但物理性质不同。相变是指物质从一种相变成另一种相的过程。例如，水从液态变成水蒸气。

相变分为可逆相变和不可逆相变两种。

可逆相变，始、终态两相是可逆的两相平衡，且温度和压力均相同，即在平衡状态下进行的相变，如在101.325kPa、100℃下，液态水变成水蒸气。

不可逆相变是指在非平衡状态下进行的相变。如在101.325kPa、110℃下，液态水变成水蒸气。

3. 化学变化过程

化学变化过程是指包含化学反应的过程。

五、热和功

1. 热、功与热容

(1) 热　体系与环境之间由于存在温度差而交换的能量，用符号"Q"表示，单位"J"或"kJ"。热力学规定：体系吸热，Q为正值（$Q>0$）；体系放热，Q为负值（$Q<0$）。

(2) 功　除热之外，体系与环境之间其他的能量交换方式都称为功，用符号"W"表示，单位"J"或"kJ"。热力学规定：环境对体系做功，W为正值（$W>0$）；体系对环境做功，W为负值（$W<0$）。

热和功是能量传递过程中的能量，与变化途径有关，所以热和功不是状态函数，因此不能说体系本身含有多少热和功。对于无限小的变化过程，热和功可写成δQ和δW。这是过程量Q和W与状态函数的根本区别。

功可分为两大类，体积功和非体积功。体积功是由于体系体积变化而与环境交换的功，非体积功是除体积功之外的所有其他形式的功。非体积功用W'表示，如电功等。

(3) 热容　是指在不发生相变化、化学变化和非体积功为零条件下，一定量的物质温度每升高1K所吸收的热，用符号C表示，单位J·K^{-1}。即

$$C = \frac{\delta Q}{dT}$$

(4) 摩尔热容　摩尔热容是指1mol物质所具有的热容，用符号C_m表示，单位J·K^{-1}·mol^{-1}。即

$$C_m = \frac{\delta Q}{n dT}$$

(5) 恒容（或定容）摩尔热容　恒容过程中，1mol物质所具有的热容，用符号$C_{V,m}$表示，单位J·K^{-1}·mol^{-1}。即

$$C_{V,m} = \frac{\delta Q_V}{n dT} \tag{2-1}$$

(6) 恒压（或定压）摩尔热容　恒压过程中，1mol物质所具有的热容，用符号$C_{p,m}$表示，单位J·K^{-1}·mol^{-1}。即

$$C_{p,m} = \frac{\delta Q_p}{n dT} \tag{2-2}$$

对理想气体，$C_{p,m} - C_{V,m} = R$。

在缺乏实验数据时，对理想气体有

单原子理想气体　　$C_{V,m} = 1.5R$　　$C_{p,m} = 2.5R$

双原子理想气体　　　$C_{V,m}=2.5R$　　$C_{p,m}=3.5R$

对纯液体和固体　　　$C_{V,m}\approx C_{p,m}$

（7）热容与温度的关系　实验表明，$C_{V,m}$、$C_{p,m}$ 的数值与 T、p 有关，但一般 p 影响不大，且随温度升高而增大。常用的函数关系式有

$$C_{p,m}=a+bT$$

$$C_{p,m}=a+bT+cT^2$$

式中，a、b、c 均为经验常数。

2. 体积功的计算

体积功是体系反抗环境压力而使体积发生改变的功，因此对于一无限小变化，有

$$\delta W=-p_{环}dV \tag{2-3}$$

在热力学中，功是体系与环境间实际交换能量的一种形式，故计算功时要用 $p_{环}$，而不是 $p_{系}$，因为 $p_{环}$ 不是体系性质，而是与途径密切相关，这是功 W 成为过程函数的根本原因。

若体系由始态 $1(p_1, V_1, T_1)$ 经某过程至终态 $2(p_2, V_2, T_2)$，则全部过程的体积功 W 应当是体系各无限小变化过程体系与环境交换的功之和，即

$$W=-\sum_{V_1}^{V_2}\delta W=-\int_{V_1}^{V_2}p_{环}dV \tag{2-4}$$

当 $p_{环}$ 恒定时，有

$$W=-p_{环}(V_2-V_1) \tag{2-5}$$

【例 2-1】1mol 的理想气体，由 273.15K、100kPa 的始态，经下述两个途径到达 273.15K、50kPa 的终态，分别求两途径的 W。（1）$p_{环}$ 恒为 50kPa；（2）自由膨胀（向真空膨胀）。

解　（1）依题意，$p_{环}$ 恒定，为 50kPa，则

$$W=-p_{环}(V_2-V_1)=-p_{环}\left(\frac{nRT}{p_2}-\frac{nRT}{p_1}\right)=-p_{环}nRT\left(\frac{1}{p_2}-\frac{1}{p_1}\right)$$

$$=-50\times1\times8.314\times273.15\times\left(\frac{1}{50}-\frac{1}{100}\right)=-1.14\times10^3(J)$$

（2）依题意，自由膨胀，表明 $p_{环}=0$

所以，$W=-\int_{V_1}^{V_2}p_{环}dV=0$

计算结果表明，两种膨胀方式尽管始态、终态相同，但因所经历的途径不同，功也不同，从而有力地说明了功不是状态函数，而是过程函数，与途径有关。

六、热力学能

体系的总能量包括体系整体运动的动能、在外力场（如重力场、电磁场等）中的势能以及体系的热力学能。在热力学中，由于研究的是宏观静止且忽略外力场的作用的体系，所以不考虑体系的动能和势能，只注重体系的热力学能。

热力学能是体系内部各种微观粒子能量的总和。用符号"U"表示，单位 J 或 kJ，由以下三部分组成。

(1) 分子运动的动能　是体系内分子热运动的能量，包括平动、振动、转动等，是温度的函数。

(2) 分子间相互作用的势能　是分子间相互作用而具有的能量，是体积的函数。

(3) 分子内部的能量　是分子内部各种微粒运动的能量与微粒间相互作用的能量之和，在体系无化学变化和相变化的情况下，此部分能量为定值。

热力学能是体系内部各种能量的综合表现，当体系状态确定后，热力学能就具有确定的数值。因此，热力学能是体系的状态函数，其数值的大小与体系的粒子数目有关，且具有加和性，是广度性质。

对于无化学反应的理想气体系而言，因理想气体分子间无相互作用力，从而分子间相互作用的势能不存在，唯一可变的是分子内部运动的动能，所以，对一定量的理想气体而言，热力学能只是温度的函数，即 $U=f(T)$。

目前为止，体系的热力学能的绝对值还无法确定，通常应用热力学能的改变量来解决实际问题。

第二节　热力学第一定律概述

> **学习导航**
>
> 3mol 单原子理想气体，从始态 T_1 = 300K，p_1 = 100kPa，反抗恒外压 50kPa 作不可逆膨胀，至终态 T_2 = 300K，p_2 = 50kPa，求这一过程的 Q，W，ΔU 和 ΔH。

一、热力学第一定律的文字表述

热力学第一定律即能量守恒定律，它是人类实践经验的总结，其表述方法主要有以下两种。

① 第一类永动机是不可能制造出来的。"第一类永动机"即是指不需要外界提供能量而可以连续对外做功的机器。

② 自然界中的一切物质都具有能量，能量有不同种形式，可以从一种形式转化成另一种形式，但其总值在转化过程中保持不变。

二、热力学第一定律的数学表达式

对封闭体系中发生的某一过程，体系从环境吸收热量为 Q，环境对体系做功为 W，则根据能量守恒及转化定律，有

$$\Delta U = Q + W \tag{2-6}$$

式中，W 为总功，包括体积功和非体积功之和。

若体系中发生一微小变化，则上式可写成

$$dU = \delta Q + \delta W \tag{2-7}$$

式（2-6）和式（2-7）就是封闭体系热力学第一定律的数学表达式。

【例 2-2】（1）已知 1g 纯水在 101.325kPa 下，温度由 287.7K 变为 288.7K，吸热 2.0927J，得功 2.0928J，求其热力学能的变化。

（2）若在绝热条件下，使 1g 纯水从上述的始态变到终态，需对其做功多少？

解 （1）根据热力学第一定律，得

$$\Delta U = Q + W = 2.0927 + 2.0928 = 4.1855(J)$$

（2）由题意，（2）过程与（1）过程始态、终态相同，所以 ΔU 相同，又因绝热 $Q=0$，则

$$W = \Delta U - Q = 4.1855 - 0 = 4.1855(J)$$

三、恒容热、恒压热及焓

实际过程都是在一定条件下进行的，其中封闭体系中无非体积功的恒容和恒压过程最普遍和重要。因此，了解和掌握热力学第一定律对特定条件下实际过程的应用，能为处理实验室和实际生产中的问题带来方便。

1. 恒容热

恒容热是指恒容且非体积功为零过程中，体系与环境交换的热，用 Q_V 表示。

因为恒容（$\Delta V=0$），所以体积功为零（$W=0$），由热力学第一定律，得

$$Q_V = \Delta U \tag{2-8}$$

由于 ΔU 只与体系始态、终态有关，所以该式表明，在特定条件下（$\Delta V=0$，$W'=0$），体系与环境交换的热 Q_V，仅与体系的始态、终态有关，而与具体途径无关。若要求此条件下的热，只要求出此过程的 ΔU 即可。所以该式为人们计算恒容热带来了极大方便。

2. 恒压热及焓

（1）**恒压热** 是指恒压且非体积功为零过程中，体系与环境交换的热，用 Q_p 表示。

因为恒压，所以 $p_1 = p_2 = p_环$，所以体积功 $W = -p_环(V_2 - V_1) = -p_2 V_2 + p_1 V_1$，又 $W'=0$，

由热力学第一定律，得

$$Q_p = \Delta U - W = U_2 - U_1 + p_2 V_2 - p_1 V_1 = (U_2 + p_2 V_2) - (U_1 + p_1 V_1) \tag{2-9}$$

因为 U、p、V 是状态函数，所以，在特定条件下（$\Delta p=0$，$W'=0$），体系与环境交换的热 Q_p，仅与体系的始态、终态有关，而与具体途径无关。

（2）**焓** 热力学中为更好地讨论恒压热的计算，引入一个重要的函数——"焓"，用符号 H 表示。

定义 $H = U + pV$ 或 $\Delta H = \Delta U + \Delta(pV)$，则式（2-6）可写成

$$Q_p = H_2 - H_1 = \Delta H \tag{2-10}$$

注意：① 因为 U、p、V 是状态函数，所以焓 H 是状态函数；

② U、V 是广度性质，所以 H 是广度性质，并具有能量单位 J 或 kJ；

③ 由于热力学能 U 的绝对值无法测定，所以 H 的绝对值也无法确定；

④ H 没有明确的物理意义，是一个组合函数，只有在特殊过程中（封闭体系，$\Delta p=0$，$W'=0$）才有明确物理意义，即 ΔH 与 Q_p 相等。

⑤ 式（2-10）为化工生产中的间歇反应釜中的热量计算提供了方便；

⑥ 对一定量的理想气体而言，因 U、pV 都只和温度有关，所以 H 也仅是温度的函数，即 $H=f(T)$。

思考题：是否只有恒压过程，H 才存在？

【例 2-3】 一定量的理想气体，在 100kPa 下，体积由 $10dm^3$ 膨胀到 $15dm^3$，实验测定吸热 700J，求该过程的 W、ΔU 和 ΔH。

解 因过程恒压，所以

$$W=-p_环(V_2-V_1)=-100\times10^3\times(15-10)\times10^{-3}=-500(J)$$

由热力学第一定律，得

$$\Delta U=Q+W=700-500=200(J)$$

因过程恒压，所以 $\Delta H=Q_p=Q=700J$

ΔH 的计算也可根据定义式求得，即 $\Delta H=\Delta U+\Delta(pV)=\Delta U+p(V_2-V_1)=700(J)$

第三节　热力学第一定律的应用

> **学习导航**
>
> 下列反应可用来表示常用动力火箭中的反应：
>
> ① $H_2(g)+\dfrac{1}{2}O_2(g)\longrightarrow H_2O(g)$
>
> ② $CH_3OH(l)+\dfrac{3}{2}O_2(g)\longrightarrow CO_2(g)+2H_2O(g)$
>
> ③ $H_2(g)+F_2(g)\longrightarrow 2HF(g)$
>
> (1)分别计算 298.2K 时，各个反应每千克反应物的焓变。
>
> (2)因为当排出气体的摩尔质量较低时，推力比较大，试将生成物摩尔质量(在反应②中用平均摩尔质量)去除每千克发生的热，再根据推动效果的次序将以上反应加以排列。所需热力学数据自行查阅。

热力学第一定律在实际生产中有着广泛的应用，如可以计算理想气体 p、V、T 变化过程，相变过程，化学变化过程中热、功和热力学能改变量之间的关系。

一、p、V、T 变化过程

1. 理想气体恒容过程

不做非体积功的恒容过程，体积功：

$$W=0$$
$$Q=Q_V=\Delta U$$

结合恒容摩尔热容公式（2-1），若气体的热容不随温度发生变化，积分得

$$Q=Q_V=\Delta U=\int_{T_1}^{T_2}nC_{V,m}dT=nC_{V,m}(T_2-T_1) \tag{2-11}$$

结合焓的定义式 $H=U+pV$，得

$$\Delta H = \int_{T_1}^{T_2} nC_{p,m}dT = nC_{p,m}(T_2-T_1) \tag{2-12}$$

2. 理想气体恒压过程

不做非体积功的恒压过程，体积功 $W=-p_环(V_2-V_1)$。

$$Q=Q_p=\Delta H$$

结合恒压摩尔热容公式（2-2），若气体的热容不随温度发生变化，积分得

$$Q=Q_p=\Delta H = \int_{T_1}^{T_2} nC_{p,m}dT = nC_{p,m}(T_2-T_1) \tag{2-13}$$

根据热力学第一定律，得

$$\Delta U = Q+W = nC_{V,m}(T_2-T_1) \tag{2-14}$$

3. 理想气体恒温过程

因理想气体的 U 和 H 都仅是温度的函数，所以温度不变时，有

$$\Delta U = \Delta H = 0$$

根据热力学第一定律，得

$$Q=-W$$

对理想气体的恒温恒外压过程，则有

$$W=-p_环(V_2-V_1)=-p_环 nRT\left(\frac{1}{p_2}-\frac{1}{p_1}\right) \tag{2-15}$$

对理想气体恒温可逆过程，$p_环=p\pm dp$ 或 $p_环 \approx p$，所以

$$W_R = -\int_{V_1}^{V_2} p_环 dV = -\int_{V_1}^{V_2} pdV = -\int_{V_1}^{V_2}\frac{nRT}{V}dV = -nRT\ln\frac{V_2}{V_1} \tag{2-16}$$

$$或\ Q_R = -W_R = nRT\ln\frac{V_2}{V_1} = nRT\ln\frac{p_1}{p_2} \tag{2-17}$$

4. 理想气体绝热过程

因体系绝热，$Q=0$。

若热容不随温度变化，则

$$\Delta U = W = nC_{V,m}(T_2-T_1) \tag{2-18}$$

$$\Delta H = nC_{p,m}(T_2-T_1) \tag{2-19}$$

式（2-18）和式（2-19）不论理想气体绝热过程是否可逆，二者均成立。

对理想气体发生的绝热可逆过程，p、V、T 三者均发生变化，三者之间存在如下关系：

$$T_1V_1^{\gamma-1} = T_2V_2^{\gamma-1} \ 或\ TV^{\gamma-1} = 常数 \tag{2-20}$$

其中，$\gamma = \dfrac{C_{p,m}}{C_{V,m}}$，称为热容商。

将理想气体状态方程代入上式，也可得以下两组关系式。

$$p_1V_1^{\gamma} = p_2V_2^{\gamma} \ 或\ pV^{\gamma} = 常数 \tag{2-21}$$

$$T_1^{\gamma}p_1^{1-\gamma} = T_2^{\gamma}p_2^{1-\gamma} \ 或\ T^{\gamma}p^{1-\gamma} = 常数 \tag{2-22}$$

式（2-20）～式（2-22）均为理想气体绝热可逆方程式，表示理想气体绝热可逆过程中 p、V、T 的变化关系。封闭体系无非体积功理想气体 pVT 变化过程常用公式见表2-2。

表 2-2　封闭体系无非体积功理想气体 pVT 变化过程常用公式

	恒容过程	恒压过程	恒温可逆过程	绝热过程
W	0	$W=-p_环(V_2-V_1)$	$W_R=-nRT\ln\dfrac{V_2}{V_1}$	$W=\Delta U=nC_{V,m}(T_2-T_1)$
Q	$Q=\Delta U=nC_{V,m}(T_2-T_1)$	$Q=\Delta H=nC_{p,m}(T_2-T_1)$	$Q_R=-W_R=nRT\ln\dfrac{V_2}{V_1}$	0
ΔU	$\Delta U=nC_{V,m}(T_2-T_1)$	$\Delta U=nC_{V,m}(T_2-T_1)$	0	$\Delta U=nC_{V,m}(T_2-T_1)$
ΔH	$\Delta H=nC_{p,m}(T_2-T_1)$	$\Delta H=nC_{p,m}(T_2-T_1)$	0	$\Delta H=nC_{p,m}(T_2-T_1)$

注：1. $pV=nRT$ 对所有上述过程均适用。
2. $T^\gamma p^{1-\gamma}$=常数、pV^γ=常数、$TV^{\gamma-1}$=常数只适用于理想气体绝热可逆过程。

【例 2-4】1mol N_2 在 300K 时自 100kPa 膨胀至 10kPa，已知 N_2 的 $C_{p,m}=29.1$ J·$mol^{-1}\cdot K^{-1}$，计算下列过程的 Q、W、ΔU 和 ΔH。
(1) 体系经绝热可逆膨胀；
(2) 体系经反抗 10kPa 外压的绝热不可逆膨胀。

解 因体系绝热，所以两个过程的 $Q=0$
(1) 绝热可逆过程

$$\gamma=\frac{C_{p,m}}{C_{V,m}}=\frac{29.1}{29.1-8.314}=1.4$$

由公式 (2-22) $T_1^\gamma p_1^{1-\gamma}=T_2^\gamma p_2^{1-\gamma}$，得

$$T_2=T_1\left(\frac{p_1}{p_2}\right)^{\frac{1-\gamma}{\gamma}}=300\times\left(\frac{100}{10}\right)^{\frac{1-1.4}{1.4}}=155.4(K)$$

所以 $\Delta U=W=nC_{V,m}(T_2-T_1)=1\times(29.1-8.314)\times(155.4-300)=-3006(J)$
$\Delta H=nC_{p,m}(T_2-T_1)=1\times29.1\times(155.4-300)=-4208(J)$

(2) 恒外压绝热不可逆过程

$$W=-p_环(V_2-V_1)=-p_环\left(\frac{nRT_2}{p_2}-\frac{nRT_1}{p_1}\right)=-p_环 nR\left(\frac{T_2}{p_2}-\frac{T_1}{p_1}\right)$$

又 $W=\Delta U$

$$-p_环 nR\left(\frac{T_2}{p_2}-\frac{T_1}{p_1}\right)=nC_{V,m}(T_2-T_1)，且\ p_环=p_2$$

整理简化，求解得 $T_2=223K$。
$\Delta U=W=nC_{V,m}(T_2-T_1)=1\times(29.1-8.314)\times(223-300)=-1601(J)$
则该过程的 $\Delta H=nC_{p,m}(T_2-T_1)=1\times29.1\times(223-300)=-2241(J)$

【例 2-5】将 1mol 298K、100kPa 的 O_2 分别经 (1) 等压过程 (2) 等容过程加热到 348K。试计算两过程所需的热。已知 298K 时，$C_{p,m}=29.4$ J·$K^{-1}\cdot mol^{-1}$，并看作常数。

解 (1) 等压过程 $Q_p=\Delta H=nC_{p,m}(T_2-T_1)=1\times29.4\times(348-298)=1470(J)$
(2) 等容过程 $Q_V=\Delta U=nC_{V,m}(T_2-T_1)=1\times(29.4-8.314)\times(348-298)$
$=1054.3(J)$

5. 凝聚态物质 pVT 变化过程

凝聚态（固态或液态）物质的体积受压力、温度的影响很小，其热力学能和焓受压力的影响很小，所以对纯凝聚态物质封闭体系的单纯 p、V、T 变化过程，其压力变化不大，则有

$$\Delta V = 0 \quad \Delta(pV) = 0$$

所以
$$W \approx 0$$
$$Q \approx \Delta U \approx \Delta H \approx \int_{T_1}^{T_2} nC_{p,m} dT$$

当 $C_{p,m}$ 为常数时，有
$$Q \approx \Delta U \approx \Delta H \approx nC_{p,m}(T_2 - T_1)$$

二、相变过程

1. 相变热及相变焓

体系中的同一物质在不同相之间的转变称为相变。例如，化工生产中经常遇到的蒸发、冷凝、熔化、结晶、升华等。物质在恒温恒压两相平衡条件下进行的相变称为可逆相变。反之，不在两相平衡条件下进行的相变是不可逆相变。

相变过程中，体系与环境交换的热称为相变热。由于大多数相变过程是一定量的物质在恒压且不做非体积功的条件下发生的，所以，相变热可用焓表示，亦称相变焓。即

$$Q_p = \Delta_\alpha^\beta H$$

1mol 纯物质在恒定温度 T 及该温度的平衡压力下由 α 相变为 β 相对应的焓变，称为摩尔相变焓，用符号 $\Delta_\alpha^\beta H_m$ 表示。

$$Q_p = \Delta_\alpha^\beta H = n\Delta_\alpha^\beta H_m \tag{2-23}$$

常见的相变过程有：汽化过程，$\Delta_{vap} H_m$ 或 $\Delta_l^g H_m$；熔化过程，$\Delta_{fus} H_m$ 或 $\Delta_s^l H_m$；升华过程，$\Delta_{sub} H_m$ 或 $\Delta_s^g H_m$。

注意以下几点：

① 同一物质发生相变的相变焓与发生相变的条件有关。

如纯水在 100℃、101.325kPa 下的 $\Delta_{vap} H_m = 40.68 \text{kJ} \cdot \text{mol}^{-1}$，

在 80℃，101.325kPa 下的 $\Delta_{vap} H_m = 41.55 \text{kJ} \cdot \text{mol}^{-1}$

② 若 1mol 物质进行由 α 相到 β 相的相变，其相变焓为 $\Delta_\alpha^\beta H_m$，则在同一条件下其进行由 β 相到 α 相的相变焓为 $\Delta_\beta^\alpha H_m$，二者有如下关系：$\Delta_\alpha^\beta H_m = -\Delta_\beta^\alpha H_m$。

③ 相变焓是温度的函数。相变焓随温度变化的数据很不完全，如水的 $\Delta_{vap} H_m$ 在化学化工手册上常只能查到正常沸点（101.325kPa 下的沸点）下的数据，其他条件可以通过计算得到。

④ 不可逆相变的相变热需设计包含可逆相变的一系列过程求得。

2. 相变体积功的计算

若体系在恒温、恒压下发生可逆相变，由 α 相变为 β 相，其体积功为

$$W = -p(V_\beta - V_\alpha) \tag{2-24}$$

若 β 相为气相，α 为凝聚相，因为 $V_\beta \gg V_\alpha$，所以

$$W = -pV_g \tag{2-25}$$

若气体可视为理想气体，则

$$W = -pV_g = -nRT \tag{2-26}$$

3. 相变过程热力学能变的计算

体系在恒温、恒压且不做非体积功发生可逆相变，由 α 相变为 β 相，其热力学能变为

$$\Delta_\alpha^\beta U = \Delta_\alpha^\beta H - p(V_\beta - V_\alpha) \tag{2-27}$$

若 β 相为气相，α 为凝聚相，因为 $V_\beta \gg V_\alpha$，所以

$$\Delta_\alpha^\beta U = \Delta_\alpha^\beta H - pV_g \tag{2-28}$$

若气体可视为理想气体，则

$$\Delta_\alpha^\beta U = \Delta_\alpha^\beta H - pV_g = \Delta_\alpha^\beta H - nRT \tag{2-29}$$

可逆相变过程常用公式见表 2-3。

表 2-3　可逆相变过程常用公式（气相看作理想气体）

相变	$\Delta_\alpha^\beta H_m$ 或 Q_p	W	$\Delta_\alpha^\beta U$
蒸发(或升华)	已知	$W = -pV_g = -nRT$	$\Delta_\alpha^\beta U = \Delta_\alpha^\beta H - nRT$
熔化(或凝结)	已知	$W = -p(V_\beta - V_\alpha)$	$\Delta_\alpha^\beta U = \Delta_\alpha^\beta H - p(V_\beta - V_\alpha)$

【**例 2-6**】计算在 101.325kPa 下，2mol 冰在其熔点 0℃ 熔化为水的热力学能变 ΔU 和相变焓 ΔH。已知在 101.325kPa、0℃ 时冰的 $\Delta_{fus}H_m = 6008 J\cdot mol^{-1}$，0℃ 时冰、水的密度分别为 $0.9168 g\cdot cm^{-3}$ 和 $0.9999 g\cdot cm^{-3}$。

解　$\Delta_s^l H = n\Delta_{fus}H_m = 2 \times 6008 = 12016(J\cdot mol^{-1})$

$\Delta_s^l U = \Delta_s^l H - p(V_l - V_s) = 12016 - 101.325 \times 10^3 \times \left(\dfrac{2 \times 18.02}{0.9999} - \dfrac{2 \times 18.02}{0.9168}\right) \times 10^{-6}$

$= 12016.4 (J\cdot mol^{-1})$

从计算结果看，$\Delta_s^l H$ 和 $\Delta_s^l U$ 非常接近，可认为二者几乎相等。

【**例 2-7**】逐渐加热 1mol、298K、101.325kPa 的水，使之成为 423K 的水蒸气，问需要多少热量。设水蒸气为理想气体。已知 $C_{p,m}(l) = 75.4 J\cdot mol^{-1}\cdot K^{-1}$，$C_{p,m}(g) = 33.5 J\cdot mol^{-1}\cdot K^{-1}$，水在 373K、101.325kPa 时的 $\Delta_{vap}H_m = 40.7 kJ\cdot mol^{-1}$。

解　该过程为一不可逆相变，其相变热需通过设计含有可逆相变的一系列过程求得(见图 2-1)。过程设计如下：

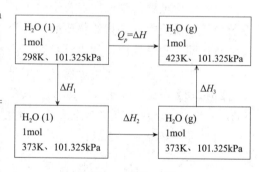

图 2-1　例 2-7 图

$Q_p = \Delta H = \Delta H_1 + \Delta H_2 + \Delta H_3$

$\Delta H_1 = nC_{p,m}(l)(T_2 - T_1) = 1 \times 75.4 \times (373 - 298) = 5655(J)$

$\Delta H_2 = n\Delta_{vap}H_m = 1 \times 40.7 \times 10^3 = 40700(J)$

$\Delta H_3 = nC_{p,m}(g)(T_2 - T_1) = 1 \times 33.5 \times (423 - 373) = 1675(J)$

$Q_p = \Delta H = \Delta H_1 + \Delta H_2 + \Delta H_3 = 5655 + 40700 + 1675 = 48030(J)$

三、化学变化过程

物质内部蕴藏着能量，人们把潜藏于物质内部，只有在发生化学反应时才释放出来的能量称为化学能。像石油和煤的燃烧，炸药爆炸以及食物在体内发生化学变化时候所放出的能量，都属于化学能。它不能直接用来做功，只有在发生化学变化的时候才释放出来，变成热能或者其他形式的能量。通常规定在恒温、无非体积功时体系发生化学反应与环境交换的热

称为化学反应热效应，简称反应热。反应热一般分为两种，即恒容热效应和恒压热效应，研究化学反应热效应的学科称为热化学，实际上，热化学是热力学第一定律在化学反应过程中的应用。

1. 基本概念

（1）反应进度　对于任一化学反应

$$a\mathrm{A} + d\mathrm{D} \longrightarrow e\mathrm{E} + f\mathrm{F}$$

此式称为化学计量方程式，按照热力学表述状态函数变化量的习惯，用（终态－始态）的方式，也可改写成：

$$0 = e\mathrm{E} + f\mathrm{F} - (a\mathrm{A} + d\mathrm{D})$$

或化简成

$$0 = \sum_B \nu_B B$$

式中　B——反应物或产物；

ν_B——B 的化学计量数，单位为 1，对于反应物，ν_B 为负值；对于产物，ν_B 为正值即 $\nu_A = -a$，$\nu_D = -d$，$\nu_E = e$，$\nu_F = f$。

常用反应进度来表示反应进行的程度，用符号 ξ 表示，单位 mol，其定义为

$$\xi = \frac{n_B(\xi) - n_B(0)}{\nu_B} = \frac{\Delta n_B}{\nu_B} \tag{2-30}$$

式中　$n_B(0)$——反应起始时刻，即 $\xi=0$ 时 B 的物质的量；

$n_B(\xi)$——反应进行到 ξ 时 B 的物质的量；

ξ——反应进度。

引入反应进度的最大优点在于对于同一化学反应方程式，反应进行到任意时刻，用反应系统中任一反应物或产物的物质的量的变化量 Δn_B 来求算反应进度 ξ，所得数值都相同。但应注意，同一化学反应，如果计量式写法不同，ν_B 数值就有差别，当 Δn_B 相同时，ξ 数值必有不同。所以，在使用化学进度这个量时，必须指出反应的具体计量式。

【例 2-8】5mol N_2 和 10mol H_2 混合通过合成氨塔，经过多次循环反应，最后有 2mol NH_3 生成，试分别用以下两个反应方程式为基础，计算反应进度。

（1）$N_2 + 3H_2 \longrightarrow 2NH_3$

（2）$\frac{1}{2}N_2 + \frac{3}{2}H_2 \longrightarrow NH_3$

解　　　　　　　$n(N_2)$　　　　　$n(H_2)$　　　　　$n(NH_3)$

$t=0$ 时，$\xi=0$　　5mol　　　　　10mol　　　　　0mol

$t=t$ 时，$\xi=\xi$　　4mol　　　　　7mol　　　　　2mol

根据方程式（1），用 NH_3 的物质的量的变化来计算 ξ。

$$\xi = \frac{2-0}{2} = 1(\mathrm{mol})$$

同理，若采用 N_2 或 H_2 的物质的量的变化来计算，ξ 也都等于 1mol。

根据方程式（2），用 N_2 的物质的量的变化来计算 ξ

$$\xi = \frac{4-5}{-\frac{1}{2}} = 2(\mathrm{mol})$$

同理，若采用 NH_3 或 H_2 的物质的量的变化来计算，ξ 也都等于 2mol。

(2) 标准摩尔反应焓　热力学能、焓的绝对值是不能测量的，为此采用相对值的办法。同时，为避免同一种物质的某热力学状态函数在不同反应体系中数值不同，热力学规定了一个公共的参考状态——标准状态。

① 气体物质的标准态定义为：在标准压力 $p^{\ominus}$ 及温度为 T 时具有理想气体性质的纯气体。

② 液体和固体的标准态定义为：在标准压力 $p^{\ominus}$ 及温度为 T 时的纯液体或纯固体状态。

根据新的国家标准和国际标准规定标准压力 $p^{\ominus}=100\mathrm{kPa}$，标准状态对温度不作规定，但通常查表所得热力学标准态的有关数据大多是 $T=298.15\mathrm{K}$ 时的数据。符号"$\ominus$"表示标准状态。

因此，在标准状态下，化学反应进度为 1mol 时，生成物与反应物的焓之差称为标准摩尔反应焓，用 $\Delta_r H_m^{\ominus}$ 表示。

(3) 标准摩尔生成焓　由于焓的绝对值不能测量，为进行 $\Delta_r H_m^{\ominus}$ 的计算需确定物质的基准焓，因此，热力学规定标准状态下最稳定单质的焓值为零。则由最稳定单质直接化合生成 1mol 物质 B 时的 $\Delta_r H_m^{\ominus}$，称为物质 B 的标准摩尔生成焓，用符号 $\Delta_f H_m^{\ominus}$(B，相态，T) 表示，下标 f 表示生成反应，一些常用物质在 298.15K 时的标准摩尔生成焓可在附录三中查到。

这里需说明以下几个问题。

① $SO_2(g)+\dfrac{1}{2}O_2(g)\longrightarrow SO_3(g)$

该反应的 $\Delta_r H_m^{\ominus}$ 不是 $SO_3(g)$ 的 $\Delta_f H_m^{\ominus}$，因为 $SO_2(g)$ 不是单质。

② $2C(石墨)+O_2(g)\longrightarrow 2CO(g)$

该反应的 $\Delta_r H_m^{\ominus}$ 不是 $CO(g)$ 的 $\Delta_f H_m^{\ominus}$，因为由最稳定单质 2C（石墨）和 $O_2(g)$ 化合生成的不是 1mol 的 $CO(g)$。

③ $C(金刚石)+O_2(g)\longrightarrow CO_2(g)$

该反应的 $\Delta_r H_m^{\ominus}$ 不是 $CO_2(g)$ 的 $\Delta_f H_m^{\ominus}$，因为 C（金刚石）虽是单质，但不是标准状态下最稳定的单质。也就是说，各种稳定单质的标准摩尔生成焓值为零，非稳定相态单质的标准摩尔生成焓值不为零。

思考题：试举两例说明某反应的标准摩尔反应焓就是某化合物的标准摩尔生成焓。

(4) 标准摩尔燃烧焓　在标准状态下，1mol 物质 B 与氧气进行完全燃烧反应（或称完全氧化反应），生成指定产物时的 $\Delta_r H_m^{\ominus}$，称为物质 B 的标准摩尔燃烧焓。用符号 $\Delta_c H_m^{\ominus}$(B，相态，T) 表示，下标 c 表示燃烧反应。显然，完全燃烧产物及氧气的标准摩尔燃烧焓应为零。一些常用物质在 298.15K 时的标准摩尔燃烧焓可在附录四中查到。

这里需说明以下两个问题。

① $H_2(g)+\dfrac{1}{2}O_2(g)\longrightarrow H_2O(g)$

该反应的 $\Delta_r H_m^{\ominus}$ 不是 $H_2(g)$ 的 $\Delta_c H_m^{\ominus}$，因为 $H_2O(g)$ 不是指定燃烧产物，应注意"完全燃烧"是指燃烧物质变成最稳定的氧化物或单质，如 C 变成 CO_2，H 变成 $H_2O(l)$，S、N、Cl 等元素分别变成 $SO_2(g)$、$N_2(g)$、HCl（水溶液）。

② $\dfrac{1}{2}C_2H_4(g)+\dfrac{3}{2}O_2(g)\longrightarrow CO_2(g)+H_2O(l)$

该反应的 $\Delta_r H_m^{\ominus}$ 不是 $C_2H_4(g)$ 的 $\Delta_c H_m^{\ominus}$，因为被燃烧的物质 $C_2H_4(g)$ 不是 1mol。

思考题：试举两例说明某反应的标准摩尔反应焓就是某物质的标准摩尔燃烧焓。

2. 摩尔反应焓变和摩尔反应热力学能变的关系

恒温且不做非体积功的条件下，反应系统吸收或放出的热量，称为化学反应的热效应，也称反应热。反应热对于保证化工生产的稳定性进行，经济合理地利用能源以及防止生产中意外事故的发生都有着重要意义。

根据反应条件不同，反应热可分为恒压反应热和恒容反应热。

(1) **恒压反应热** 是指在恒温恒压且非体积功 $W'=0$ 的条件下，化学反应吸收或放出的热，也称反应焓变，用 Q_p 或 $\Delta_r H$ 表示，即 $Q_p = \Delta_r H$。

(2) **恒容反应热** 是指在恒温恒容且非体积功 $W'=0$ 的条件下，化学反应吸收或放出的热，也称反应热力学能变，用 Q_V 或 $\Delta_r U$ 表示，即 $Q_V = \Delta_r U$。

当反应进度为 1mol 时，反应的热力学能变和焓变分别写作 $\Delta_r U_m$ 和 $\Delta_r H_m$，分别称为摩尔反应热力学能变和摩尔反应焓变。

(3) **恒压反应热与恒容反应热之间的关系** 化学反应的热效应可由实验直接测定，通常在带有密闭反应器的量热计（氧弹量热计）中进行，用此方法可测得反应的恒容反应热。但大多数反应是在恒压下进行的，恒压反应热更常用，若知道二者直接的关系，则可根据实验测得的恒容反应热求算恒压反应热。

根据焓变定义，有

$$Q_p - Q_V = \Delta_r H - \Delta_r U = \Delta(pV) = \Delta n(g)RT = \xi RT \sum_B \nu_B(g) \qquad (2\text{-}31)$$

式 (2-31) 对理想气体严格符合，对于有气相参与的多相反应，反应中的纯液体或固体及溶液部分，体积变化很小，对 $\Delta(pV)$ 的贡献很小，可以忽略。因此，可认为 Δn 主要来自反应前后气相物质的量的变化。

当反应进度 $\Delta \xi = 1$mol 时，有

$$\Delta_r H_m - \Delta_r U_m = RT \sum_B \nu_B(g) \qquad (2\text{-}32)$$

思考题：在化学反应过程中，温度相同时，是否恒压反应热一定大于恒容反应热？

【**例 2-9**】已知反应 $C_6H_6(l) + \dfrac{15}{2} O_2(g) \longrightarrow 6CO_2(g) + 3H_2O(l)$ $\Delta_r U_m(298.15K) = -3268 \text{kJ} \cdot \text{mol}^{-1}$，求上述反应在 298.15K，恒压条件下进行时，反应进度为 1mol 时的反应热。

解 由式 (2-32) $\Delta_r H_m - \Delta_r U_m = RT \sum_B \nu_B(g)$

式中，$\sum_B \nu_B(g) = 6 - \dfrac{15}{2} = -1.5$，又 $\Delta_r U_m(298.15K) = -3268 (\text{kJ} \cdot \text{mol}^{-1})$

所以，$\Delta_r H_m = \Delta_r U_m + RT \sum_B \nu_B(g) = -3268 - 1.5 \times 8.314 \times 298.15 \times 10^{-3}$
$= -3272 (\text{kJ} \cdot \text{mol}^{-1})$

3. 标准摩尔反应焓的计算

由于对反应物和产物均选用了相同的标准态，且规定了物质的标准摩尔生成焓和标准摩

尔反应焓，从而可以计算化学反应的标准摩尔反应焓。

（1）由标准摩尔生成焓计算标准摩尔反应焓　对于温度 T 时标准状态下的任意化学反应

$$a\text{A} + d\text{D} \longrightarrow e\text{E} + f\text{F}$$

或写成

$$0 \longrightarrow \sum_\text{B} \nu_\text{B} \text{B}$$

有

$$\Delta_\text{r} H_\text{m}^{\ominus}(T) = \sum_\text{B} \nu_\text{B} \Delta_\text{f} H_\text{m}^{\ominus}(\text{B}, \text{相态}, T) \tag{2-33}$$

该式表明，化学反应的标准摩尔反应焓等于产物的标准摩尔生成焓总和减去反应物的标准摩尔生成焓总和。或描述成，在温度 T 下，任一化学反应的标准摩尔反应焓等于同温度下参加反应的各物质的标准摩尔生成焓与其化学计量数乘积的代数和。

【例2-10】已知反应 $2\text{C}_2\text{H}_2(\text{g}) + 5\text{O}_2(\text{g}) \longrightarrow 4\text{CO}_2(\text{g}) + 2\text{H}_2\text{O}(\text{l})$ 的 $\Delta_\text{r} H_\text{m}^{\ominus}(298.15\text{K}) = -2600.4\text{kJ} \cdot \text{mol}^{-1}$，且知 $\Delta_\text{f} H_\text{m}^{\ominus}(\text{CO}_2, \text{g}, 298.15\text{K}) = -393.5\text{kJ} \cdot \text{mol}^{-1}$，$\Delta_\text{f} H_\text{m}^{\ominus}(\text{H}_2\text{O}, \text{l}, 298.15\text{K}) = -285.8\text{kJ} \cdot \text{mol}^{-1}$，求乙炔的标准摩尔生成焓。

解　根据式（2-33），得

$$\Delta_\text{r} H_\text{m}^{\ominus}(298.15\text{K}) = 4\Delta_\text{f} H_\text{m}^{\ominus}(\text{CO}_2, \text{g}) + 2\Delta_\text{f} H_\text{m}^{\ominus}(\text{H}_2\text{O}, \text{l}) - 2\Delta_\text{f} H_\text{m}^{\ominus}(\text{C}_2\text{H}_2, \text{g}) - 5\Delta_\text{f} H_\text{m}^{\ominus}(\text{O}_2, \text{g})$$

由于 $\Delta_\text{f} H_\text{m}^{\ominus}(\text{O}_2, \text{g}) = 0$，所以

$$\Delta_\text{f} H_\text{m}^{\ominus}(\text{C}_2\text{H}_2, \text{g}) = [4 \times (-393.5) + 2 \times (-285.8) - (-2600.4)]/2$$
$$= 227.4(\text{kJ} \cdot \text{mol}^{-1})$$

（2）由标准摩尔燃烧焓计算标准摩尔反应焓　大多数有机物很难从稳定单质直接化合，故其生成焓不易由实验测定。但有机物容易燃烧，其燃烧焓较易测得，因此，可利用标准摩尔燃烧焓计算标准摩尔反应焓。

对于温度 T 时标准状态下的任意化学反应

$$a\text{A} + d\text{D} \longrightarrow e\text{E} + f\text{F}$$

或写成

$$0 \longrightarrow \sum_\text{B} \nu_\text{B} \text{B}$$

有

$$\Delta_\text{r} H_\text{m}^{\ominus}(T) = -\sum_\text{B} \nu_\text{B} \Delta_\text{c} H_\text{m}^{\ominus}(\text{B}, \text{相态}, T) \tag{2-34}$$

该式表明，化学反应的标准摩尔反应焓等于反应物的标准摩尔燃烧焓总和减去产物的标准摩尔燃烧焓总和。或描述成，在温度 T 下，任一化学反应的标准摩尔反应焓等于同温度下参加反应的各物质的标准摩尔燃烧焓与其化学计量数乘积的代数和的负值。

【例2-11】由标准摩尔燃烧焓计算下列反应在298.15K时的标准摩尔反应焓。

$$3\text{C}_2\text{H}_2(\text{g}) \longrightarrow \text{C}_6\text{H}_6(\text{l})$$

已知 $\Delta_\text{c} H_\text{m}^{\ominus}(\text{C}_2\text{H}_2, \text{g}, 298.15\text{K}) = -1299.6\text{kJ} \cdot \text{mol}^{-1}$，$\Delta_\text{c} H_\text{m}^{\ominus}(\text{C}_6\text{H}_6, \text{l}, 298.15\text{K}) = -3267.5\text{kJ} \cdot \text{mol}^{-1}$。

解　$\Delta_\text{r} H_\text{m}^{\ominus}(T) = -[\Delta_\text{c} H_\text{m}^{\ominus}(\text{C}_6\text{H}_6, \text{l}, 298.15\text{K}) - 3\Delta_\text{c} H_\text{m}^{\ominus}(\text{C}_2\text{H}_2, \text{g}, 298.15\text{K})]$
$$= -[-3267.5 - 3 \times (-1299.6)] = -631.3(\text{kJ} \cdot \text{mol}^{-1})$$

【例2-12】已知 298.15K 时，$\Delta_\text{c} H_\text{m}^{\ominus}(\text{C}_2\text{H}_5\text{OH}, \text{l}, 298.15\text{K}) = -1367\text{kJ} \cdot \text{mol}^{-1}$，$\Delta_\text{f} H_\text{m}^{\ominus}(\text{CO}_2, \text{g}, 298.15.\text{K}) = -393.5\text{kJ} \cdot \text{mol}^{-1}$，$\Delta_\text{f} H_\text{m}^{\ominus}(\text{H}_2\text{O}, \text{l}, 298.15\text{K}) = -285.8\text{kJ} \cdot$

mol^{-1}。求 298.15K 时 $C_2H_5OH(l)$ 的标准摩尔生成焓。

解 $C_2H_5OH(l)$ 的燃烧反应如下：

$$C_2H_5OH(l) + 3O_2 \longrightarrow 2CO_2(g) + 3H_2O(l)$$

据式（2-34）又因 $O_2(g)$、$CO_2(g)$ 和 $H_2O(l)$ 的标准摩尔燃烧焓均为零，所以 $\Delta_r H_m^\ominus (298.15K) = \Delta_c H_m^\ominus (C_2H_5OH, l, 298.15K) = -1367 kJ \cdot mol^{-1}$

据式（2-33）有

$$\Delta_c H_m^\ominus (C_2H_5OH, l, 298.15K) = 2 \times \Delta_f H_m^\ominus (CO_2, g, 298.15) + 3 \times \Delta_f H_m^\ominus (H_2O, l, 298.15K) - \Delta_f H_m^\ominus (C_2H_5OH, l, 298.15K)$$

$$\Delta_f H_m^\ominus (C_2H_5OH, l, 298.15K) = 2 \times \Delta_f H_m^\ominus (CO_2, g, 298.15) + 3 \times \Delta_f H_m^\ominus (H_2O, l, 298.15K) - \Delta_c H_m^\ominus (C_2H_5OH, l, 298.15K)$$

$$= 2 \times (-393.5) + 3 \times (-285.8) - (-1367)$$

$$= -277.4 (kJ \cdot mol^{-1})$$

（3）通过盖斯定律计算 化学反应热效应是进行工艺设计的重要数据，但有些反应的化学反应热并不能通过实验直接测定。盖斯在总结大量实验的基础上提出：一个化学反应在整个过程是恒压或恒容时，不管是一步完成还是分几步完成，其热效应总值不变。这个结论称为盖斯定律。

盖斯定律是热力学第一定律的必然结果。因为在体系只做体积功的恒压或恒容条件下，反应热效应的数值只取决于始态、终态，与过程无关。盖斯定律的重要意义在于使热化学反应方程式和代数方程式一样进行四则运算，求出指定的化学反应方程式后，反应热也按同样的运算方法处理，即可算一些难于测定的反应的热效应。例如，$C(石墨) + \frac{1}{2}O_2(g) \longrightarrow CO(g)$ 的热效应。

分成两步

① $C(石墨) + O_2(g) \longrightarrow CO_2(g)$ $\Delta_r H_{m,1}^\ominus (298.15K) = -393.5 kJ \cdot mol^{-1}$

② $CO(g) + \frac{1}{2}O_2(g) \longrightarrow CO_2(g)$ $\Delta_r H_{m,2}^\ominus (298.15K) = -282.96 kJ \cdot mol^{-1}$

①-② 得要求的方程式，故热效应为

$$\Delta_r H_m^\ominus (298.15K) = -393.5 - (-282.96) = -110.54 (kJ \cdot mol^{-1})$$

【例 2-13】已知下列热化学反应方程式求 25℃ 101.325kPa 下反应 $4C(石墨) + Fe_3O_4(s) \longrightarrow 4CO(g) + 3Fe(s)$ 的恒压热效应。

① $C(石墨) + \frac{1}{2}O_2(g) \longrightarrow CO(g)$ $\Delta_r H_{m,1}^\ominus (298.15K) = -110.54 kJ \cdot mol^{-1}$

② $3Fe(s) + 2O_2(g) \longrightarrow Fe_3O_4(s)$ $\Delta_r H_{m,2}^\ominus (298.15K) = -1117.3 kJ \cdot mol^{-1}$

解 $4 \times ① - ②$，得所求的方程式，故热效应为

$$\Delta_r H_m^\ominus (298.15) = 4 \times \Delta_r H_{m,1}^\ominus (298.15K) - \Delta_r H_{m,2}^\ominus (298.15K)$$

$$= 4 \times (-110.54) - (-1117.3) = 675.14 (kJ \cdot mol^{-1})$$

（4）通过基尔霍夫公式求解其他温度下的标准摩尔反应焓 利用标准摩尔生成焓和标准摩尔燃烧焓计算标准摩尔反应焓，通常只能得到 298.15K 时的数据，而许多重要的工业反应常在高温下进行，如合成氨的反应。为解决高温下的标准摩尔反应焓的计算，引入基尔霍

夫公式。基尔霍夫公式说明了高温下的标准摩尔反应焓与 298.15K 时标准摩尔反应焓的关系。

设反应 $a\mathrm{A}+d\mathrm{D} \longrightarrow e\mathrm{E}+f\mathrm{F}$ 中，参加反应的各物质在 T_1、T_2 时均处于标准态，其 $\Delta_r H_m^{\ominus}(T_1)$ 与 $\Delta_r H_m^{\ominus}(T_2)$ 之间的联系如图 2-2 所示。

利用状态函数法，$\Delta_r H_m^{\ominus}(T_1) + \Delta H_2 = \Delta_r H_m^{\ominus}(T_2) + \Delta H_1$

因为 $\Delta H_1 = -\int_{T_1}^{T_2} [\nu_A C_{p,m}(A) + \nu_D C_{p,m}(D)] dT$

$\Delta H_2 = \int_{T_1}^{T_2} [\nu_E C_{p,m}(E) + \nu_F C_{p,m}(F)] dT$

所以 $\Delta_r H_m^{\ominus}(T_2) = \Delta_r H_m^{\ominus}(T_1) + \Delta H_2 - \Delta H_1$

$= \Delta_r H_m^{\ominus}(T_1) + \int_{T_1}^{T_2} \Delta_r C_{p,m} dT$

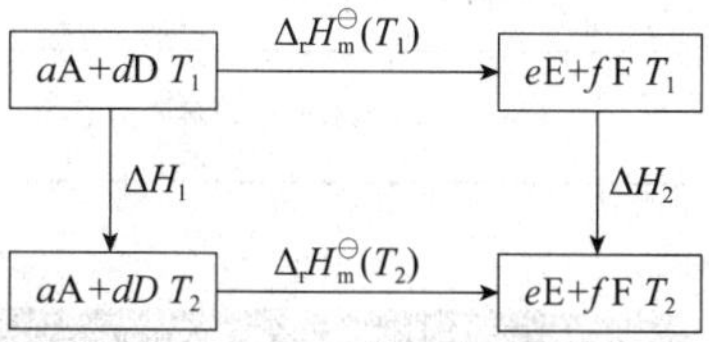

图 2-2 $\Delta_r H_m^{\ominus}(T_1)$ 与 $\Delta_r H_m^{\ominus}(T_2)$ 之间的联系

式中

$$\Delta_r C_{p,m} = \nu_E C_{p,m}(E) + \nu_F C_{p,m}(F) + \nu_A C_{p,m}(A) + \nu_D C_{p,m}(D) = \sum_B \nu_B C_{p,m}(B)$$

(2-35)

若 $T_1 = 298.15K$，则

$$\Delta_r H_m^{\ominus}(T_2) = \Delta_r H_m^{\ominus}(298.15K) + \int_{298.15K}^{T_2} \Delta_r C_{p,m} dT \qquad (2-36)$$

式 (2-36) 称为基尔霍夫公式。使用时应注意，若一化学反应在温度变化范围内，参加反应的物质有相态变化，则不能直接使用基尔霍夫公式，因为有相态变化时物质的热容随温度的变化不是一连续函数，需分段计算。

【例 2-14】试计算合成氨反应

$$N_2(g) + 3H_2(g) \longrightarrow 2NH_3(g)$$

在 500K 时的标准摩尔反应焓。已知 $\Delta_r H_m^{\ominus}(298.15K) = -92.22 \text{kJ} \cdot \text{mol}^{-1}$，$C_{p,m}(N_2) = 29.65 \text{J} \cdot \text{K}^{-1} \cdot \text{mol}^{-1}$，$C_{p,m}(H_2) = 28.56 \text{J} \cdot \text{K}^{-1} \cdot \text{mol}^{-1}$，$C_{p,m}(NH_3) = 40.12 \text{J} \cdot \text{K}^{-1} \cdot \text{mol}^{-1}$。

解 由式 (2-35)，得

$\Delta_r C_{p,m} = \sum_B \nu_B C_{p,m}(B)$

$= 2C_{p,m}(NH_3) - C_{p,m}(N_2) - 3C_{p,m}(H_2)$

$= 2 \times 40.12 - 29.65 - 3 \times 28.56 = -35.09 (\text{J} \cdot \text{K}^{-1} \cdot \text{mol}^{-1})$

代入基尔霍夫公式，得 500K 时的标准摩尔反应焓为

$\Delta_r H_m^{\ominus}(500K) = \Delta_r H_m^{\ominus}(298.15K) + \int_{298.15K}^{500K} \Delta_r C_{p,m} dT$

$= -92.22 - 35.09 \times 10^{-3} \times (500 - 298.15) = -99.3 (\text{kJ} \cdot \text{mol}^{-1})$

化学变化过程 $\Delta_r H_m^{\ominus}$ 求解主要公式见表 2-4。

表 2-4 化学变化过程 $\Delta_r H_m^{\ominus}$ 求解主要公式

项目	$\Delta_r H_m^{\ominus}$ 的求解公式
与 $\Delta_f H_m^{\ominus}(B, 相态, T)$ 的关系	$\Delta_r H_m^{\ominus}(T) = \sum_B \nu_B \Delta_f H_m^{\ominus}(B, 相态, T)$

续表

项目	$\Delta_r H_m^\ominus$ 的求解公式
与 $\Delta_c H_m^\ominus(B, 相态, T)$ 的关系	$\Delta_r H_m^\ominus(T) = -\sum\limits_B \nu_B \Delta_c H_m^\ominus(B, 相态, T)$
与温度 T 的关系	$\Delta_r H_m^\ominus(T_2) = \Delta_r H_m^\ominus(298.15K) + \int_{298.15K}^{T_2} \Delta_r C_{p,m} dT$
与摩尔热力学能（摩尔恒容热）的关系	$\Delta_r H_m - \Delta_r U_m = RT \sum\limits_B \nu_B(g)$

阅读材料

生物质能

生物质是指通过光合作用而形成的各种有机体，包括所有的动植物和微生物。生物质能（biomass energy），就是太阳能以化学能形式储存在生物质中的能量形式，即以生物质为载体的能量。它直接或间接地来源于绿色植物的光合作用，可转化为常规的固态、液态和气态燃料，取之不尽、用之不竭，是一种可再生能源，同时也是唯一一种可再生的碳源。目前，很多国家都在积极研究和开发利用生物质能。

1. 生物质能的分类

依据来源的不同，可以将适合于能源利用的生物质分为林业资源、农业资源、生活污水和工业有机废水、城市固体废物和畜禽粪便等五大类。

2. 生物质能的特点

(1) 可再生性　生物质能属可再生资源，生物质能由于通过植物的光合作用可以再生，与风能、太阳能等同属可再生能源，资源丰富，可保证能源的永续利用。

(2) 低污染性　生物质的硫含量、氮含量低，燃烧过程中生成的 SO_x、NO_x 较少；生物质作为燃料时，由于它在生长时需要的二氧化碳相当于它排放的二氧化碳的量，因而对大气的二氧化碳净排放量近似于零，可有效地减轻温室效应。

(3) 广泛分布性　缺乏煤炭的地域，可充分利用生物质能。

(4) 生物质燃料总量十分丰富　生物质能是世界第四大能源，仅次于煤炭、石油和天然气。根据生物学家估算，地球陆地每年生产 1000 亿～1250 亿吨生物质；海洋年生产 500 亿吨生物质。生物质能源的年生产量远远超过全世界总能源需求量，相当于目前世界总能耗的 10 倍。我国可开发为能源的生物质资源到 2010 年可达 3 亿吨。随着农林业的发展，特别是炭薪林的推广，生物质资源还将越来越多。

3. 生物质能的利用途径

生物质能的利用主要有直接燃烧、热化学转换和生物化学转换等 3 种途径。

生物质的直接燃烧在今后相当长的时间内仍将是我国生物质能利用的主要方式。当前改造热效率仅为 10% 左右的传统烧柴灶，推广效率可达 20%～30% 的节柴灶。这种技术简单、易于推广、效益明显的节能措施，被国家列为农村新能源建设的重点任务之一。生物质的热化学转换是指在一定的温度和条件下，使生物质汽化、炭化、热解和催化液化，以生产气态燃料、液态燃料和化学物质的技术。生物质的生物化学转换包括生物质-沼气转换和生物质-

乙醇转换等。沼气转换是有机物质在厌氧环境中，通过微生物发酵产生一种以甲烷为主要成分的可燃性混合气体即沼气。乙醇转换是利用糖质、淀粉和纤维素等原料经发酵制成乙醇。

发展生物质能源利用有重大意义。中国是一个人口大国，又是一个经济迅速发展的国家，21世纪将面临着经济增长和环境保护的双重压力。因此改变能源生产和消费方式，开发利用生物质能等可再生的清洁能源资源对建立可持续的能源系统，促进国民经济发展和环境保护具有重大意义。

主要公式小结

1. $W = -\sum_{V_1}^{V_2} \delta W = -\int_{V_1}^{V_2} p_{环} \mathrm{d}V$

2. 当 $p_{环}$ 恒定时，$W = -p_{环}(V_2 - V_1)$

3. $\Delta U = Q + W$

4. $Q_V = \Delta U$ （恒容且非体积功为零）

5. $Q_p = \Delta H$ （恒压且非体积功为零）

6. 封闭体系，无非体积功理想气体 pVT 变化过程常用公式

参数	恒容过程	恒压过程	恒温可逆过程	绝热过程
W	0	$W = -p_{环}(V_2 - V_1)$	$W_R = -nRT\ln\dfrac{V_2}{V_1}$	$W = \Delta U = nC_{V,m}(T_2 - T_1)$
Q	$Q = \Delta U = nC_{V,m}(T_2 - T_1)$	$Q = \Delta H = nC_{p,m}(T_2 - T_1)$	$Q_R = -W_R = nRT\ln\dfrac{V_2}{V_1}$	0
ΔU	$\Delta U = nC_{V,m}(T_2 - T_1)$	$\Delta U = nC_{V,m}(T_2 - T_1)$	0	$\Delta U = nC_{V,m}(T_2 - T_1)$
ΔH	$\Delta H = nC_{p,m}(T_2 - T_1)$	$\Delta H = nC_{p,m}(T_2 - T_1)$	0	$\Delta H = nC_{p,m}(T_2 - T_1)$

注：1. $pV = nRT$ 对所有上述过程均适用。

2. $T^{\gamma}p^{1-\gamma}$ = 常数、pV^{γ} = 常数、$TV^{\gamma-1}$ = 常数只适用于理想气体绝热可逆过程。

7. 可逆相变过程常用公式（气相看做理想气体）

相变	$\Delta_{\alpha}^{\beta} H_m$ 或 Q_p	W	$\Delta_{\alpha}^{\beta} U$
蒸发（或升华）	已知	$W = -pV_g = -nRT$	$\Delta_{\alpha}^{\beta} U = \Delta_{\alpha}^{\beta} H - nRT$
熔化（或凝结）	已知	$W = -p(V_{\beta} - V_{\alpha})$	$\Delta_{\alpha}^{\beta} U = \Delta_{\alpha}^{\beta} H - p(V_{\beta} - V_{\alpha})$

8. $\xi = \dfrac{\Delta n_B}{\nu_B}$

9. 化学变化过程 $\Delta_r H_m^{\ominus}$ 求解主要公式

项目	$\Delta_r H_m^{\ominus}$ 的求解公式
与 $\Delta_f H_m^{\ominus}$(B,相态,T)的关系	$\Delta_r H_m^{\ominus}(T) = \sum_B \nu_B \Delta_f H_m^{\ominus}$(B,相态,$T$)
与 $\Delta_c H_m^{\ominus}$(B,相态,T)的关系	$\Delta_r H_m^{\ominus}(T) = -\sum_B \nu_B \Delta_c H_m^{\ominus}$(B,相态,$T$)
与温度 T 的关系	$\Delta_r H_m^{\ominus}(T_2) = \Delta_r H_m^{\ominus}(298.15\mathrm{K}) + \int_{298.15\mathrm{K}}^{T_2} \Delta_r C_{p,m} \mathrm{d}T$

续表

项目	$\Delta_r H_m^\ominus$ 的求解公式
与摩尔热力学能(摩尔恒容热)的关系	$\Delta_r H_m - \Delta_r U_m = RT \sum\limits_B \nu_B(g)$

习 题

一、选择题

1. 在同一温度下,同一气体物质的摩尔定压热容 $C_{p,m}$ 与摩尔定容热容 $C_{V,m}$ 之间的关系为( )。

    A. $C_{p,m} < C_{V,m}$ B. $C_{p,m} > C_{V,m}$
    C. $C_{p,m} = C_{V,m}$ D. 难以比较

2. 当理想气体反抗一定的压力做绝热膨胀时,则( )。

    A. 焓总是不变   B. 热力学能总是增加
    C. 焓总是增加   D. 热力学能总是减少

3. 25℃,下面的物质中标准摩尔生成焓不为零的是( )。

    A. $N_2(g)$ B. S(s,单斜)   C. $Br_2(l)$ D. $I_2(s)$

4. 某坚固容器容积 $100dm^3$,于 25℃、101.3kPa 下发生剧烈化学反应,容器内压力、温度分别升至 5066kPa 和 1000℃。数日后,温度、压力降至初态(25℃ 和 101.3kPa),则下列说法中正确的为( )。

    A. 该过程 $\Delta U = 0$,$\Delta H = 0$ B. 该过程 $\Delta H = 0$,$W \neq 0$
    C. 该过程 $\Delta U = 0$,$Q \neq 0$ D. 该过程 $W = 0$,$Q \neq 0$

5. H_2 和 O_2 以 2:1 的摩尔比在绝热的钢瓶中反应生成 H_2O,在该过程中( )是正确的。

    A. $\Delta H = 0$ B. $\Delta T = 0$ C. $pV^\gamma =$ 常数   D. $\Delta U = 0$

6. 已知反应 $H_2(g) + \dfrac{1}{2} O_2 \longrightarrow H_2O(g)$ 的标准摩尔反应焓为 $\Delta_r H_m^\ominus(T)$,下列说法中不正确的是( )。

    A. $\Delta_r H_m^\ominus(T)$ 是 $H_2O(g)$ 的标准摩尔生成焓
    B. $\Delta_r H_m^\ominus(T)$ 是 $H_2(g)$ 的标准摩尔燃烧焓
    C. $\Delta_r H_m^\ominus(T)$ 是负值
    D. $\Delta_r H_m^\ominus(T)$ 与反应的 $\Delta_r U_m^\ominus$ 数值不等

7. 已知在 T_1 到 T_2 的温度范围内某化学反应所对应的 $\sum\limits_B \nu_B C_{p,m}(B) > 0$,则在该温度范围内反应的 $\Delta_r H_m^\ominus$( )。

    A. 不随温度变化   B. 随温度升高而减小
    C. 随温度升高而增大   D. 与温度的关系无法简单描述

8. ΔU 可能不为零的过程为( )。

A. 隔离体系中的各类变化　　　　　B. 等温过程
C. 理想气体等温过程　　　　　　　D. 理想气体自由膨胀过程

9. 如右图，在一具有导热器的容器上部装有一可移动的活塞；当在容器中同时放入锌块及盐酸令其发生化学反应，则以锌块与盐酸为体系时，正确答案为（　　）。

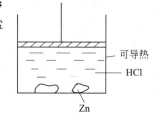

A. $Q<0$，$W=0$，$\Delta U<0$
B. $Q=0$，$W<0$，$\Delta U>0$
C. $Q=0$，$W=0$，$\Delta U=0$
D. $Q<0$，$W<0$，$\Delta U<0$

10. 1mol $C_2H_5OH(l)$ 在 298K 和 100kPa 压力下完全燃烧，放出的热为 1366.8kJ，该反应的标准摩尔热力学能变接近于（　　）。

A. $1369.3 kJ \cdot mol^{-1}$　　　　　B. $-1364.3 kJ \cdot mol^{-1}$
C. $1364.3 kJ \cdot mol^{-1}$　　　　　D. $1369.3 kJ \cdot mol^{-1}$

11. 物质的量为 n 的单原子理想气体等压升高温度，从 T_1 至 T_2，ΔU 等于（　　）。
A. $nC_{p,m}\Delta T$　　　　　　　　B. $nC_{V,m}\Delta T$
C. $nR\Delta T$　　　　　　　　　　D. $nR\ln(T_2/T_1)$

二、判断题

1. 100℃时，1mol $H_2O(l)$ 向真空蒸发变成 1mol $H_2O(g)$，这个过程的热量即为 $H_2O(l)$ 在 100℃的摩尔汽化焓。（　　）

2. 热力学标准状态的温度指定为 25℃。（　　）

3. 体系从同一始态出发，经绝热不可逆到达终态，若经绝热可逆过程，则一定达不到此状态。（　　）

4. 500K 时 $H_2(g)$ 的 $\Delta_f H_m^{\ominus} = 0$。（　　）

5. $\Delta_f H_m^{\ominus}$（C，石墨，298K）= 0。（　　）

6. 因为 $Q_p = \Delta H$，$Q_V = \Delta U$，而焓与热力学能是状态函数，所以 Q_p 与 Q_V 也是状态函数。（　　）

7. 物质的量为 n 的理想气体，由 T_1，p_1 绝热膨胀到 T_2、p_2，该过程的焓变化为 $\Delta H = n\int_{T_1}^{T_2} C_{p,m} dT$。（　　）

8. $CO_2(g)$ 的 $\Delta_f H_m^{\ominus}(500K) = \Delta_f H_m^{\ominus}(298K) + \int_{298K}^{500K} C_{p,m}(CO_2) dT$。（　　）

9. 仅在 25℃时，$\Delta_f H_m^{\ominus}$（S，正交）= 0。（　　）

10. $dU = nC_{V,m}dT$ 这个公式对一定量的理想气体的任何 p，V，T 过程均适用。（　　）

11. 理想气体在恒定的外压力下绝热膨胀到终态。因为是恒压，所以 $\Delta H = Q$；又因为是绝热，$Q=0$，故 $\Delta H = 0$。（　　）

三、计算题

1. 1mol H_2 由 $p_1 = 101.325kPa$，$t_1 = 0℃$，分别经（a）向真空膨胀；（b）反抗恒定外压 $p_环 = 50.663kPa$，恒温膨胀至 $p_2 = 50.663kPa$，试求两种不同途径中体系与环境交换的体积功 $W(a)$ 及 $W(b)$。

2. 3mol 理想气体于恒温 298.15K 条件下由始态 $V_1 = 20.0 \text{dm}^3$ 可逆膨胀到末态 $V_2 = 50.0 \text{dm}^3$。求始态、终态气体的压力 p_1、p_2 以及膨胀过程的可逆功 W_r。

3. 298K 时，将 0.05kg 的 N_2 由 0.1MPa 恒温可逆压缩到 2MPa，试计算此过程的功。若压缩后的气体再反抗 0.1MPa 的外压力进行恒温膨胀回到始态，问此过程的功又是多少？

4. 求 5mol H_2（视为理想气体）在下列各过程中的体积功。
(1) 由 300K，100kPa 恒压下加热到 800K；
(2) 5mol H_2 由 300K，100kPa 恒容下加热到 800K；
(3) 5mol H_2 由 300K，1.0MPa 恒温可逆膨胀到 1.0kPa；
(4) 5mol H_2 由 300K，1.0MPa 自由膨胀到 1.0kPa。

5. 计算（1）1mol 水在 100℃，101.3kPa 下汽化时的体积功。已知在 100℃，101.3kPa 时水的比体积为 $1.043 \times 10^{-3} \text{dm}^3 \cdot \text{g}^{-1}$，水蒸气的比体积为 $1.677 \text{dm}^3 \cdot \text{g}^{-1}$，$H_2O$ 的摩尔质量为 $18.02 \text{g} \cdot \text{mol}^{-1}$；（2）忽略液体体积计算体积功；（3）把水蒸气看做理想气体，计算体积功。

6. 101.3kPa 下，冰在 0℃ 的密度为 $0.9168 \times 10^6 \text{g} \cdot \text{m}^{-3}$，水在 100℃ 时的密度为 $0.9584 \times 10^6 \text{g} \cdot \text{m}^{-3}$，试求将 1mol 0℃ 的冰变成 100℃ 的水的过程的功及变成 100℃ 的水蒸气过程的功。设水蒸气服从理想气体行为。H_2O 的摩尔质量为 $18.02 \text{g} \cdot \text{mol}^{-1}$。

7. 计算 25℃ 时 50g 铁溶解在盐酸中所做的功：(1) 在密闭容器中；(2) 在敞开的烧杯中。设外压力恒定，产生的 H_2 视作理想气体，液体体积可忽略。（已知 Fe 的摩尔质量为 $55.8 \text{g} \cdot \text{mol}^{-1}$）

8. 物质的量为 n 的理想气体由始态 p_1，V_1，T 恒温变化到达终态 p_2，V_2，T，求过程的焓变 ΔH。

9. 已知在 101.3kPa 下，18℃ 时 1mol Zn 溶于稀盐酸时放出 151.5kJ 的热，反应析出 1mol H_2。求反应过程的 W，ΔU，ΔH。

10. 2mol H_2 从 400K，100kPa 恒压加热到 1000K，已知 $C_{p,m}(H_2) = 29.2 \text{J} \cdot \text{mol}^{-1} \cdot \text{K}^{-1}$，求 ΔU，ΔH，Q，W 各为多少？

11. 3mol 某理想气体由 409K，0.15MPa 经恒容变化到 $p_2 = 0.10$MPa，求过程的 Q，W，ΔU 及 ΔH。该气体 $C_{p,m} = 29.4 \text{J} \cdot \text{mol}^{-1} \cdot \text{K}^{-1}$。

12. 已知液体 A 的正常沸点为 350K，此时 A 的汽化焓 $\Delta_{vap} H_m = 38 \text{kJ} \cdot \text{mol}^{-1}$。A 蒸气视为理想气体，其平均恒压摩尔热容为 $30 \text{J} \cdot \text{mol}^{-1} \cdot \text{K}^{-1}$。试求 2mol A 从 400K，50.663kPa 的气态变为 350K，101.325kPa 的液态的 ΔU 和 ΔH。

13. 在一个带活塞的容器中（设活塞无摩擦无质量），有氮气 0.5mol，容器底部有一密闭小瓶，瓶中有液体水 1.5mol。整个物系温度由热源维持为 373.2K，压力为 $p^\ominus$，今使小瓶破碎，在维持压力为 $p^\ominus$ 下水蒸发为水蒸气，终态温度仍为 373.2K。已知水在 373.2K，$p^\ominus$ 的蒸发热为 $40.67 \text{kJ} \cdot \text{mol}^{-1}$，氮气和水蒸气均按理想气体处理。求此过程的 Q、W 和 ΔU。

14. 气相反应 $A(g) + B(g) \longrightarrow Y(g)$ 在 500℃，100kPa 进行时，Q，W，$\Delta_r H_m^\ominus$，$\Delta_r U_m^\ominus$ 各为多少，并写出计算过程。

已知数据（$C_{p,m}$ 的适用范围为 25～800℃）：

物质	$\Delta_f H_m^\ominus$(298K) /kJ·mol^{-1}	$C_{p,m}$/J·K^{-1}·mol^{-1}
A(g)	−235	19.1
B(g)	52	4.2
Y(g)	−241	30.0

15. 已知下列反应在298K下的标准摩尔反应焓：

(1) $C_2H_6(g) + \dfrac{7}{2}O_2(g) \longrightarrow 2CO_2(g) + 3H_2O(g)$, $\Delta H_1 = -1426.8$ kJ·mol^{-1};

(2) $H_2(g) + \dfrac{1}{2}O_2(g) \longrightarrow H_2O(g)$, $\Delta H_2 = -241.84$ kJ·mol^{-1};

(3) $\dfrac{1}{2}H_2(g) + \dfrac{1}{2}Cl_2(g) \longrightarrow HCl(g)$, $\Delta H_3 = -92.3$ kJ·mol^{-1};

(4) $C_2H_6(g) + Cl_2(g) \longrightarrow C_2H_5Cl(g) + HCl(g)$, $\Delta H_4 = -112.0$ kJ·mol^{-1};

求反应 $C_2H_5Cl(g) + \dfrac{13}{4}O_2 \longrightarrow \dfrac{1}{2}Cl_2(g) + 2CO_2(g) + \dfrac{5}{2}H_2O(g)$

的 $\Delta_r H_m^\ominus$(298K)，$\Delta_r U_m^\ominus$(298K)。

16. 蔗糖 $C_{12}H_{22}O_{11}$(s) 0.1265g 在弹式量热计中燃烧，开始时温度为25℃，燃烧后温度升高了。为了升高同样的温度要消耗电能2082.3 J。

(1) 计算蔗糖的标准摩尔燃烧焓；

(2) 计算它的标准摩尔生成焓；

(3) 若实验中温度升高为1.743K，问量热计和内含物质的热容是多少？

[已知 $\Delta_f H_m^\ominus$(CO_2, g) = −393.51 kJ·mol^{-1}，$\Delta_f H_m^\ominus$(H_2O, l) = −285.85 kJ·mol^{-1}，$C_{12}H_{22}O_{11}$ 的摩尔质量为342.3 g·mol^{-1}。]

四、拓展题

1. 化工企业生产中经常要换热（将化学反应放出的热传递出去），你知道有哪些换热方式？

2. 请查阅第一类永动机的相关资料，进一步加深对热力学第一定律的认识。

第三章 热力学第二定律

学习指导

1. 了解热力学第二定律与卡诺定理的联系。
2. 掌握熵的物理意义、性质，理解克劳修斯不等式及熵增加原理。
3. 掌握 p、V、T 变化过程及相变过程体系熵变和环境熵变的计算，并用隔离体系熵变判断过程自发进行的方向。
4. 明确吉布斯函数的定义及吉布斯函数变化量（ΔG）在特殊情况下的物理意义，重点掌握吉布斯函数判据的适用条件及其应用。
5. 理解亥姆霍兹函数及其判据。

热力学第一定律指出了能量的守恒和转化，自然界的变化都不违反热力学第一定律，但不违反热力学第一定律的变化却未必能自动发生。例如热从高温物体流向低温物体，而它的逆过程即热从低温物体流向高温物体则不能自动发生。在一定的条件下，什么样的变化过程能够进行，什么样的变化过程不能够进行？能够进行的过程，进行到什么程度为止？这两个问题（即过程的方向和限度问题）需要有一个新的定律来解决。而这个新定律就是热力学第二定律，是从热转化为功要有一定的限制条件出发，引出状态变化时存在的新状态函数——熵，来判断变化过程方向性的一个基本定律。

第一节 自发过程及热力学第二定律

学习导航

理想气体恒温膨胀过程中 $\Delta U = 0$，$Q = -W$，即体系所吸收的热量全部转化为功，这与热力学第二定律是否矛盾？为什么？

一、自发过程

自发过程是指能够自动发生的变化，即无需借助外力即可发生的变化。常见的自发变化有：水总是自动地从高处流向低处；电流总是自动地从高电势流向低电势；气体总是从高压区流向低压区；流体中的扩散总是从浓度大的区域向浓度较小的区域扩散。而人们通过长期的实践活动，概括出能够反映一切自发过程的本质特征，主要有如下几点。

（1）自发过程具有不可逆性　即它们只能朝某一确定的方向进行。上述过程之所以能够自动进行，是由于体系中存在着水位差（Δh）、电势差（ΔV）、压力差（Δp）和浓度差（Δc），过程总是朝着减少这些差值的方向进行，直到上述差值消失。换言之，这些差值就是推动过程自动发生的原因和动力。反之，自发过程的逆过程就不可能自动进行，若要它们进行，必须借助外力，即环境对体系做功。这样，环境和体系都不可能恢复到原有状态。

（2）过程有一定的限度即平衡状态　当上述过程的水位差 Δh、电势差 ΔV、压力差 Δp 和浓度差 Δc 分别为零时，就达到了一个相对静止的平衡状态，这就是自发过程在一定条件下进行的限度。可见，不可逆过程就是体系从不平衡状态向平衡状态变化的过程。

（3）有一定的物理量判断变化的方向和限度　例如，在传热传导中，用温度可判断过程的方向和限度，传热方向是从高温物体到低温物体，温度差为零就是过程的限度，即热传导不再进行。在水流过程中，水位可以判断过程的方向和限度，其余如压力、电势和浓度可分别判断气流、电流和物质扩散等过程的方向和限度。这些物理量统称为过程的判据。

对于化学反应，有无判据来判断它们进行的方向和限度呢？早在十九世纪中叶，曾提出一个经验原则："任何没外界能量参与的化学反应，总是趋向于能放热更多的方向"。显然，这是将焓作为化学反应方向和限度的判据。这个原则可解释放热的化学反应过程，但却无法解释吸热反应的存在。例如，一定量的固体硝酸铵溶于水中，是一吸热过程，却可自动进行；理想气体在压力相同、温度不变条件下的混合也能自动进行等。因此，焓变不能作为化学反应的判据，对于化学反应的自发性也应有相应的判据来判断。

二、热力学第二定律

人们经过长期的生活生产实践发现一切实际过程都是热力学的不可逆过程，而这些不可逆过程都是相互关联的，从某一个自发过程的不可逆可以推断另一个自发过程的不可逆性。因此总结出反映所有不可逆过程普遍原理的热力学第二定律。表述有多种方法，其中常被人们引用的是下面两种说法。

1. 克劳修斯说法

不可能把热从低温物体传到高温物体而不引起其他变化。这种表述指明了热量传递的不可逆性。

2. 开尔文说法

不可能从单一热源取出热使之完全变为功，而不发生其他的变化。这种表述指明了功热转换过程的不可逆性。开尔文说法的反面就是"从单一热源吸热可以完全变为功"，这并不违反热力学第一定律。曾有人试图制造这种从单一热源吸热完全变为功的机器，也就是第二类永动机，但是人类的经验表明，第二类永动机是不可能实现的。因此开尔文说法也可表达为"第二类永动机是不可能造成的"。

克劳修斯和开尔文的表述虽然不同，但实际上是等价的，都是指出某种自发过程的逆过程是不能自动发生的。一切自发过程的方向和限度问题，最终均可由热力学第二定律来判断，但是若都要按上面两个说法来判断，则多有不便。人们希望能找到一种像热力学第一定律中热力学能 U 那样的状态函数，通过计算就能判断过程的方向和限度。下面我们就从热功转换的关系中去寻找这个状态函数——熵。熵函数的引出有多种方法，一般采用卡诺（Carnot）循环引入熵函数。

第二节　克劳修斯不等式及熵增加原理

> **学习导航**
>
> 对于绝热过程有 $\Delta S \geqslant 0$，那么由始态 A 出发经过可逆与不可逆过程都到达终态 B，这样同一状态 B 就有两个不同的熵值，熵就不是状态函数了。这个结论是否正确？请用理想气体绝热膨胀过程阐述之。

一、卡诺定理

人们把能够循环操作且不断地将热转化为功的机器称为热机。热力学第二定律指出从单一热源吸热做功的热机是不可能制造出来的，即效率为 1 的热机是不可能实现的。

十九世纪初，蒸汽机在工业上得到了广泛的应用。当时热机效率很低，人们不断改进设计来提高热机效率。那么热机效率的提高是否有限度？1842 年，法国物理学家、工程师卡诺以理想气体为工作物质，研究理想热机在两个热源之间，通过两个恒温可逆过程和两个绝热可逆过程组成的可逆循环过程，从理论上证明了热机效率的极限。这种循环称卡诺循环。

设有两个热容很大的热源，高温热源的温度为 T_1，低温热源的温度为 T_2（如图 3-1 所示），参加卡诺循环的工作物质为 n mol 理想气体。设活塞无摩擦和无重力。由最初状态 1（p_1、V_1、T_1）开始经历四个可逆过程所组成的循环恢复到状态 1（如图 3-2 所示）。

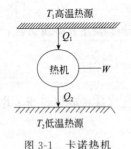

图 3-1　卡诺热机

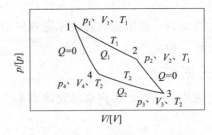

图 3-2　卡诺循环

1. 恒温（T_1）可逆膨胀

n mol 理想气体由状态 1（p_1、V_1、T_1）在高温热源 T_1 下经过恒温可逆膨胀到状态 2（p_2、V_2、T_1），做功 W_1，吸热 Q_1，由于是等温过程 $\Delta U_1 = 0$，故有

$$Q_1 = -W_1 = nRT_1 \ln(V_2/V_1) \tag{3-1}$$

2. 绝热可逆膨胀

n mol 理想气体由状态 2（p_2、V_2、T_1）经绝热可逆膨胀到低温 T_2 下的状态 3（p_3、V_3、T_2），由于绝热，$Q = 0$

$$W_2 = \Delta U_2 = nC_{V,m}(T_2 - T_1)$$

3. 恒温(T_2)可逆压缩

n mol 理想气体由状态 3（p_3、V_3、T_2）在低温 T_2 下经过恒温可逆膨胀到状态 4（p_4、V_4、T_2），由于是等温过程 $\Delta U_3 = 0$，故有

$$-W_3 = Q_2 = nRT_2\ln(V_4/V_3) \tag{3-2}$$

因为是压缩（$V_3 > V_4$）过程，此时 $Q_2 < 0$，说明向低温热源放热 Q_2。

4. 绝热可逆压缩

n mol 理想气体由状态 4（p_4、V_4、T_2）经绝热可逆压缩回到状态 1（p_1、V_1、T_1），由于绝热时，有 $Q = 0$，

$$W_4 = \Delta U_4 = nC_{V,m}(T_1 - T_2)$$

由于以上四个过程构成循环过程，$\Delta U = 0$，故总的功等于总的热，有

$$-W = Q = Q_1 + Q_2$$

因为状态 2 与状态 3 在同一条绝热线上，状态 1 和状态 4 在另一条绝热线上，根据理想气体绝热可逆过程方程式，由式（2-20）得

$$T_1 V_2^{\gamma-1} = T_2 V_3^{\gamma-1}; \quad T_1 V_1^{\gamma-1} = T_2 V_4^{\gamma-1}$$

可知 $V_3/V_2 = V_4/V_1$，即 $V_4/V_3 = V_1/V_2$

故知

$$Q_2 = -nRT_2\ln(V_2/V_1) \tag{3-3}$$

热机在整个循环过程中做的总功 $-W$ 与从高温吸热 Q_1 之比称为热机效率，用 η 表示。热机效率的定义式为

$$\eta = -W/Q_1 \tag{3-4}$$

$$\eta = \frac{-W}{Q_1} = \frac{Q_1 + Q_2}{Q_1} = \frac{nRT_1\ln\dfrac{V_2}{V_1} - nRT_2\ln\dfrac{V_2}{V_1}}{nRT_1\ln\dfrac{V_2}{V_1}} = \frac{T_1 - T_2}{T_1} = 1 - \frac{T_2}{T_1} \tag{3-5}$$

卡诺过程中各个过程都是可逆的，是功损失无限小的过程，故在 T_2 与 T_1 两热源间进行循环的热机以卡诺循环的热机效率最大。这一结论便称为卡诺定理，它有如下意义。

① 一切工作于两个不同温度热源之间的热机中以卡诺热机的工作效率最高，即在同一组高低温热源之间工作的任意不可逆热机，其效率小于可逆热机，即 $\eta_{ir} < \eta_r$（下标 r 表示可逆，下标 ir 表示不可逆），原则上解决了化学反应的方向和限度问题。

② 卡诺热机的效率只与热源的温度有关，而与工作物质无关，即所有工作于同温高温热源与同温低温热源之间的可逆热机，其热机效率都相等。且 T_2/T_1 的比值越小，即高温热源与低温热源的温差越大，则热机效率越高。低温热源一般为空气或冷却水，温度降低较为困难，因此蒸汽机中常使用高压下的过热蒸汽作为高温热源。

③ 若 $T_1 = T_2$ 时，则效率 $\eta = 0$，这说明从单一热源取热做功即第二类永动机是不可能实现的。

二、熵函数及克劳修斯不等式

1. 可逆循环的热温商

在卡诺循环过程中，由式（3-5）可得

$$\frac{Q_1}{T_1} + \frac{Q_2}{T_2} = \sum \frac{Q_i}{T_i} = 0 \quad \text{或} \quad \sum \frac{\delta Q_r}{T} = 0 \tag{3-6}$$

即可逆循环过程两热源的热温商之和等于零。

式中，δQ_r 表示无限小可逆循环过程的热；下角标 r 表示可逆之意；T 为热源的温度。所以该式表示可逆循环过程的热温商之和等于零。

2. 熵函数及熵变

设体系由状态 1 经一可逆过程 α 到达状态 2，再由状态 2 经另一可逆过程 β 回到状态 1，这样就构成了一个可逆循环过程（如图 3-3 所示）。

由式（3-6）可得

$$\sum \frac{\delta Q_r}{T} = \int_1^2 \left(\frac{\delta Q_r}{T}\right)_\alpha + \int_2^1 \left(\frac{\delta Q_r}{T}\right)_\beta = 0$$

或

$$\int_1^2 \left(\frac{\delta Q_r}{T}\right)_\alpha = \int_1^2 \left(\frac{\delta Q_r}{T}\right)_\beta$$

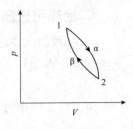

图 3-3 可逆循环

上述分析，表明从状态 1 到状态 2 沿着任意可逆途径，其可逆热温商均相等，仅决定于体系的始态和终态，而与途径无关。由此发现了一个隐藏着的状态函数，克劳修斯称这个函数为熵，用符号 S 表示，其单位为 $J \cdot K^{-1}$。于是，熵函数的定义式为

$$dS = \frac{\delta Q_r}{T} \tag{3-7}$$

将式（3-7）积分得

$$\Delta S = S_2 - S_1 = \int_1^2 \frac{\delta Q_r}{T} \tag{3-8}$$

该式表明可逆过程热温商的累加等于体系的熵变。熵是体系的广延函数、状态函数。从统计学的角度来说，熵是能量分散的度量，或者说熵是体系内部分子热运动混乱度的度量。物理学家玻尔兹曼（Boltzmann）在研究分子运动统计现象的基础上提出了公式：

$$S = k \ln \Omega \tag{3-9}$$

式中，Ω 为体系分子的状态数；k 为玻尔兹曼常数。这个公式反映了熵函数的统计学意义，它将体系的宏观物理量 S 与微观物理量 Ω 联系起来，成为联系宏观与微观的重要桥梁之一。基于上述熵与热力学概率之间的关系，可以得出结论：体系的熵值直接反映了它所处状态的均匀程度，体系的熵值越小，它所处的状态越有序越不均匀；体系的熵值越大，它所处的状态越无序越均匀。一般体系的温度升高、压力减小、体积增大或混合等过程，其混乱度会增大，熵值也会增大。

在体系较复杂的情况下，定性估计熵的大小，不一定能得到准确的结果，常需定量计算来判断过程的方向和限度。当体系始态、终态变化相同时，无论过程是否可逆，状态函数熵的变化值是相同的。因此，在计算可逆过程的熵变时，要将不可逆过程设计成始态、终态相同的可逆过程后计算其热温商，即为熵变。

3. 克劳修斯不等式

根据卡诺定理，工作于两热源之间的不可逆热机的效率 η_{ir} 恒小于卡诺热机的效率 η_r（$\eta_{ir} < \eta_r$）。

则有

$$\frac{Q_1 + Q_2}{Q_1} < \frac{T_1 - T_2}{T_1}$$

整理可得
$$\frac{Q_1}{T_1}+\frac{Q_2}{T_2}<0$$

推广至任意的不可逆循环
$$\sum\frac{\delta Q_{ir}}{T}<0 \tag{3-10}$$

现设体系由状态 1 经一不可逆过程 α 到达状态 2，然后借助于一个可逆过程 β 由状态 2 回到状态 1，这样就构成了一个循环过程。因为其中包含不可逆过程，因此这是一个不可逆循环过程（如图 3-4 所示）。

根据式（3-10）则有

$$\left(\sum\frac{\delta Q_{ir}}{T}\right)_{1\to 2}+\int_2^1\frac{\delta Q_r}{T}=\sum\frac{\delta Q_{ir}}{T}<0$$

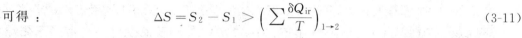

图 3-4 不可逆循环

故有 $\left(\sum\frac{\delta Q_{ir}}{T}\right)_{1\to 2}<\int_2^1\frac{\delta Q_r}{T}$ 结合式（3-8）

可得：
$$\Delta S=S_2-S_1>\left(\sum\frac{\delta Q_{ir}}{T}\right)_{1\to 2} \tag{3-11}$$

该式表明不可逆过程热温商之和小于体系的熵变。

式（3-8）和式（3-11）合并得

$$\Delta S\geqslant\int_1^2\frac{\delta Q}{T}\quad\begin{cases}>\text{不可逆}\\=\text{可逆}\end{cases} \tag{3-12}$$

上式可表述为：在可逆过程中，体系的熵变等于热温商之和；在不可逆过程中，体系的熵变大于热温商之和［式（3-12）］。称为克劳修斯不等式，描述了封闭体系中任意过程的熵变与热温商之和在数值上的关系。因此，当体系发生状态变化时，只要设法求得该变化过程的熵变和热温商之和，比较二者大小，就可知道过程是否可逆。克劳修斯不等式可以对任意热力学体系中各类过程的方向、限度进行判断，它比热力学第二定律的两种经典文字表述方式应用范围广泛得多，具有普遍适用性和高度概括性，也更能表述热力学第二定律的本质。因此克劳修斯不等式就是热力学第二定律的数学表达式。

三、熵判据——熵增加原理

对于绝热体系中所发生的变化，有 $\delta Q=0$，所以 $\Delta S\geqslant 0$。说明在绝热体系中只可能发生 $\Delta S\geqslant 0$ 的变化。对于一个隔离体系，体系与环境之间没有功和热的交换，因此上述结论可推广到隔离体系，即"一个隔离体系的熵永不减少"，称为熵增加原理。

但由于通常体系都与环境有着相互的关系，若将体系和与体系有关的环境合在一起考虑，构成一个新体系，即为大隔离体系，则该隔离体系与环境也没有物质与能量的交换。此大隔离体系内如果发生一过程，则大隔离体系的熵变 $\Delta S_{隔}$ 就等于体系的熵变 $\Delta S_{体系}$ 与环境的熵变 $\Delta S_{环境}$ 之和。因大隔离体系与环境不再有热量交换 $\delta Q=0$，克劳修斯不等式变成：

$$\Delta S_{隔}\geqslant 0\quad\begin{cases}>\text{自发过程}\\=\text{平衡}\end{cases}$$

即
$$\Delta S_{体系}+\Delta S_{环境}\geqslant 0\quad\begin{cases}>\text{自发过程}\\=\text{平衡}\end{cases} \tag{3-13}$$

在这里把克劳修斯不等式中的不可逆改为自发，把可逆改为平衡。如果着眼于过程进行的条件，则区分为可逆与不可逆；如果着眼于过程进行的方向，则区分为自发与平衡。或者说在隔离体系内发生的不可逆过程，即是自发过程，而隔离体系内发生的可逆过程，因为无限缓慢，时刻处于无限接近平衡的状态，故认为体系处于平衡。

式（3-13）是判断过程是否自发进行的依据，因为是用熵变来判断，故称为熵判据。熵判据表明隔离体系内发生的一切过程均使熵增大，隔离体系内绝对不可能发生熵减小的过程。因此熵判据即为熵增加原理的另一种说法。熵增加原理除了要求隔离体系以外，没有其他条件的限制。

第三节 熵变的计算

> **学习导航**
>
> 将 1mol 苯蒸气由 79.9℃、40kPa 冷凝为 60℃、100kPa 的液态苯，求此过程的 ΔS。（已知苯在 100kPa 下的沸点为 79.9℃；在此条件下，苯的汽化焓为 30878J·mol^{-1}；液态苯的定压比热容为 1.799kJ·K^{-1}·kg^{-1}。）

为了利用熵判据判断隔离体系中过程的方向和限度，必须计算过程体系与环境的熵变。

计算体系熵变的基本公式为 $\Delta S = S_2 - S_1 = \int_1^2 \frac{\delta Q_r}{T}$，其中 δQ_r 为体系在可逆过程中吸收的热。熵是体系的状态函数，与过程是否可逆无关。如果过程是可逆的，可直接用该过程中体系吸收的热来计算 ΔS；如果过程是不可逆的，则须设计从始态到终态的可逆过程，然后计算设计的可逆过程熵变，即为所求不可逆过程的熵变。

环境的熵变计算：环境是由大量处于平衡状态的不发生相变化和化学变化的物质构成时，在与体系交换了一定量的热以后，环境的状态发生了极其微小的变化，可以认为环境的温度基本不变，则环境进行的是恒温且可逆的过程。故环境的熵变常用下式计算：

$$\Delta S_{环} = \frac{Q_{环}}{T_{环}} = -\frac{Q_{体}}{T_{环}} \tag{3-14}$$

式中，$T_{环}$ 为环境的温度；$Q_{环}$ 为环境得到的热，并且 $Q_{环} = -Q_{体}$，$Q_{体}$ 为同一过程体系得到的热。本节讨论封闭体系的简单状态变化、相变化与化学变化的熵变。

一、简单 PVT 变化过程

1. 等温过程

由于温度不变，式（3-8）变为

$$\Delta S = S_2 - S_1 = \int_1^2 \frac{\delta Q_r}{T} = \frac{1}{T} \int_1^2 \delta Q_r = \frac{Q_r}{T}$$

不论过程是否可逆，都按等温可逆途径来计算体系的熵变。对于理想气体的等温过程有

$$\Delta U = 0, Q_r = -W_r = nRT \ln \frac{V_2}{V_1} = nRT \ln \frac{p_1}{p_2}$$

代入上式可得

$$\Delta S = \frac{Q_r}{T} = \frac{-W_r}{T} = nR\ln\frac{V_2}{V_1} = nR\ln\frac{p_1}{p_2} \tag{3-15}$$

【例 3-1】 5mol 理想气体由 298K、1013.25kPa 分别按以下过程膨胀至 298K、101.325kPa，计算体系的熵变 ΔS，试判断哪些过程可能自发发生。(1) 可逆膨胀；(2) 自由膨胀；(3) 反抗恒外压 101.325kPa 膨胀。

解 题中三个过程有相同的始、终态，因此 ΔS 是相同的，由等温可逆过程来计算 ΔS：

$$\Delta S = nR\ln\frac{p_1}{p_2} = 5 \times 8.314 \times \ln\frac{1013.25}{101.325} = 95.72(\text{J} \cdot \text{K}^{-1})$$

过程 (1) 是理想气体等温可逆膨胀

$$\Delta S_{环} = -\frac{Q}{T_{环}} = -nR\ln\frac{p_1}{p_2} = -5 \times 8.314 \times \ln\frac{1013.25}{101.325} = -95.72(\text{J} \cdot \text{K}^{-1})$$

$$\Delta S_{隔离} = \Delta S + \Delta S_{环} = 95.72 + (-95.72) = 0$$

所以过程确实是可逆的。

过程 (2) 是理想气体的等温自由膨胀

$$Q = 0 \quad \Delta S_{环} = -\frac{Q}{T_{环}} = 0$$

$$\Delta S_{隔离} = \Delta S + \Delta S_{环} = 95.72(\text{J} \cdot \text{K}^{-1}) > 0$$

故为自发过程。

过程 (3) 是理想气体在等温反抗恒外压膨胀，$\Delta U = 0$

$$\Delta S = Q = p_2(V_2 - V_1) = p_2\left(\frac{nRT}{p_2} - \frac{nRT}{p_1}\right) = nRT\left(1 - \frac{p_2}{p_1}\right) = nRT\left(1 - \frac{1}{10}\right)$$

$$\Delta S_{环} = -\frac{Q}{T_{环}} = -nR \times \frac{9}{10} = -5 \times 8.314 \times \frac{9}{10} = -37.41(\text{J} \cdot \text{K}^{-1})$$

$$\Delta S_{隔离} = \Delta S + \Delta S_{环} = 95.72 - 37.41 = 58.31(\text{J} \cdot \text{K}^{-1})$$

也是自发过程。

2. 变温过程

(1) 恒压变温过程　不论过程是否可逆均按恒压可逆过程来计算熵变 ΔS。不论气体、液体或固体，在等压可逆过程中，有

$$\delta Q_r = nC_{p,m}dT$$

$$\Delta S = \int_{T_1}^{T_2} \frac{nC_{p,m}dT}{T} \tag{3-16a}$$

若 $C_{p,m}$ 不随温度而变化，则 $\quad \Delta S = nC_{p,m}\ln\frac{T_2}{T_1} \tag{3-16b}$

若 $C_{p,m}$ 随温度而变化，则必须将 $C_{p,m} = f(T)$ 代入式 (3-16a) 中积分求 ΔS。

(2) 恒容变温过程　与恒压变温过程类似，可得

$$\Delta S = \int_{T_1}^{T_2} \frac{nC_{V,m}dT}{T} \tag{3-17a}$$

若 $C_{V,m}$ 不随温度而变化，则 $\quad \Delta S = nC_{V,m}\ln\frac{T_2}{T_1} \tag{3-17b}$

若 $C_{V,m}$ 随温度而变化，则必须将 $C_{V,m} = f(T)$ 代入式 (3-16a) 中积分求 ΔS。

【例 3-2】 100g 283K 的水与 200g 313K 的水混合，已知水的恒压摩尔热容为 75.3J·mol^{-1}·K^{-1}，求过程的熵变。

解 设混合后水的温度为 T，则

$$\frac{100}{18.02} \times C_{p,m} \times (T-283) = \frac{200}{18.02} \times C_{p,m} \times (313-T)$$

得 $T = 303$K

$$\Delta S = \Delta S_1 + \Delta S_2$$
$$= \frac{100}{18.02} \times 75.3 \times \ln\frac{303}{283} + \frac{200}{18.02} \times 75.3 \times \ln\frac{303}{313}$$
$$= 1.40(\text{J} \cdot \text{K}^{-1})$$

由于此体系为隔离体系，$\Delta S_{隔离} > 0$ 说明过程是自发的。

3. 理想气体 p、V、T 皆变的过程

设 $n$mol 理想气体由始态 1 (p_1、V_1、T_1) 变化到终态 2 (p_2、V_2、T_2)，如图 3-5 所示。

欲求过程的熵变可分两步。例如先从 1 (p_1、V_1、T_1) 等温可逆变化到 3 (p_2、V_2、T_1)，再由 3 等容可逆变到 2 (p_2、V_2、T_2)。

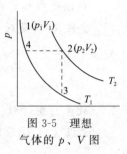

图 3-5　理想气体的 p、V 图

$$\Delta S_{\text{I}} = nR\ln\frac{V_2}{V_1}; \qquad \Delta S_{\text{II}} = nC_{V,m}\ln\frac{T_2}{T_1}$$

$$\Delta S = \Delta S_{\text{I}} + \Delta S_{\text{II}} = nR\ln\frac{V_2}{V_1} + nC_{V,m}\ln\frac{T_2}{T_1} \quad (3\text{-}18\text{a})$$

也可先由 1(p_1、V_1、T_1) 等温可逆变到 4(p_2、V_2、T_1)，再由 4 等压可逆变到 2(p_2、V_2、T_2)。

$$\Delta S'_{\text{I}} = nR\ln\frac{p_1}{p_2}; \qquad \Delta S'_{\text{II}} = nC_{p,m}\ln\frac{T_2}{T_1}$$

$$\Delta S = \Delta S'_{\text{I}} + \Delta S'_{\text{II}} = nR\ln\frac{p_1}{p_2} + nC_{p,m}\ln\frac{T_2}{T_1} \quad (3\text{-}18\text{b})$$

以上两式实际上是相同的，适用于理想气体 p、V、T 皆变的过程，不论过程可逆与否。对于实际气体，在压力不是很高时，可近似使用。

【例 3-3】 2mol 理想气体 ($C_{V,m} = 20.79$J·K^{-1}·mol^{-1}) 从 323K、100dm^3 加热膨胀至 423K、150dm^3，求 ΔS。

解　$\Delta S = nC_{V,m}\ln\frac{T_2}{T_1} + nR\ln\frac{V_2}{V_1} = 2 \times 20.79 \times \ln\frac{423}{323} + 2 \times 8.314 \times \ln\frac{150}{100}$

$$= 17.95 \text{ (J} \cdot \text{K}^{-1})$$

二、相变过程

相变过程有可逆与不可逆之分。可逆相变过程的熵变计算比较简单，而不可逆相变过程的熵变计算比较复杂，需要设计成可逆过程进行计算。

1. 可逆相变过程

可逆相变是在恒温恒压且两相平衡的条件下进行的，属于等温等压的可逆过程，其相变

热等于相变焓。所以可逆相变过程的熵变为

$$\Delta S_{相} = \frac{Q_{相}}{T_{相}} = \frac{\Delta H_{相}}{T_{相}} \tag{3-19}$$

【例3-4】 在101.325kPa及273K时，2mol水凝结成冰，求熵变。已知该条件下冰的融化热为6008J·mol^{-1}。

解 因为体系放热，$Q_{相} = n\Delta H_{相} = 2 \times 6008 = 12016$ (J)

$$\Delta S_{相} = \frac{Q_{相}}{T_{相}} = \frac{\Delta H_{相}}{T_{相}} = \frac{-12016}{273} = 44.01 (\text{J} \cdot \text{K}^{-1})$$

2. 不可逆相变过程

在非平衡温度和压力下发生的相变为不可逆相变。其熵变计算需要设计可逆过程来实现。

【例3-5】 1mol H$_2$O(g) 在恒外压101.325kPa下从473K冷却到298K变为H$_2$O(l)，求此过程的 ΔS。已知水蒸气的 $C_{p,m} = (30.21 + 9.92 \times 10^{-3} T)$ J·mol^{-1}·K^{-1}，水的蒸发热为2255J·g^{-1}。

解 H$_2$O(g)从473K冷却到298K变为H$_2$O(l)是不可逆相变过程。为计算熵变，在原来始态、终态间设计成下列可逆途径（如图3-6所示），通过计算各步可逆步骤熵变之和就是所求的熵变。

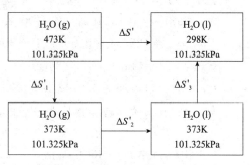

图3-6 不可逆相变过程设计

$$\Delta S_1 = \int_{T_1}^{T_2} \frac{C_{p,m}(g)}{T} dT = \int_{473}^{373} \left(\frac{30.21}{T} + 9.92 \times 10^{-3} \right) dT = -8.17 (\text{J} \cdot \text{K}^{-1})$$

$$\Delta S_2 = \frac{n\Delta H_m(相变)}{T_b} = \frac{-2255 \times 18}{373} = -108.8 (\text{J} \cdot \text{K}^{-1})$$

$$\Delta S_3 = \int_{T_1}^{T_2} C_{p,m}(l) \frac{dT}{T} = \int_{373}^{298} \frac{75.31}{T} dT = -16.91 (\text{J} \cdot \text{K}^{-1})$$

$$\Delta S = \Delta S_1 + \Delta S_2 + \Delta S_3 = (-8.17) + (-108.8) + (-16.91) = -133.9 (\text{J} \cdot \text{K}^{-1})$$

三、化学变化过程

通常化学反应都在不可逆的条件下进行，因此其熵变不能由熵变的定义式求得，须设计可逆化学反应过程并获取与过程相关的数据。

20世纪初，科学家们在低温化学反应和电池电动势的测定中发现，随着温度的降低，恒温条件下化学反应的熵变逐渐减小。因此，能斯特于1906年在此基础上提出了大胆的设想：凝聚物系在恒温化学变化过程中的熵变，随温度趋于0K而趋于零，即为热力学第三定律的一种说法，又称能斯特定理。1912年普朗克对能斯特定理作了补充，提出：在0K时，任何纯物质的完美晶体的熵值为零，即

$$S^*(完美晶体, 0\text{K}) = 0 \tag{3-20}$$

此即为热力学第三定律（上标"*"，表示纯物质）。

一定温度和压力下，物质的摩尔熵绝对值无法测得。但是有了0K时各纯物质完美晶体

的熵值，就给我们确定任意温度下物质的熵带来了方便。热力学上规定：以 $S_{0K}=0$ 为基础求得的任何 1mol 纯物质在温度 T 时的熵值 S_T 称规定熵。若 1mol 纯物质处在 298K、标准压力 $p^{\ominus}=100$ kPa 下的熵值称为标准摩尔熵，用符号 $S_m^{\ominus}(298K)$ 表示。附录三中列有各种物质 $S_m^{\ominus}(298K)$ 值。因此，可以用与计算化学反应热相类似的方法来计算化学反应的熵变量。如果化学反应处于 298K 和 101325Pa 下，计算公式为

$$\Delta_r S_m^{\ominus}(298K) = \sum \nu_B S_m^{\ominus}(B, 298K) \tag{3-21}$$

如果计算在 101325Pa 和任意温度 T 下的反应，则熵变量为

$$\Delta_r S_m^{\ominus}(T) = \Delta_r S_m^{\ominus}(298K) + \int_{298}^{T} \frac{\Delta_r C_{p,m}}{T} dT \tag{3-22}$$

【例 3-6】计算反应 C（石墨）$+CO_2(g) \longrightarrow 2CO(g)$ 在下列条件下的熵变量：
(1) 298K 和 101325Pa；(2) 1000K 和 101325Pa。已知各物质摩尔热容如下：

$C_{p,m(CO)} = (28.41 + 0.00410T - 46000T^{-2})$ J·K^{-1}·mol^{-1}

$C_{p,m(CO_2)} = (44.14 + 0.00904T - 853000T^{-2})$ J·K^{-1}·mol^{-1}

$C_{p,m(C)} = (17.15 + 0.00427T - 879000T^{-2})$ J·K^{-1}·mol^{-1}

解 (1) 查附录三得各物质的 $S_m^{\ominus}(298K)$ 如下：

	C（石墨）	+	$CO_2(g)$	$\longrightarrow$	$2CO(g)$
$S_m^{\ominus}(298K)$/J·K^{-1}·mol^{-1}	5.694×1		213.8×1		197.7×2

所以 $\Delta_r S_m^{\ominus}(298K) = 197.7 \times 2 - (5.694 \times 1 + 213.8 \times 1) = 175.9$ (J·K^{-1})

(2) 根据各物质的摩尔热容，计算出：

$\Delta_r C_{p,m} = (-4.47 - 0.00511T + 1640000T^{-2})$ J·K^{-1}

$\Delta_r S_m^{\ominus}(1000K) = 175.9 + \int_{298}^{1000} \frac{1}{T}(-4.47 - 0.00511T + 1640000T^{-2})dT$

$= 175.31$ (J·K^{-1})

第四节　吉布斯函数与亥姆霍兹函数

> **学习导航**
>
> 100℃、101 325Pa 下的水向真空汽化为同温同压下的水蒸气，是自发过程，所以其 $\Delta G < 0$，对不对，为什么？

熵判据可用来解决变化过程的方向与限度判断问题，但要求体系必须是隔离的。对于一般体系必须同时考虑体系与环境的熵变，这是很不方便的，而且比较繁琐。实际科研或生产上的许多变化一般都是在等温等容或等温等压条件下发生，能否利用体系自身的某些状态函数的变化值，而不用考虑环境的特殊要求直接来判断这些变化的方向与限度呢？为了解决这个问题，吉布斯与亥姆霍兹分别引入两个新函数，作为等温等压及等温等容条件下过程的判据。

一、吉布斯函数

1. 吉布斯函数

热力学第一定律数学表达式 $dU = \delta Q + \delta W + \delta W'$（$W'$ 为非体积功），可以改成
$$\delta Q = dU + p\,dV - \delta W'$$

热力学第二定律数学表达式
$$dS \geqslant \frac{\delta Q}{T}$$

也可以改写成
$$T\,dS - \delta Q \geqslant 0$$

将热力学第一定律数学表达式代入热力学第二定律数学表达式可得下式：

$$T\,dS - dU - p\,dV + \delta W' \geqslant 0 \quad \begin{cases} > \text{自发过程} \\ = \text{平衡} \end{cases} \tag{3-23}$$

若过程为恒温、恒压，则式（3-23）可变为

$$-d(U + pV - TS) \geqslant -\delta W' \quad \text{或} \quad -d(H - TS) \geqslant -\delta W'$$

令
$$G = U + pV - TS = H - TS \tag{3-24}$$

则在恒温恒压下，有

$$dG_{T,p} \leqslant \delta W' \quad \begin{cases} < \text{自发过程} \\ = \text{平衡} \end{cases} \tag{3-25a}$$

或
$$\Delta G_{T,p} \leqslant W' \quad \begin{cases} < \text{自发过程} \\ = \text{平衡} \end{cases} \tag{3-25b}$$

式（3-24）中的 U、p、V、T 及 S 均为体系的状态函数，故由其组合成的新函数也一定是状态函数。将此称为吉布斯函数（或吉布斯自由能），简称自由能，用字母 G 表示。吉布斯函数是体系的广延性质、状态函数，具有能量单位 J，其值只与始态和终态有关，而与过程无关。

式（3-25）是恒温恒压条件下过程方向和限度的判据。它表明：在恒温恒压条件下，体系在不可逆过程所做的非体积功的绝对值小于吉布斯函数的减少值，而在可逆过程中所做的非体积功等于吉布斯函数的减少值。

若非体积功等于零，则

$$\Delta_{T,p} G \begin{cases} < 0 & \text{自发过程} \\ = 0 & \text{可逆或平衡} \\ > 0 & \text{不可能发生} \end{cases} \tag{3-26}$$

由式（3-26）可以看出：在恒温恒压无非体积功的体系中，自发过程总是向着自由能减小的方向进行，达到平衡时，自由能最小，这就是最小自由能原理。或者说，体系处于平衡状态的必要条件是 $d_{T,p}G = 0$。在恒温恒压，不做非体积功的条件下，判断过程的方向，只要比较始态、终态的吉布斯函数大小，$G_{终} < G_{始}$，过程自发进行；$G_{终} > G_{始}$，逆过程自发进行；$G_{终} = G_{始}$，体系处于平衡状态。

从某种意义上说，吉布斯函数类似于推动流体流动的势能，它推动了某些化学热力学过程的进行。因此每摩尔纯物质的吉布斯函数，即摩尔吉布斯函数 G_m 也常被称为化学势。例如在 50℃，压力为 $p^{\ominus}$ 时，G_m（水）$< G_m$（水蒸气），则水蒸气自发地凝结成水，而水不能蒸发变成水蒸气；在 100℃，压力为 $p^{\ominus}$ 时，G_m（水）$= G_m$（水蒸气），则水蒸气与水处

于平衡状态。

2. 吉布斯函数的计算

（1）理想气体等温变化过程 ΔG　用 ΔG 判断过程的方向时，一定要在等温等压条件下。对于理想气体来说，在等温等压条件下，体系完全确定。因此，ΔG 不能用来判断这种过程的方向。但是计算恒温下状态变化的 ΔG 仍具有重要意义，因为讨论许多不可逆的相变过程或化学变化时都要借助于它的数值。

对于封闭体系中理想气体的恒温变化过程，在可逆情况下发生变化时，根据吉布斯函数定义式可得吉布斯函数变 $dG = dU + pdV + Vdp - TdS - SdT$，若不做非体积功（$\delta W_r' = 0$），可将可逆体积功 $\delta W_r = -pdV$ 及可逆热 $\delta Q_r = TdS$ 代入上式，即 $dU = TdS - pdV$，得：

$$dG = -SdT + Vdp \tag{3-27}$$

若将此式应用于凝聚体系恒温变压过程，因为 $dT=0$，凝聚态的等温压缩程度很小，可以忽略，故过程的

$$\Delta G = \int_{p_1}^{p_2} Vdp = V\Delta p \text{（凝聚体系，恒温）} \tag{3-28}$$

若将此式应用于理想气体恒温膨胀与压缩过程，因为 $dT=0$，$pV=nRT$，故过程的

$$\Delta G = \int_{p_1}^{p_2} Vdp = \int_{p_1}^{p_2} nRTdp/p = nRT\ln\frac{p_2}{p_1} = nRT\ln\frac{V_1}{V_2} \text{（理想气体，恒温）} \tag{3-29}$$

这与由理想气体恒温过程 $\Delta S = nR\ln\frac{V_2}{V_1} = nR\ln\frac{p_1}{p_2}$ 按照 $\Delta G = -T\Delta S$ 求得的结果是相同的。

【例 3-7】1mol 理想气体从 298K，101kPa 等温可逆地膨胀到 10.1kPa，试问：(1) ΔG 是多少？(2) 若过程不可逆进行时，ΔG 又是多少？

解　(1) 按式（3-29）

$$\Delta G = nRT\ln\frac{p_2}{p_1} = 1\times 8.314\times 298\times \ln\frac{10.1}{101} = -5707\text{(J)}$$

(2) 对于不可逆过程，因为 G 是状态函数，只与始末态有关，所以与可逆过程的 ΔG 相等，因此该过程的 ΔG 亦为 -5707J。

（2）相变时的 ΔG　相变过程一般是在等温等压条件下进行的，若始态和终态的两相是相互平衡的，例如在正常沸点下的汽化，则此过程是可逆的。此时因为不做非体积功，故 $\Delta G = 0$。

若始态和终态的两相是互不平衡的，此过程就是不可逆的，这时须另外设计一个可逆过程来计算。

【例 3-8】试计算 1mol H_2O 由液态（298.15K，101.325kPa）变为气态（298.15K，101.325kPa）时的 ΔG，并问此过程能否自动进行？

解　要解决这个问题，必须先知道 H_2O 的液气两相互为平衡时的条件。

已知 298.15K 时水的饱和蒸气压为 3.168kPa，这说明两相平衡的条件为 $T = 298.15\text{K}$，$p \approx 3.168\text{kPa}$。为此，可设计图 3-7 所示的可逆过程进行计算。

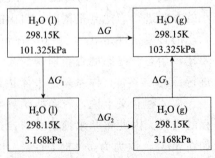

图 3-7　计算水汽化时的 ΔG 的示意图

因为 G 是状态函数，故有 $\Delta G = \Delta G_1 + \Delta G_2 + \Delta G_3$

根据式(3-27)可得：

$$\Delta G_1 = \int_{p_1}^{p_2} V_{液} \, dp \qquad \Delta G_3 = \int_{p_2}^{p_1} V_{气} \, dp$$

而第二个过程为恒温恒压可逆过程，故知 $\Delta G_2 = 0$

所以：$\Delta G = \int_{p_1}^{p_2} V_{液} \, dp + \int_{p_2}^{p_1} V_{气} \, dp = \int_{p_2}^{p_1}(V_{气} - V_{液}) \, dp$

因为 $V_{气}$ 远远大于 $V_{液}$，故 $V_{液}$ 可以忽略不计，并把 $H_2O(g)$ 看成理想气体，即 $V_{气} = \dfrac{nRT}{p}$，故得：$\Delta G = \int_{p_2}^{p_1} \dfrac{nRT}{p} \, dp = nRT \ln \dfrac{p_1}{p_2} = 1 \times 8.314 \times 298.15 \times \ln \dfrac{101.325}{3.168} = 8591(J) > 0$

故此过程不能自动进行。

(3) 化学变化的 ΔG

① 化学反应是在等温等压条件下进行的，且因 $G = H - TS$，故知：

$$\Delta_r G_m = \Delta_r H_m - T \Delta_r S_m \tag{3-30}$$

计算化学反应的 $\Delta_r H_m$ 和 $\Delta_r S_m$，即可以计算出 $\Delta_r G_m$。

② 化学反应标准摩尔吉布斯函数及计算　在标准状态下，由最稳定的单质直接生成 1mol 某物质的吉布斯函数的变化值，称该物质的标准摩尔生成吉布斯函数，记作 $\Delta_f G_m^{\ominus}$，单位为 $J \cdot mol^{-1}$。按定义，最稳定单质的标准摩尔生成吉布斯函数为零。附录三中列出了常见物质在 298.15K 时的 $\Delta_f G_m^{\ominus}$。

在恒温恒压不做非体积功和组成不变的条件下，无限大的反应体系中发生 1mol 化学反应所引起的吉布斯函数变化，称为摩尔反应吉布斯函数，用 $\Delta_r G_m$ 表示，单位为 $J \cdot mol^{-1}$。如果参加反应的各物质均处于标准状态，则此时的 $\Delta_r G_m$ 即为 $\Delta_r G_m^{\ominus}$，称为标准摩尔反应吉布斯函数。

化学反应的标准摩尔反应吉布斯函数可用参与化学反应各物质 B 的标准摩尔生成吉布斯函数进行计算，即

$$\Delta_r G_m^{\ominus} = \sum_B \nu_B \Delta_f G_m^{\ominus}(B) \tag{3-31}$$

【例 3-9】求下列反应的 $\Delta_r G_m^{\ominus}(298K)$，并判断过程的方向。

$$CH_4(g) + 2O_2(g) \longrightarrow CO_2(g) + 2H_2O(l)$$

有关热力学数据如下表

物质	$CH_4(g)$	$O_2(g)$	$CO_2(g)$	$H_2O(l)$
$\Delta_f H_m^{\ominus} / kJ \cdot mol^{-1}$	−74.85	0	−393.51	−285.8
$S_m^{\ominus}(298K) / J \cdot mol^{-1} \cdot K^{-1}$	186.19	205.02	213.64	69.92
$\Delta_f G_{m298K}^{\ominus} kJ \cdot mol^{-1}$	−50.79	0	−394.38	−237.191

解 $\Delta_r G_m^{\ominus}(298K) = \sum_B \nu_B \Delta_f G_m^{\ominus}(298K)(B)$ 进行计算：

$\Delta_r G_m^{\ominus}(298K) = -394.38 + 2 \times (-237.191) - (-50.79) = -818(kJ \cdot mol^{-1})$

由于 $\Delta_r G_m^{\ominus}(298K) < 0$，说明在常温常压下，若反应物和产物均处于标准状态，则甲烷氧化成二氧化碳的反应是自发的。

二、亥姆霍兹函数

设一封闭体系与温度为 T 的热源接触，发生一等温变化过程，由克劳修斯不等式有

$$dS \geqslant \frac{\delta Q}{T} \quad \begin{cases} > 不可逆 \\ = 可逆 \end{cases}$$

代入热力学第一定律基本公式 $\delta Q = dU - \delta W$

可得

$$dS \geqslant \frac{dU - \delta W}{T}$$

移项整理得

$$-(dU - TdS) \geqslant \delta W \tag{3-32}$$

亥姆霍兹定义了一个新函数

$$A = U - TS \tag{3-33}$$

则式（3-32）变为 $\quad dA \leqslant \delta W \quad$ 或 $\quad \Delta A \leqslant W \tag{3-34}$

式中，A 称为亥姆霍兹函数，是体系的状态函数，广延性质。

式（3-34）的意义：封闭体系在等温可逆过程中所做的功等于体系亥姆霍兹函数的减少值；在等温不可逆过程中所做的功的绝对值小于体系亥姆霍兹函数的减少值。即在等温可逆过程中体系做最大功。

若体系在等温、等容、不做非体积功时式（3-34）则变成：

$$dA_{T,V} \leqslant 0 \quad 或 \quad \Delta A_{T,V} \leqslant 0 \tag{3-35}$$

由上式可以得出一个重要结论：在等温、等容、不做非体积功时，体系发生可逆过程，则亥姆霍兹函数不变；发生不可逆过程，亥姆霍兹函数必减少。因此在上述条件下，自发过程总是向着亥姆霍兹函数减少的方向进行，直到亥姆霍兹函数达到最小值体系达到平衡为止。这就是用亥姆霍兹函数判断过程的方向与限度的结论。

阅读材料

宇宙的"热寂"

热力学第二定律从一个侧面表明了自然界里某些区域过程的不可逆性，这在物理学理论的发展中是一个重大的进步。但是汤姆逊、克劳修斯等却把这个定律外推到整个宇宙，得出了宇宙"热寂"的结论。

汤姆逊在1852年发表的论文——《论自然界中机械能散失的一般趋势》中，从他所提出的原理导出结论：在自然界中占统治地位的趋向是能量转变为热而使温度趋于平衡，最终导致所有物体的工作能力减小到零，达到"热寂"状态。1867年，克劳修斯在《关于热的动力理论的第二原理》的演讲中提出："在所有一切自然现象中，熵的总值永远只能增加，不能减少。因此，对于任何时间、任何地点所进行的变化过程，宇宙的熵力图达到某一个最大的值。宇宙越接近于其熵的最大值，则继续发生变化的可能就越小；当它最后完全到达这个极限状态时，宇宙就将永远处于一种惰性的死寂状态。"在克劳修斯看来，宇宙现在处于不平衡状态，而任何不平衡状态总是要在有限时间内达到平衡状态的。随着熵的无限增加，一切其他的运动形式（机械的、光的、电磁的、化学的、生命的）都将最终转化为热运动，热量又不断从高温处向低温处放散，最终达到处处温度均衡，于是宇宙便进入一切运动过程

都终止的"热寂"状态。

克劳修斯这一论断是否正确？这在科学界引起了许多争论。一些物理学家认为把与宇宙发展相比，在极短暂时间内以地球上的实验为根据建立的原理，推广到整个宇宙，这是不足凭信的。事实上，热力学第二定律和其他已发现的许多自然科学规律一样，有其特定的适用条件，具有局限性，只是在一定领域里才适用。

第一，严格证明的"熵增加原理"是："一个体系从一个平衡态出发，经过绝热过程到达另一个平衡态，它的熵不减小。"这里要求体系在过程的开始和终了时都处于平衡态，因为只有这样熵函数才有确定的意义和数值。但是，平衡态只是一种局部的、暂时的状态，既不可能扩大到很大的空间，也不可能无限期地保持下去。热力学的进一步发展表明，熵增加原理也可以推广到初态和终态不处于完全平衡态的情况，但是必须不远离平衡态，而宇宙则是一个远离平衡态的无限体系。

第二，一个孤立体系必然满足绝热的条件，所以热力学第二定律也可以说：孤立体系中熵不能减少。但是，孤立体系是完全脱离了外界环境的体系，而世界上的事物都是互相联系着的，根本没有绝对的孤立体系。很显然，这种作为抽象概念的孤立系同整个宇宙是本质上根本不同的东西，不能把由此得出的适用于局部范围现象的结论应用于整个宇宙。

所以，热力学第二定律所揭示的熵增加过程，只是无限多样的运动过程的一个局部表现，只是在一定条件下、有限范围内和热运动有关的宏观物质运动的一个特殊规律；它既不适用于微观世界，也不能外推到宇宙范围。"宇宙热寂论"正是形而上学地把热力学第二定律当作宇宙的普遍规律而走向了谬误。

按照辩证唯物主义的基本原理，宇宙中导致物质和能量逸散的过程必然与导致物质和能量集中的过程不可分割地联系着。在一定条件下熵要增加，能量要发散，而在另一些条件下熵则减小，能量则集结。

近几十年来，人们通过天文观测了解到：各种天体无不处在聚集和分散、塌缩和爆发、生成和死亡的不断转化之中；年老的星体渐渐冷下去，年青的星体正在热起来，在宇宙中，热并不是单一地由高温物体向低温物体发散而使宇宙体系走向热寂状态，而是到处发生着热不断放散和热重新集结的转化过程。

近些年来，天体物理学中发展起来的"黑洞"理论认为，质量大体相当于三个太阳质量的那些恒星，在其晚年将会由于强大的引力作用而自动地收缩下去，这种无限引力塌缩的结果将形成"黑洞"。它的强大引力会把一切掉进去的物质和辐射吞下去，即使有巨大速度的光线也只能进不能出，于是它就形成一个封闭的视界，不再有任何光或物质的信息从它的表面上发送出来。按照这个理论，大质量的天体系统在其晚期演化中总免不了要成为黑洞，散失的物质和能量只能集结而不能发射，这违背了热力学第二定律所断言的单向逸散的不可逆性，坠入了单向集结的不可逆性。那它又如何重新活动起来呢？经典物理学认为黑洞只能吸收不能发射；量子力学却允许辐射从黑洞强大的引力势垒中穿出来。而且随着辐射减小黑洞的质量，辐射过程将加快，黑洞的表面温度将升高，反过来更促进辐射的增强，所以黑洞会变得越来越热，辐射会越来越快，最后黑洞会被完全"蒸发"掉。所以，按照量子力学的观点，黑洞并不是一个稳定态，而是一种引力的激发态；黑洞并不是物质演化的终点，进入黑洞的物质还会被发射出来，不断转化为其他的物质运动形态，重新展示出丰富多彩的宇宙物质运动。

当然，这还只是个粗略的揣摩。随着自然科学的进展，对于放射到太空中的热，如何重新集结和活动起来的问题，必定会获得解决的。那时，包括热力学在内的整个科学理论，也将获得重大的进展。

主要公式小结

1. 热机效率 $\eta = \dfrac{-W}{Q_1} = \dfrac{T_1 - T_2}{T_1} = 1 - \dfrac{T_2}{T_1}$

2. 熵变计算定义式 $\Delta S = S_2 - S_1 = \int_1^2 \dfrac{\delta Q_r}{T}$

3. 克劳修斯不等式 $\Delta S \geqslant \int_1^2 \dfrac{\delta Q}{T}$ $\begin{cases} > \text{不可逆} \\ = \text{可逆} \end{cases}$

4. 理想气体 p、V、T 皆变的过程熵变计算

$$\Delta S = \Delta S_{\mathrm{I}} + \Delta S_{\mathrm{II}} = nR\ln\dfrac{V_2}{V_1} + nC_{V,m}\ln\dfrac{T_2}{T_1}$$

$$\Delta S = \Delta S'_{\mathrm{I}} + \Delta S'_{\mathrm{II}} = nR\ln\dfrac{p_1}{p_2} + nC_{p,m}\ln\dfrac{T_2}{T_1}$$

5. 化学反应熵变量计算 $\Delta_r S_m^\ominus(T) = \Delta_r S_m^\ominus(298\text{K}) + \int_{298}^T \dfrac{\Delta_r C_{p,m}}{T} dT$

6. 封闭体系不做非体积功的吉布斯函数计算

$$G = U + pV - TS = H - TS \quad dG = -SdT + Vdp$$

7. 理想气体等温过程吉布斯函数变计算 $dG = Vdp \quad \Delta G = nRT\ln\dfrac{p_2}{p_1} = nRT\ln\dfrac{V_1}{V_2}$

8. 化学反应吉布斯函数计算 $\Delta_r G_m^\ominus = \sum\limits_B \nu_B \Delta_f G_m^\ominus(\mathrm{B})$

习　题

一、选择题

1. 某体系进行不可逆循环过程时（　　）。
A. ΔS（体系）>0，ΔS（环境）<0 B. ΔS（体系）>0，ΔS（环境）>0
C. ΔS（体系）$=0$，ΔS（环境）$=0$ D. ΔS（体系）$=0$，ΔS（环境）>0

2. N_2 和 O_2 混合气体的绝热可逆压缩过程中（　　）。
A. $\Delta U=0$ 　　B. $\Delta A=0$ 　　C. $\Delta S=0$ 　　D. $\Delta G=0$

3. 1mol 理想气体从 p_1、V_1、T_1 分别经（i）绝热可逆膨胀到 p_2、V_2、T_2；（ii）绝热对抗恒外压膨胀到 p'_2、V'_2、T'_2；若 $p_2 = p'_2$，则（　　）。
A. $T'_2 = T_2$，$V'_2 = V_2$，$S'_2 = S_2$
B. $T'_2 > T_2$，$V'_2 < V_2$，$S'_2 < S_2$
C. $T'_2 > T_2$，$V'_2 > V_2$，$S'_2 > S_2$

4. 封闭体系中，$W'=0$，恒温恒压下进行的化学反应，用来计算体系的熵变是（   ）。
A. $\Delta S = Q_p/T$　　　　　　　　B. $\Delta S = \Delta H/T$
C. $\Delta S = (\Delta H - \Delta G)/T$　　　D. $\Delta S = nRT\ln V_2/V_1$

5. 同一温度、压力下，一定量某纯物质的熵值（   ）。
A. $S(气) > S(液) > S(固)$　　　B. $S(气) < S(液) < S(固)$
C. $S(气) = S(液) = S(固)$

6. 单组分体系，在正常沸点下汽化，不发生变化的一组量是（   ）。
A. T, p, U　　B. H, p, U　　C. S, p, G　　D. T, p, G

7. 某体系如下图所示。抽去隔板，则体系的熵（   ）。

| 1mol O_2 | 1mol N_2 |
| 20℃, V | 20℃, V |

A. 增加　　　　　　B. 减少　　　　　　C. 不变　　　　　　D. 不确定

8. 在383K、$p^{\ominus}$下，1mol过热水蒸气凝聚成水，则体系、环境及总的熵变为（   ）。
A. $\Delta S_{体}<0$　$\Delta S_{环}<0$　$\Delta S_{总}<0$　　　B. $\Delta S_{体}<0$　$\Delta S_{环}>0$　$\Delta S_{总}>0$
C. $\Delta S_{体}>0$　$\Delta S_{环}>0$　$\Delta S_{总}>0$　　　D. $\Delta S_{体}<0$　$\Delta S_{环}>0$　$\Delta S_{总}<0$

9. 物质的量为 n 的理想气体定温压缩，当压力由 p_1 变到 p_2 时，其 ΔG 是（   ）。
A. $nRT\ln\dfrac{p_1}{p_2}$　　　　　　B. $\displaystyle\int_{p_1}^{p_2}\dfrac{n}{RT}p\,\mathrm{d}p$
C. $V(p_2 - p_1)$　　　　　　D. $nRT\ln\dfrac{p_2}{p_1}$

二、判断题

1. 绝热过程都是定熵过程。（   ）

2. 体系经历一个可逆循环过程，其熵变 $\Delta S > 0$。（   ）

3. 298.15K 时稳定态的单质，其标准摩尔熵 $S_m^{\ominus}$（B，稳定相态，298.15K）$= 0$。（   ）

4. 一定量理想气体的熵只是温度的函数。（   ）

5. 某体系从始态经过一个绝热不可逆过程到达终态，为了计算某些热力学函数的变量，可以设计一个绝热可逆过程，从同一始态出发到达同一终态。（   ）

6. 在压力为 101.325Pa 下，110℃的水变成水蒸气，所吸收的热为 Q，则此过程的熵变为 $\Delta S = \dfrac{Q}{T}$。（   ）

7. 1mol 理想气体在温度300K 条件下，由 $10p^{\ominus}$ 等温膨胀到 $p^{\ominus}$，其 $\Delta G = -5.7\text{kJ}$，则该过程一定为不可逆过程。（   ）

8. 101325Pa、373.2K 下的 1mol 水向真空容器汽化，最后成为 101325Pa、373.2K 的水汽，这是一个热力学不可逆过程，因是等温等压过程，故 $\Delta G < 0$。（   ）

9. 100℃、101325Pa 的水变为同温同压下水汽，该过程 $\Delta G < 0$。（   ）

10. 对于理想气体的自由膨胀，由于是等温过程，故 $\mathrm{d}U = 0$，又因为其外压等于零，故 $p\mathrm{d}V = 0$，根据 $\mathrm{d}U = T\mathrm{d}S - p\mathrm{d}V$，因此 $T\mathrm{d}S = 0$，即该过程是等熵过程。（   ）

三、计算题

1. 热源和冷却水温度分别为500K和200K，试问工作于此两温度间的热机，从高温热源吸热1kJ的热最多能做多少功？最少需向冷却水放多少热？

2. 1mol 单原子理想气体，由298K、$5p^{\ominus}$ 的始态膨胀到压力为 $p^{\ominus}$ 的终态，经过下列途径：(1) 等温可逆膨胀；(2) 外压恒为 $p^{\ominus}$ 的等温膨胀；(3) 绝热可逆膨胀；(4) 外压恒为 $p^{\ominus}$ 的绝热膨胀。计算各途径的 Q、W、ΔU、ΔH、ΔS、ΔA 与 ΔG。已知 $C_{p,m}$(298K) $= 126\mathrm{J \cdot K^{-1} \cdot mol^{-1}}$。

3. 将处于标准状态下的纯氢气、氮气和氨气混合，在标准状态下形成1mol的混合物，其组成为：20% N_2、50% H_2、30% NH_3。计算混合过程的 ΔS。

4. 在恒熵条件下，将3.45mol的理想气体从101325Pa、298K压缩到7×101325Pa，然后保持体积不变，降温至288K，求此过程的 Q、W、ΔH、ΔU、ΔS、ΔA 和 ΔG。已知该气体的 $C_{V,m} = \dfrac{5}{2}R$。

5. 在100℃、$p^{\ominus}$ 下，1mol水向真空汽化成气体，终态是100℃、$0.5p^{\ominus}$。求此过程的 Q、W、ΔU、ΔH、ΔS、ΔG 和 ΔA。已知水在100℃、$p^{\ominus}$ 时的摩尔汽化热为 $40670\mathrm{J \cdot mol^{-1}}$。

6. 在25℃、$p^{\ominus}$ 下，若使1mol铅与醋酸铜溶液在可逆情况下作用，得电功91838.8J，同时吸热213635J，计算过程的 ΔU、ΔH、ΔS、ΔA、ΔG。

7. 8mol某理想气体（$C_{p,m} = 29.10\mathrm{J \cdot K^{-1} \cdot mol^{-1}}$）由始态（400K，0.20MPa）分别经下列三个不同过程变到该过程所指定的终态，分别计算各过程的 Q、W、ΔU、ΔH、ΔA 和 ΔG，将结果填入下表。过程Ⅰ：定温可逆膨胀到 0.10MPa；过程Ⅱ：自由膨胀到 0.10MPa；过程Ⅲ：定温下对抗恒外压 0.10MPa 膨胀到 0.10MPa。

过程	W/kJ	Q/kJ	ΔU/kJ	ΔH/kJ	ΔS/J·K^{-1}	ΔA/kJ	ΔG/kJ
Ⅰ							
Ⅱ							
Ⅲ							

8. 5mol、−2℃、101325Pa下的过冷水，在定温、定压下凝结−2℃、101325Pa的冰。计算该过程 Q、W、ΔU、ΔH、ΔS、ΔA 和 ΔG，将结果填入下表中。[已知：冰在0℃、101325Pa下的熔化焓为 $5.858\mathrm{kJ \cdot mol^{-1}}$，水和冰的摩尔定压热容分别是 $C_{p,m}(l) = 75.31\mathrm{J \cdot K^{-1} \cdot mol^{-1}}$，$C_{p,m}(s) = 37.66\mathrm{J \cdot K^{-1} \cdot mol^{-1}}$，水和冰的体积质量可近似视为相等]

W/kJ	Q/kJ	ΔU/kJ	ΔH/kJ	ΔS/J·K^{-1}	ΔA/kJ	ΔG/kJ

9. 将 Cd + 2AgCl ⟶ CdCl$_2$ + 2Ag 反应布置为电池，在298K、$p^{\ominus}$ 下反应在电池中可逆进行，做电功130.2kJ，在此温度下 CdCl$_2$ 的 $\Delta_f H_m^{\ominus} = -389.2\mathrm{kJ \cdot mol^{-1}}$，AgCl 的 $\Delta_f H_m^{\ominus} = -126.7\mathrm{kJ \cdot mol^{-1}}$，求上述反应体系的 $\Delta_r U_m^{\ominus}$、$\Delta_r H_m^{\ominus}$、$\Delta_r G_m^{\ominus}$、$\Delta_r A_m^{\ominus}$ 及可逆电池实际的热效应 Q，并判断反应是否自发进行。

10. 1mol 理想气体 ($C_{V,m}=\frac{3}{2}R$)，始态温度为 0℃，压力为 101325Pa，计算经下列状态变化的 ΔG，已知 $S_m^{\ominus}(273K)=108.8 \, J\cdot K^{-1}\cdot mol^{-1}$。(1) 恒压下体积加倍；(2) 恒容下压力加倍；(3) 恒温下压力加倍。

11. 在 273K 时，斜方硫——→单斜硫的 ΔH 为 $322.2 \, J\cdot mol^{-1}$，已知这个变化在 368K 是可逆进行的，求 (1) 273K 时变化的 ΔG；(2) 在 368K 时变化的 ΔH。已知 $C_{p,m}$(单斜)=$15.15+0.0030T(J\cdot K^{-1}\cdot mol^{-1})$，$C_{p,m}$(斜方)=$17.24+0.0197T(J\cdot K^{-1}\cdot mol^{-1})$。

四、简答题

1. 什么是自发过程？实际过程一定是自发过程吗？
2. 为什么热力学第二定律也可表达为："一切实际过程都是热力学不可逆的"？
3. 可逆过程的热温商与熵变是否相等并说明原因？不可逆过程的热温商与熵变是否相等？
4. 263K 的过冷水结成 263K 的冰，$\Delta S<0$，与熵增加原理相矛盾吗？为什么？
5. 空调、冰箱将热从低温热源吸出放给高温热源，这是否与热力学第二定律矛盾呢？
6. 如何将下列不可逆过程设计为可逆过程？
(1) 理想气体从压力 p_1 向真空膨胀至压力 p_2。
(2) 303K、$p^{\ominus}$ 的 $H_2O(l)$ 向真空汽化为 303K、$p^{\ominus}$ 的 $H_2O(g)$。
(3) 化学反应 $A(g)+B(g) \longrightarrow C(g)+D(g)$。
(4) 理想气体从 p_1、V_1、T_1 经绝热不可逆变化到 p_2、V_2、T_2。
7. 下列过程中，ΔU、ΔH、ΔS、ΔG、ΔA 何者为 0？
(1) 非理想气体卡诺循环；
(2) 实际气体节流膨胀；
(3) 甲烷气体由 T_1、p_1 绝热可逆膨胀到 T_2、p_2；
(4) 理想气体等温等压混合。

五、拓展题

通过检索资料，进一步了解国内外熵概念和熵理论的研究现状，并说明熵在气象学、信息科学、股票投资、管理决策、基础理论等其他领域的发展应用。

第四章 化学平衡限度计算

学习指导

1. 理解化学反应等温方程式，掌握化学反应平衡常数与平衡组成的计算。
2. 理解化学反应等压方程式，掌握温度对平衡常数的影响。
3. 理解平衡移动的原理，能够综合分析各种因素对平衡的影响。

化学反应不仅向一个方向进行，也有逆方向的变化。现举一气体反应为例。

将等体积的氢和碘蒸气放入密闭容器中保持445℃时，总体积的78%为碘化氢所占，而22%是由尚未反应的氢和碘所占。相反，在容器中只放入碘化氢，在445℃时也会有22%分解成氢气和碘蒸气，该反应可表示为 $2HI \longrightarrow H_2 + I_2$，无论从左右哪一物质体系开始，最终达到的状态中氢、碘和碘化氢的比例相等。这类反应称为可逆反应。反应物和生成物按一定比例共存的状态称为化学平衡状态。

第一节 化学反应方向和限度

学习导航

19世纪的英国，炼铁工业快速发展，但是化学家们发现炼铁高炉排出的废气含有大量的一氧化碳气体，刚开始他们认为是因为铁的氧化物和一氧化碳反应时间不够长，导致反应不完全，于是他们把高炉建得非常高，以增加反应时间，后来发现高炉排出的一氧化碳气体并没有减少，为什么会出现这种现象？

一、理想气体反应等温方程式

设有任意理想气体间的化学反应

$$aA + dD \longrightarrow eE + fF$$

式中 A、D、E、F——参加反应各物质；

a、d、e、f——配平后的反应计量系数。

在恒温恒压且只做体积功的情况下，要判断化学反应自发进行趋势的大小，可以用反应前后吉布斯函数之差 $\Delta_r G_m$ 来判断。

对于理想气体混合物中各物质的吉布斯函数可以表示为

$$G_{m,B} = G_{m,B}^{\ominus} + RT \ln \frac{p_B}{p^{\ominus}}$$

将上式用于 A、D、E、F 气体，则有

$$G_{m,A} = G_{m,A}^{\ominus} + RT \ln \frac{p_A}{p^{\ominus}}$$

$$G_{m,D} = G_{m,D}^{\ominus} + RT \ln \frac{p_D}{p^{\ominus}}$$

$$G_{m,E} = G_{m,E}^{\ominus} + RT \ln \frac{p_E}{p^{\ominus}}$$

$$G_{m,F} = G_{m,F}^{\ominus} + RT \ln \frac{p_F}{p^{\ominus}}$$

则 $\Delta_r G_m = (eG_E + fG_F) - (dG_D + aG_A)$

将 A、D、E、F 的吉布斯函数表达式代入，整理后得

$$\Delta_r G_m = (eG_{m,E}^{\ominus} + fG_{m,F}^{\ominus} - aG_{m,A}^{\ominus} - dG_{m,D}^{\ominus}) +$$

$$RT \left(e\ln \frac{p_E}{p^{\ominus}} + f\ln \frac{p_F}{p^{\ominus}} - a\ln \frac{p_A}{p^{\ominus}} - d\ln \frac{p_D}{p^{\ominus}} \right)$$

$$= (eG_{m,E}^{\ominus} + fG_{m,F}^{\ominus} - aG_{m,A}^{\ominus} - dG_{m,D}^{\ominus}) +$$

$$RT \ln \left(\frac{p_E}{p^{\ominus}} \right)^e \left(\frac{p_F}{p^{\ominus}} \right)^f \left(\frac{p_A}{p^{\ominus}} \right)^{-a} \left(\frac{p_D}{p^{\ominus}} \right)^{-d}$$

令 $\Delta_r G_m^{\ominus} = (eG_{m,E}^{\ominus} + fG_{m,F}^{\ominus} - aG_{m,A}^{\ominus} - dG_{m,D}^{\ominus})$，

$J_p = \left(\frac{p_E}{p^{\ominus}} \right)^e \left(\frac{p_F}{p^{\ominus}} \right)^f \left(\frac{p_A}{p^{\ominus}} \right)^{-a} \left(\frac{p_D}{p^{\ominus}} \right)^{-d} = \prod \left(\frac{p_B}{p^{\ominus}} \right)^{\nu_B}$ 代入上式，整理得

$$\Delta_r G_m = \Delta_r G_m^{\ominus} + RT \ln J_p \tag{4-1}$$

式中 $\Delta_r G_m$——摩尔反应吉布斯函数，$J \cdot mol^{-1}$；

$\Delta_r G_m^{\ominus}$——标准摩尔反应吉布斯函数，$J \cdot mol^{-1}$；

J_p——压力商，量纲为 1。

此式称为化学反应等温方程式或范特霍夫等温方程式。等温方程式对反应方向的判断有着广泛的应用。当 $\Delta_r G_m < 0$，反应正向自发；当 $\Delta_r G_m = 0$，反应达到平衡态；当 $\Delta_r G_m > 0$，反应逆向自发。如甲烷转化反应 $CH_4 + H_2O \longrightarrow CO + 3H_2$，为了节约原料甲烷，可加入过量的水蒸气，通过减少 J_p 使反应向右进行，提高甲烷转化率。

二、理想气体反应的标准平衡常数

1. 理想气体反应的标准平衡常数的表达式

当化学反应达到平衡状态时，$\Delta_r G_m = 0$，由式（4-1）得

$$\Delta_r G_m = \Delta_r G_m^{\ominus} + RT \ln J_p^{eq} = 0$$

此时，各组分的分压均为平衡分压

$$J_p^{eq} = \prod \left(\frac{p_B^{eq}}{p^{\ominus}}\right)^{\nu_B} \quad \text{——平衡压力商}$$

定义 $K^{\ominus} = J_p^{eq} = \prod \left(\frac{p_B^{eq}}{p^{\ominus}}\right)^{\nu_B} = \exp\left(\frac{-\Delta_r G_m^{\ominus}}{RT}\right)$ \hfill (4-2)

或 $\quad\quad\quad\quad\quad\quad\quad\quad \Delta_r G_m^{\ominus} = -RT\ln K^{\ominus}$ \hfill (4-3)

式中 $K^{\ominus}$ ——化学反应的标准平衡常数，量纲为1。

$K^{\ominus}$ 仅是温度的函数，与压力和组成无关。在一定温度下，$K^{\ominus}$ 由反应体系本身决定，可以用它进行反应能否自发进行的粗略推断，如果某反应的 $\Delta_r G_m^{\ominus} \ll 0$，则 $K^{\ominus}$ 是个很大的数值，表明反应几乎能进行到底；反之 $\Delta_r G_m^{\ominus} \gg 0$，则 $K^{\ominus}$ 是个很小的数值，表明反应几乎不能进行，产物近乎为零。

2. 压力商判据

不同的反应，其 $\Delta_r G_m^{\ominus}$ 不同，标准平衡常数也不同。于是化学反应等温式（4-1）可改写为

$$\Delta_r G_m = -RT\ln K^{\ominus} + RT\ln J_p \quad\quad (4\text{-}4)$$

上式可以作为恒温恒压且不做非体积功时，化学反应方向和限度的判据，即为压力商判据：

若 $J_p < K^{\ominus}$ 则 $\Delta_r G_m < 0$ 反应自发由左向右；

若 $J_p > K^{\ominus}$ 则 $\Delta_r G_m > 0$ 反应不能自发由左向右；

若 $J_p = K^{\ominus}$ 则 $\Delta_r G_m = 0$ 反应处于平衡状态。

在应用化学反应等温方程式时要注意两点：① J_p 和 $K^{\ominus}$ 所表示的压力单位必须一致；②对于多相反应来说上式也能通用。

【例 4-1】 在 1000K、150kPa 下，2mol 乙烷按下列反应方程式分解

$$C_2H_6(g) \longrightarrow C_2H_4(g) + H_2(g)$$

平衡时各物质分压/kPa　　36.3　　　56.9　　　56.9

求 $K^{\ominus}$

解 根据题意按式

$$K^{\ominus} = \prod_B \left(\frac{p_B^{eq}}{p^{\ominus}}\right)^{\nu_B} = 0.89$$

【例 4-2】 在 420℃ 时，反应 $H_2(g) + I_2(g) \longrightarrow 2HI(g)$ 的标准平衡常数 $K^{\ominus} = 50$，设 H_2、I_2、HI 的分压具有如下数值：

(1) $p_{H_2} = 200\text{kPa}$，$p_{I_2} = 500\text{kPa}$，$p_{HI} = 1000\text{kPa}$；

(2) $p_{H_2} = 150\text{kPa}$，$p_{I_2} = 25\text{kPa}$，$p_{HI} = 500\text{kPa}$；

(3) $p_{H_2} = 100\text{kPa}$，$p_{I_2} = 200\text{kPa}$，$p_{HI} = 1000\text{kPa}$。

试分别计算由 H_2、I_2、HI 组成的混合气体能否进行生成 HI 的反应？

解 根据压力商计算式 $J_p = \prod_B \left(\frac{p_B^{eq}}{p^{\ominus}}\right)^{\nu_B}$ 可计算反应在各条件下的 J_p。

(1) $J_p = 10$

$K^{\ominus} = 50$，$K^{\ominus} > J_p$；$\Delta_r G_m < 0$ 向自发生成 HI 方向。

(2) $J_p = 66.7$

$J_p > K^\ominus$；$\Delta_r G_m > 0$ 向自发生成 H_2 方向。

(3) $J_p = 50$

$J_p = K^\ominus$；$\Delta_r G_m = 0$ 处于平衡状态。

此例也可具体算出各条件的 $\Delta_r G_m$ 值，再根据 $\Delta_r G_m$ 的正负进行方向性判断。

3. 有纯态凝聚态参与的理想气体反应的标准平衡常数

如有纯固体或纯液体参与理想气体间的反应，例如

$$a\mathrm{A}(l) + d\mathrm{D}(g) \longrightarrow e\mathrm{E}(g) + f\mathrm{F}(s)$$

在常压下，压力对凝聚态物质的影响可忽略不计，故可认为参加反应的纯凝聚态物质处于标准态。对该反应来说，化学反应的摩尔反应吉布斯函数符合等温方程式，即

$$\Delta_r G_m = \Delta_r G_m^\ominus + RT\ln J_p$$

但与仅是理想气体间反应所不同的是，压力商 J_p 与 $K^\ominus$ 计算时只包括气体组分的分压，即

$$J_p = \prod_{B(g)} \left(\frac{p_{B(g)}}{p^\ominus}\right)^{\nu_{B(g)}} \qquad K^\ominus = \prod_{B(g)} \left(\frac{p_{B(g)}^{eq}}{p^\ominus}\right)^{\nu_{B(g)}}$$

例如，反应 $CaCO_3(s) \longrightarrow CaO(s) + CO_2(g)$，其反应的 $K^\ominus = p_{CO_2}/p^\ominus$，$p_{CO_2}$ 为某温度下 $CO_2(g)$ 的平衡压力，称为该温度下 $CaCO_3$ 的分解压力。当分解压力与外压相同时的温度，称为分解温度。不同温度下 $CaCO_3$ 的分解压力见表 4-1。

表 4-1　不同温度下 $CaCO_3$ 的分解压力

T/K	773	873	973	1073	1170	1373	1473
p/kPa	9.42	2.45×10^2	2.96×10^3	2.23×10^4	1.01×10^5	1.17×10^6	2.91×10^6

三、平衡常数的各种表示方法

1. 用平衡时各物质的量浓度 (c) 表示的平衡常数 $K_c^\ominus$

对于理想气体反应：$a\mathrm{A} + d\mathrm{D} \longrightarrow e\mathrm{E} + f\mathrm{F}$

由理想气体状态方程可知各组分压 p_B 与其物质的量浓度之间的关系为

$$K^\ominus = \prod_B \left(\frac{p_B}{p^\ominus}\right)^{\nu_B} = K_p (p^\ominus)^{-\sum \nu_B} \tag{4-5}$$

由

$$pV = nRT$$

得

$$p_B = n_B RT/V = c_B RT = \frac{c_B}{c^\ominus} c^\ominus RT$$

$$K^\ominus = \prod \left(\frac{p_B}{p^\ominus}\right)^{\nu_B} = \prod \left(\frac{c_B}{c^\ominus} \cdot \frac{c^\ominus RT}{p^\ominus}\right)^{\nu_B}$$

$$= \left(\frac{c^\ominus RT}{p^\ominus}\right)^{\sum \nu_B} \prod \left(\frac{c_B}{c^\ominus}\right)^{\nu_B} = K_c^\ominus \left(\frac{c^\ominus RT}{p^\ominus}\right)^{\sum \nu_B} \tag{4-6}$$

若 T 恒定，$K^\ominus$ 为常数，则 $K_c^\ominus$ 亦是只与温度有关的量纲为 1 的量。表示的平衡常数，且只与温度有关。

在运用上式进行换算时，要注意 R 单位的选用，当压力用 Pa，浓度以 $\mathrm{mol} \cdot \mathrm{m}^3$ 为单位

时，R 应取 8.314J·mol^{-1}·K^{-1}

可以看出只有当 $\sum \nu_D = 0$ 时，$K_c^\ominus$ 等于 $K^\ominus$。

2. 用平衡时各物质的摩尔分数表示的平衡常数 K_y

根据道尔顿分压定律 $p_B = py_B$

下标 B 指 A、D、E、F 气体，代入并整理得到

$$K^\ominus = K_y \left(\frac{p}{p^\ominus}\right)^{\sum \nu_B} \tag{4-7}$$

因为 $K^\ominus$ 在一定温度下是常数，所以确定了反应体系总压力后，K_y 也是一个常数，它是以平衡时各气体摩尔分数表示的平衡常数，K_y 不仅取决于温度，还与反应体系的压力有关。

【例 4-3】 298.15K 时，已知理想气体反应：$N_2 + 3H_2 \longrightarrow 2NH_3$ 的 $\Delta_r G_m^\ominus = -16.5$kJ·mol^{-1}，体系的总压力为 200kPa，混合气体中物质的量的比为 $n(N_2):n(H_2):n(NH_3) = 1:3:2$。试求（1）反应体系的压力商 J_p；（2）反应吉布斯函数 $\Delta_r G_m$；（3）298.15K 时的 $K^\ominus$；（4）判断反应自发进行的方向。

(1) 已知 $p = 200$kPa，$p^\ominus = 100$kPa，

$$p_{H_2} = py_{H_2} = 200 \times \frac{3}{6} = 100(\text{kPa})$$

$$p_{N_2} = py_{N_2} = 200 \times \frac{1}{6} = 33.3(\text{kPa})$$

$$J_p = \frac{(p_{NH_3}/p^\ominus)^2}{(p_{N_2}/p^\ominus)(p_{H_2}/p^\ominus)^3} = \frac{\left(\frac{2}{3}\right)^2}{\frac{1}{3} \times 1^3} = 1.33$$

(2) $\Delta_r G_m = \Delta_r G_m^\ominus + RT\ln J_p$
$= -16500 + 8.314 \times 298.15 \ln 1.33 = -15787(\text{J·mol}^{-1})$

(3) $K^\ominus = \exp(-\Delta_r G_m^\ominus/RT)$
$= \exp[-16500/(8.314 \times 298.15)] = 777.7$

(4) 因为 $K^\ominus > J_p$，故反应自发向右进行。

四、化学平衡常数的计算

化学反应的平衡常数是由反应体系本性决定的，是衡量一个化学反应进行的方向和限度的标志。可以通过实验测定，也可以通过热力学计算得出。

1. 利用 $K^\ominus = \prod_B \left(\frac{p_B^{eq}}{p^\ominus}\right)^{\nu_B}$ 的表达式

测定出化学平衡体系中各物质的分压，代入平衡常数的表达式即可计算出该反应的平衡常数。

作为化学平衡，为了衡量化学反应的平衡产量，常用转化率、分解率、解离度、产率等表示。其中转化率、分解率和解离度的表达式是一致的。

平衡转化率是指平衡时已转化的某种原料量占该原料投料量的质量分数，即

平衡转化率 = 平衡时已转化的某反应物的量/该原料的投料量 × 100%

平衡产率是指反应达到平衡时产品产量占按化学方程式计量产品的产量的质量分数。

【例 4-4】在 527K 及 100kPa 条件下，理想气体反应 $PCl_5 \longrightarrow PCl_3 + Cl_2$ 的解离度 $\alpha = 0.8$，求该温度下此反应的标准平衡常数 $K^\ominus$。

解 设反应前，PCl_5 为 1mol

	$PCl_5 \longrightarrow$	$PCl_3 +$	Cl_2
开始时气体物质的量/mol	1	0	0
平衡时气体物质的量/mol	$1-\alpha$	α	α
平衡时气体的总量/mol	$1+\alpha$		
平衡时气体物质的量分数	$\dfrac{1-\alpha}{1+\alpha}$	$\dfrac{\alpha}{1+\alpha}$	$\dfrac{\alpha}{1+\alpha}$
平衡时气体物质的分压	$\dfrac{1-\alpha}{1+\alpha}p$	$\dfrac{\alpha}{1+\alpha}p$	$\dfrac{\alpha}{1+\alpha}p$

代入公式 $K^\ominus = \prod\limits_B \left(\dfrac{p_B^{eq}}{p^\ominus}\right)^{\nu_B}$

得 $K^\ominus = \alpha^2/(1-\alpha^2) = 0.64/0.36 = 1.78$

2. 由标准热力学函数计算

用热力学数据首先计算出 $\Delta_r G_m^\ominus$，然后再利用 $\Delta_r G_m^\ominus = -RT\ln K^\ominus$ 计算标准平衡常数，计算常用的方法有以下两种。

① 利用物质的标准摩尔生成吉布斯函数 $\Delta_f G_m^\ominus$ 计算

② 利用 $\Delta_r G_m^\ominus = \Delta_r H_m^\ominus - T\Delta_r S_m^\ominus$ 计算。

【例 4-5】298.15K 时，求如下反应 $2H_2(g) + CO_2(g) \longrightarrow 2H_2O(g) + CH_4(g)$ 的标准平衡常数 $K^\ominus$。

解 由 $\Delta_r G_m^\ominus = \sum\limits_B \nu_B \Delta_f G_m^\ominus(B)$，查附录三得

$\Delta_r G_m^\ominus = -2\Delta_f G_m^\ominus(H_2) - \Delta_f G_m^\ominus(CO_2) + 2\Delta_f G_m^\ominus(H_2O) + \Delta_f G_m^\ominus(CH_4)$
$= -2 \times 0 - (-394.38) + 2 \times (-228.9) + (-50.79)$
$= -114.21 (kJ \cdot mol^{-1})$

$\ln K^\ominus = -\Delta_r G_m^\ominus / RT = -\dfrac{-114.21 \times 10^3}{8.314 \times 298.15} = 46.07$

$$K^\ominus = 1.02 \times 10^{20}$$

第二节 温度对化学平衡的影响

学习导航

碳酸钙在常温下不分解，如何确定其分解温度？

化学反应的标准平衡常数是温度的函数。温度改变，标准平衡常数就会发生变化，从而影响到化学平衡。

一、等压方程式

$$d\ln K^{\ominus}/dT = \Delta_r H_m^{\ominus}/RT^2 \tag{4-8}$$

上式即为标准平衡常数随温度的变化关系的微分式,称为等压方程式。讨论:

① 当 $\Delta_r H_m^{\ominus} > 0$,即吸热反应,温度升高,标准平衡常数增大,化学平衡朝着正反应方向移动;

② 当 $\Delta_r H_m^{\ominus} < 0$,即放热反应,温度升高,标准平衡常数降低,化学平衡朝着逆反应方向移动;

③ 当 $\Delta_r H_m^{\ominus} = 0$,即无热反应,温度改变,标准平衡常数不变,化学平衡不发生移动;这与平衡移动原理的结论一致。且热效应越大,标准平衡常数随温度变化越显著。

二、标准摩尔反应焓为常数时标准平衡常数与温度的关系

若将等压方程式(4-8)的微分式进行不定积分,则可以得到下式:

$$\ln K^{\ominus} = -\frac{\Delta_r H_m^{\ominus}}{R} \times \frac{1}{T} + C \tag{4-9}$$

以 $\ln K^{\ominus}$ 对 $1/T$ 作图可得一条直线,直线斜率 $k = -\Delta_r H_m^{\ominus}/R$,

于是,利用作图法可以求出化学反应焓变和熵变。

若将等压方程式(4-8)的微分式作定积分,则可以得到下式:

当 $\Delta_r H_m^{\ominus}$ 为常数,则得 $\quad \ln \dfrac{K_2^{\ominus}}{K_1^{\ominus}} = -\dfrac{\Delta_r H_m^{\ominus}}{R}\left(\dfrac{1}{T_2} - \dfrac{1}{T_1}\right) \tag{4-10}$

若已知一个温度下的标准平衡常数和反应的焓变,便可求出另一温度下的标准平衡常数。

【例 4-6】 环己烷与甲基环戊烷之间存在异构化反应。$C_6H_{12}(l) \longrightarrow C_5H_9 + CH_3(l)$,已知其标准平衡常数与温度的关系如下:$\ln K^{\ominus} = 4.814 - 2059/T$,求 298K 下异构化反应的 $\Delta_r G_m^{\ominus}$、$\Delta_r H_m^{\ominus}$、$\Delta_r S_m^{\ominus}$。

解 $\ln K^{\ominus} = 4.814 - 2059/T$

$\ln K^{\ominus} = \dfrac{-\Delta_r H_m^{\ominus}}{R} \times \dfrac{1}{T} + C$

$\Rightarrow \dfrac{-\Delta_r H_m^{\ominus}}{R} = -2059 \qquad \Rightarrow \Delta_r H_m^{\ominus} = 1.712 \times 10^4 \text{ (J)}$

$\Delta_r G_m^{\ominus} = -RT\ln K^{\ominus} = -8.314 \times 298 \times \left(4.814 - \dfrac{2059}{298}\right) = 5191.5 \text{ (J)}$

$\Delta_r S_m^{\ominus} = \dfrac{1.712 \times 10^4 - 5191.5}{298} = 40.03 \text{ (J·K}^{-1}\text{)}$

第三节 其他因素对理想气体反应平衡的影响

> **学习导航**
>
> 乙苯的脱氢反应中加入过量的水蒸气,其目的是什么?

化学平衡是有条件的、相对的，当条件发生改变时，化学平衡体系就会被破坏，平衡组成随之发生变化，平衡就会发生移动。在影响化学平衡的诸多因素中，温度的影响是最显著的。除温度以外，总压力的大小以及惰性气体的加入等，也能改变平衡组成。

一、压力对理想气体反应平衡的影响

压力不影响标准平衡常数，但影响平衡组成。根据 $K_y = K^{\ominus}\left(\dfrac{p}{p^{\ominus}}\right)^{-\sum\nu_B}$

① 当 $\sum\nu_B(g)=0$ 时，K_y 等于标准平衡常数，不随压力的改变而改变。
② 当 $\sum\nu_B(g)<0$ 时，随压力增大，K_y 也随之增大，平衡向右移动。
③ 当 $\sum\nu_B(g)>0$ 时，压力增大，K_y 随之减小，平衡向左移动，不利于产物的生成。

二、惰性介质对化学平衡的影响

所谓的惰性介质是指存在于反应体系中，但不参加化学反应的气体物质。在温度、压力一定时，惰性介质虽然不参加反应，不影响标准平衡常数，但其加入却影响平衡组成。

$$K^{\ominus} = \prod_B (p_B/p^{\ominus})^{\nu_B}$$
$$= \prod_B \left(\dfrac{n_B}{\sum n_B}\dfrac{p}{p^{\ominus}}\right)^{\nu_B} = \prod_B n_B^{\nu_B}\left(\dfrac{p}{p^{\ominus}\sum n_B}\right)^{\sum\nu_B} = K_n\left(\dfrac{p}{p^{\ominus}\sum n_B}\right)^{\sum\nu_B} \quad (4-11)$$

① 当 $\sum\nu_B(g)=0$ 时，引入惰性介质，不影响平衡组成。
② 当 $\sum\nu_B(g)<0$ 时，引入惰性介质，在总压不变的条件下，平衡逆向移动。
③ 当 $\sum\nu_B(g)>0$ 时，引入惰性介质，在总压不变的条件下，平衡正向移动。
例如乙苯脱氢制苯乙烯的反应。
$\sum\nu_B(g)>0$，故生产上为提高转化率，要向反应体系中通入大量惰性组分水蒸气。
再如合成氨反应 $N_2(g)+3H_2 \longrightarrow 2NH_3(g)$

在用天然气作原料合成氨的过程中，由于循环使用原料气，致使原料气体 CH_4、Ar 的含量增高，它们都是合成氨过程中的惰性气体，为了不降低合成率，在生产中定时在原料气进入合成塔前释放一部分循环原料气，以降低体系中惰性气体的百分数来提高合成率。这一部分释放气中含有大量可燃的 CH_4 和 H_2，一般可输送到厂生活区作燃料用。

【例 4-7】 常压下由乙苯脱氢制苯乙烯，在 600℃ 时，标准平衡常数 $K^{\ominus}=0.178$，求 $p=10kPa$ 时苯乙烯的产率；若压力增大 10 倍，苯乙烯的产率又为多少？

解 在无副反应发生的情况下，苯乙烯的产率即为乙苯的分解率。
设反应前，乙苯为 1mol，苯乙烯的产率为 α。

$n_{开始}$/mol	1	0	0
$n_{平衡}$/mol	$1-\alpha$	α	α

平衡时 $n_\text{总}$/mol	$1+\alpha$		
摩尔分数 y	$\dfrac{1-\alpha}{1+\alpha}$	$\dfrac{\alpha}{1+\alpha}$	$\dfrac{\alpha}{1+\alpha}$
平衡时分压 p	$\dfrac{1-\alpha}{1+\alpha}p$	$\dfrac{\alpha}{1+\alpha}p$	$\dfrac{\alpha}{1+\alpha}p$

$$K^\ominus = \left[\frac{p(\text{H}_2)}{p^\ominus}\right]\left[\frac{p(\text{C}_8\text{H}_8)}{p^\ominus}\right]\left[\frac{p(\text{C}_8\text{H}_{10})}{p^\ominus}\right]^{-1}$$

$$= \left[\frac{\alpha}{1+\alpha}\times\frac{p}{p^\ominus}\right]^2\left[\frac{1-\alpha}{1+\alpha}\times\frac{p}{p^\ominus}\right]^{-1} = \frac{\alpha^2}{1-\alpha^2}\times\frac{p}{p^\ominus}$$

当 $p_1=10\text{kPa}$，$K^\ominus = \dfrac{\alpha^2}{1-\alpha^2}\times 0.1$

解得，$\alpha_1=0.80$，产率为 80%。

当 $p_2=100\text{kPa}$，$K^\ominus = \dfrac{\alpha^2}{1-\alpha^2}$

解得，$\alpha_2=0.389$，产率为 38.9%。

可见增大压力，苯乙烯产率降低。

三、反应物的原料配比对平衡组成的影响

在一定温度和压力下，反应物的起始浓度配比不会影响平衡常数，但能影响产物的平衡浓度，以致改变反应物平衡转化率或产物的平衡产率。

可以证明，对理想气体体系的化学反应，在恒温恒压下反应物按计量系数配比时，平衡产物的浓度最大。因此，对于多数反应，基本上是按反应物计量系数进行配比的。

合成氨的 H_2、N_2 物质的量之比基本上维持在 2.9 左右，因为合成氨在实际生产时高温高压，体系偏离理想气体行为，此外，从动力学上研究，适当提高氮气的比例，对提高反应速率有利。

若 A、B 两种原料气中气体 B 较 A 便宜，而且气体 B 又较易从产品中分离，则可充分利用气体 A 而使气体 B 过量，以提高气体 A 的转化率。这样，虽然在混合气中，产物的含量降低了，但经分离还是得到了更多的产物，提高了经济效益。

阅读材料

盐差能

在海水和江河水交汇处，还蕴含着一种鲜为人知的盐差能。据估算，地球上存在着 26 亿千瓦可利用的盐差能，其能量甚至比温差能还要大。海洋盐差能发电的设想是 1939 年由美国人首先提出的。盐差能发电的原理是：当把两种浓度不同的盐溶液倒在同一容器中时，那么浓溶液中的盐类离子就会自发地向稀溶液中扩散，直到两者浓度相等为止。所以，盐差能发电，就是利用两种含盐浓度不同的海水化学电位差能，并将其转换为有效电能。

科学家经过周密的计算后发现在 17℃ 时，如果有 1mol 盐类从浓溶液中扩散到稀溶液中

去，就会释放出5500J的能量来，科学家由此设想：只要有大量浓度不同的溶液可供混合，就将会释放出巨大的能量来。经过进一步计算还发现，如果利用海洋盐分的浓度差来发电，它的能量可排在海洋波浪发电能量之后，比海洋中的潮汐和海流的能量都要大。

盐差能的利用主要是发电。其基本方式是将不同盐浓度的海水之间的化学电位差能转换成水的势能，再利用水轮机发电，具体主要有渗透压式、蒸汽压式和机械-化学式等，其中渗透压式方案最受重视。将一层半渗透膜放在不同盐度的两种海水之间，通过这个膜会产生一个压力梯度，迫使水从盐度低的一侧通过膜向盐度高的一侧渗透，从而稀释高盐度的水，直到膜两侧水的盐度相等为止。此压力称为渗透压，它与海水的盐浓度及温度有关。

利用大海与陆地河口交界水域的盐度差所潜藏的巨大能量一直是科学家的理想。在20世纪70年代，各国开展了许多调查研究，以寻求提取盐差能的方法。实际上开发利用盐度差能资源的难度很大，上面引用的简单例子中的淡水是会冲淡盐水的，因此，为了保持盐度梯度，还需要不断地向水池中加入盐水。如果这个过程连续不断地进行，水池的水面会高出海平面240mm。对于这样的水头，就需要很大的功率来泵取咸海水。目前已研究出来的最好的盐差能实用开发系统非常昂贵。这种系统利用反电解工艺（事实上是盐电池）来从咸水中提取能量。根据1978年的一篇报告测算，投资成本约为50000美元/kW。也可利用反渗透方法使水位升高，然后让水流经涡轮机，这种方法的发电成本可高达10~14美元/(kW·h)。

还有一种技术可行的方法是根据淡水和咸水具有不同蒸气压力的原理研究出来的：使水蒸发并在盐水中冷凝，利用蒸气气流使涡轮机转动。这种过程会使涡轮机的工作状态类似于开式海洋热能转换电站。这种方法所需要的机械装置的成本也与开式海洋热能转换电站几乎相等。但是，这种方法在战略上不可取，因为它消耗淡水，而海洋热能转换电站却生产淡水。盐差能的研究结果表明，其他形式的海洋能比盐差能更值得研究开发。

据估计世界各河口区的盐差能达30TW，可能利用的有2.6TW。我国的盐差能估计为108kW，主要集中在各大江河的出海处。同时，我国青海等地还有不少内陆盐湖可以利用。

主要公式小结

1. 化学反应等温方程式 $\Delta_r G_m = \Delta_r G_m^\ominus + RT \ln J_p$；

2. 标准平衡常数的计算 $K^\ominus = J_p^{eq} = \prod \left(\dfrac{p_B^{eq}}{p^\ominus}\right)^{\nu_B} = \exp\left(\dfrac{-\Delta_r G_m^\ominus}{RT}\right)$；

3. 化学反应等压方程式 $d\ln K^\ominus / dT = \Delta_r H_m^\ominus / RT^2$；

4. 化学反应等压方程式定积分式（当 $\Delta_r H_m^\ominus$ 为常数时）$\ln \dfrac{K_2^\ominus}{K_1^\ominus} = -\dfrac{\Delta_r H_m^\ominus}{R}\left(\dfrac{1}{T_2} - \dfrac{1}{T_1}\right)$

习 题

一、填空题

1. 温度为900℃，压力为100kPa下，反应 $CO_2(g) + H_2(g) \longrightarrow CO(g) + H_2O(g)$ 的标准平衡常数 $K^\ominus = 1.29$，则该反应的标准吉布斯函数改变 $\Delta_r G_m^\ominus = $ _____，该反应在25℃

时 $\Delta_r G_m^\ominus = 28.52 \text{kJ} \cdot \text{mol}^{-1}$，则标准平衡常数 $K^\ominus =$ _____。

2. 25℃时反应 $\frac{1}{2} N_2(g) + \frac{3}{2} H_2(g) \longrightarrow NH_3(g)$ 的 $\Delta_r G_m^\ominus = -16.5 \text{kJ} \cdot \text{mol}^{-1}$，某时刻反应的 $J_p = 2.309$，则该反应的 $\Delta_r G_m^\ominus =$ _____ kJ，该条件下，合成氨反应的方向为 _____。

3. 已知气体反应 $2SO_3(g) \longrightarrow 2SO_2(g) + O_2(g)$ 在 1000kPa 时平衡常数 $K^\ominus = 2.90 \times 10$。则 $K_y =$ _____。同样温度下，将反应写成 $SO_3(g) \longrightarrow SO_2(g) + \frac{1}{2} O_2$ 则反应的 $K^\ominus =$ _____；$K_y =$ _____。

4. 某多相反应 $B(s) \rightleftharpoons C(g) + 2D(g)$ 在抽空密闭容器中进行，一定温度达到平衡时测得压力为 75kPa，则该反应的平衡常数 $K^\ominus =$ _____。

5. 反应 $I_2 +$ 环戊烯 $\longrightarrow 2HI +$ 环戊二烯，在 448~688K 的温度区间内，$K^\ominus$ 与温度的关系为：

$\ln K^\ominus = -11155/T + 17.39$。该反应为 _____（填吸热或放热）。温度升高时，反应的 $K^\ominus$ _____（填增大或减小）；该反应的标准反应焓 $\Delta_r H_m^\ominus$ 为 _____ kJ·mol^{-1}。

6. 合成氨反应在 25℃时为放热反应 $N_2(g) + 3H_2(g) \longrightarrow 2NH_3(g)$，温度升高时，反应向 _____ 移动，增大体系总压，反应向 _____ 移动。

7. 对放热反应 $A(g) \longrightarrow 2B(g) + C(g)$，提高转化率的方法有 4 种，即 _____，_____，_____ 和 _____。

二、计算题

1. 对于气相反应 $H_2 + CO_2 \longrightarrow H_2O + CO$ 在达到平衡时，测得它们的浓度分别为：0.600mol·L^{-1}，0.459mol·L^{-1}，0.500mol·L^{-1}，0.425mol·L^{-1} 求 (1) $K^\ominus$；(2) 现有混合气体，其中含 10% H_2O，其余 3 种气体均为 30%，问该混合气体在 1000K、$p = 100$kPa 下反应能否自发进行？

2. 气相反应 $C_2H_6 \longrightarrow C_2H_4 + H_2$，在 1000K，$p = 100$kPa 时平衡转化率为 $X = 0.485$，求 $K^\ominus$。

3. 气相反应 $C_2H_4 + HCl \longrightarrow CH_3CH_2Cl$，在 200℃、100kPa 时，$K^\ominus = 16.6$，求 C_2H_4 转化率。

4. 气相反应 $PCl_5 \longrightarrow PCl_3 + Cl_2$，在 250℃进行，$K^\ominus = 1.78$，问：1L 容器内放入多少摩尔 PCl_5 才能得到 0.2mol 的 PCl_3。

5. $COCl_2 \longrightarrow CO + Cl_2$，在 550℃下，$p = 100$kPa 下部分分解，解离后混合气每升含 0.852g，求：
(1) $COCl_2$（光气）的解离度 α；(2) 解离平衡常数；(3) 同温度下，$p = 2 \times 100$kPa 时的解离度。

6. 根据附录三中各物质的标准生成吉布斯函数，求下列反应在 $p = 100$kPa 下的 $\Delta_r G_m^\ominus$ 和 $K^\ominus$。
(1) $C_3H_8 \longrightarrow C_3H_6 + H_2$；(2) $NO_2 + SO_2 \longrightarrow NO + SO_3$

7. 固体 NH_4Cl 分解反应 $NH_4Cl(s) \longrightarrow NH_3(g) + HCl(g)$，在 597K 时氯化铵的分解压力为 100kPa，求 $K^\ominus$ 和 $\Delta_r G_m^\ominus$。

8. 甲醇脱氢制甲醛反应如下：

$$CH_3OH \longrightarrow HCHO + H_2$$

已知 $\Delta_f H_m^\ominus$ /kJ·mol^{-1}　　 －201.5　　 －108.6　　 0

　　　$S_m^\ominus$ /J·mol^{-1}·K^{-1}　　239.8　　　218.8　　130.7

求：上述反应在25℃时的 $\Delta_r G_m^\ominus$ 和 $K^\ominus$。

9. 环己烷与甲基环戊烷之间的异构化反应 $C_6H_{12}(l) \longrightarrow C_5H_9CH_3(l)$，已知异构化反应的平衡常数与温度的关系如下：$\ln K^\ominus = 4.814 - 2059/(T/K)$。求：25℃异构化反应的 $\Delta_r H_m^\ominus$ 和 $\Delta_r S_m^\ominus$。

10. Fe 在570℃以上容易被 CO_2 氧化生成 FeO，反应为 $Fe(s)+CO_2 \longrightarrow FeO(s)+CO$，已知600℃和800℃的标准平衡常数分别为1.11和1.80，求：(1) $\ln K^\ominus = A/(T/K) + B$ 的经验常数 A 和 B；(2) 反应的 $\Delta_r G_m^\ominus$ 与温度的关系；(3) 反应的热效应；(4) 1000℃的 $K^\ominus$；(5) 1000℃时铁在含有15% CO_2 和85% CO 混合气中能否被氧化。

11. 工业上乙苯脱氢反应 $C_6H_5C_2H_5 \longrightarrow C_6H_5C_2H_3 + H_2$，在627℃下进行，$K^\ominus = 1.49$。试计算下述情况下乙苯的转化率：(1) 反应在100kPa下进行；(2) 反应在200kPa下进行；(3) 反应在100kPa下，但加入水蒸气使原料气中水蒸气与乙苯蒸气之比为5:1。

三、拓展题

1. 如何利用化学平衡移动原理指导化工生产过程，去获得最好的生产效益？试以乙苯脱氢制苯乙烯的生产为例进行分析。

2. 查阅资料，了解乙酸乙酯生产的条件，利用化学原理说明工艺条件采用的原因。

第五章 物质分离提纯基础

学习指导

1. 理解相、组分数、自由度数的概念，掌握相律及有关计算。
2. 理解单组分体系——水的相图的绘制，掌握克-克方程及应用。
3. 理解双组分体系气液平衡相图的绘制，掌握二组分液态混合物的分离方法。
4. 理解双组分体系固液平衡相图的绘制，掌握二组分固态混合物的分离方法。
5. 理解杠杆规则，掌握二组分体系两相平衡时各相相对含量的计算。

化工生产过程中的分离操作，大多数都是利用相平衡原理的过程。最常见的蒸馏与吸收，涉及气-液相间的转化，其理论基础是气-液平衡；萃取是两个液相间的物质传递，要应用液-液平衡；结晶是液-固相间的物质传递，要应用液-固平衡。相平衡理论有着广泛的应用，从熔化的金属化合物中形成合金，从熔融的岩石中形成矿物，从盐水和卤水中析出各种盐类，从熔融的氧化物中得到无机非金属材料等，其理论基础就是液固平衡。

相平衡就是研究多相体系的状态如何随浓度、温度、压力等变量的改变而发生变化的规律，并用图形来表示体系状态的变化，这种图就叫相图。在本章中将介绍一些典型的相图，目的在于通过这些相图能看懂其他相图并了解其应用。相平衡研究，是选择分离方法、设计分离装置以及实现最佳操作的理论依据。

第一节　相律

学习导航

碳酸钙的分解反应中，平衡分压由温度来决定，为什么？

一、相

在体系的内部物理性质和化学性质完全均匀的部分称为"相"。多相体系中，相与相之间有明显的界面，越过界面时其性质发生突变。体系中相的数目称为"相数"，以符号 P 表示。

对于气体体系，通常任何气体都能完全均匀混合，所以体系内不论有多少种气体都只有一个气相，$P=1$。

对于液体混合体系，由于不同液体的相互溶解度不同，一个体系可以出现一个、两个甚至同时有三个液相存在。简单地说，液体混合分为几层就是几相。例如，水+乙醇为一相，$P=1$；水+油为两相，$P=2$；水+乙醚+丙烯腈为三相，$P=3$。

对于固体混合体系，一般是有一种固体便是一个相。例如铁粉与硫黄粉互相混合，表面上看很均匀，但通过仪器观察，可以发现铁粉与硫黄粉的颗粒是互相分离的，如果用磁铁，很容易就把它们分开，因此 $P=2$。至于同种固体（例如碾碎的 $CaCO_3$ 结晶）的许多颗粒，尽管颗粒之间有界面分开，但它们的物理性质和化学性质是一样的，仍属于同一个相，$P=1$。同一种物质如以不同的晶体共同存在，每种晶体自成一相，例如石墨与金刚石共存，$P=2$。

为了更清楚地理解相这个概念，举例加以说明。

现有三个杯子，第一个杯子盛有水溶液，第二个杯子盛有水和冰，第三个杯子盛有水和冰，并在水溶液上部有与水溶液平衡的水蒸气，三种体系的相数分别为

1（水）　　2（水+冰）　　3（水+汽+冰）

二、独立组分

所谓体系中的独立物质是指每种可以单独分离出来且能独立存在的纯物质，体系中独立物质的数目，称为物种数，用符号 S 表示。例如食盐的水溶液，只有 NaCl 和 H_2O 才是这个体系的独立物质，$S=2$；而 Na^+、Cl^-、H^+ 和 OH^- 都不是独立物质，因为它们不能单独分离出来和独立存在，所以 $S\neq 4$，而是 $S=2$。

足以确定平衡体系中所有各相的组成所需要的最少数目的独立物质为独立组分。独立组分的数目称为"独立组分数"，用符号 C 表示。

在体系不发生化学反应的条件下，物种数等于独立组分数，即 $S=C$。

如果体系有化学变化，独立组分数就少于物种数，即 $C<S$。例如 NH_3、N_2 和 H_2 3 种气体所构成的单相体系中：

① 如果 NH_3、N_2、H_2 三种物质彼此间没有发生化学变化，则 $C=S=3$；

② 如果 NH_3、N_2、H_2 三者之间发生化学变化，并建立了平衡的化学反应：

$$2NH_3 \longrightarrow N_2+3H_2$$

则 $C=2$，即只需这三种物质中的任何两种就可以把这个平衡体系的组成确定下来，这是很容易理解的，因为第三种物质可以由其他两种物质通过上述反应产生出来，而且三种物质的浓度同时受平衡常数约束，可以通过平衡浓度与平衡常数的关系求出各种物质的含量。可以任取"NH_3 与 H_2""NH_3 与 N_2""N_2 与 H_2"作为体系的独立组分来构成这个平衡体系，即使这样，都没有对这些独立组分的浓度加以限制，其浓度可以是任意的。

③ 如果指定该体系中的 N_2 与 H_2 的浓度之间有一定的比例关系，例如 $C_{N_2}:C_{H_2}=1:3$，则 $C=1$，因为只用 N_2 一种原始物质就足以构成这个平衡体系。

由上例得知，体系的独立组分数 C 等于物种数减去各物质之间存在的独立的化学平衡关系式的数目 R 和浓度限制条件的数目 R'，即

$$C=S-R-R' \tag{5-1}$$

同时也应注意浓度限制条件，必须是在同一相中才能应用，在不同相中的物质，并无浓度关系，因而不存在限制条件。例如碳酸钙的分解反应 $CaCO_3(s) \longrightarrow CaO(s) + CO_2(g)$，虽然 CaO 和 CO_2 都是 $CaCO_3$ 分解而得，它们的物质的量之比 $n[CaO(s)]:n[CO_2(g)] = 1:1$，但 $CaO(s)$ 和 $CO_2(g)$ 不在同一相中，不能形成溶液。该浓度限制条件也就不存在了，$R'=0$，$C=S-R-R'=3-1-0=2$。

三、自由度

体系的自由度是在不引起体系中相的数目和形态发生变化的条件下，在一定的范围内可以任意改变的因素（如温度、压力、各组分的浓度等）的数目。体系的自由度，用符号 f 表示。

例如对于单相的液态水来说，可以在一定的范围内，任意改变液态水的温度，同时任意地改变其压力，而仍能保持水为单相（液相）。因此，该体系有两个可独立改变的因素，或者说它们的自由度 $f=2$。当水与水汽两相平衡时，则在温度和压力两个变量之中只有一个是可以独立变动的，指定了温度就不能再指定压力，压力即平衡蒸气压由温度决定而不能任意指定。反之，指定了压力，温度就不能任意指定，而只能由平衡体系自己决定。体系只有一个独立可变的因素，因此自由度 $f=1$。

【例 5-1】试确定在 NH_4Cl 和 MnO_2 发生分解反应的平衡体系中，二者的独立组分数各是多少？

解 NH_4Cl 的分解反应

$$NH_4Cl(s) \longrightarrow NH_3(g) + HCl(g)$$

反应起始时体系中没有 NH_3 和 HCl，当到达平衡时，二者比例关系一定，即物质的量之比为 1:1。

因为 $C=S-R-R'$

其中 $S=3$，$R=1$，$R'=1$

$S=3(NH_4Cl、NH_3、HCl)$

$R=1(NH_4Cl \longrightarrow NH_3+HCl)$

$R'=1[n(NH_3):n(HCl)=1:1]$

$C=3-1-1=1$

而 MnO_2 的分解反应 $4MnO_2(s) \longrightarrow 2Mn_2O_3(s) + O_2(g)$

虽然可知 Mn_2O_3 和 O_2 物质的量之比为 2:1，但因 $Mn_2O_3(s)$ 和 $O_2(g)$ 不同相，不能利用限制条件，所以 MnO_2 分解反应平衡体系的独立组分数为 $C=3-1=2$。

四、相律

相律就是在相平衡体系中，联系体系内的相数（P）、独立组分数（C）、自由度（f）以及影响体系性质的外界因素（如温度、压力、重力场、磁场、表面能）之间关系的规律。

在只考虑温度和压力影响的情况下，它们之间的关系可写成如下公式：

$$f = C - P + 2 \tag{5-2a}$$

式中，2 是指温度、压力两个外界条件。如果温度和压力确定一个，则，$f = C - P + 1$。

对于凝聚体系，外压对其平衡体系影响甚微，只有温度是影响体系的外界条件，这时相律可改写成：

$$f = C - P + 1 \tag{5-2b}$$

相律为相平衡体系的研究建立了热力学的基础，是物理化学中最具有普遍性的定律之一。应用相律就能在多相平衡的体系中确定研究的方向，根据已知条件来确定相、自由度等的数目，即可以确定相平衡体系中有几个可独立变动的量。当然相律只能对平衡体系做出定性的结论，例如只能确定在一定条件下体系中有几个相，而不能指明是哪些相，也不能确定每个相的组成或含量。

【例 5-2】 求纯水在三相平衡时的自由度。

解 水在三相平衡时有 $C=1$，$P=3$。

代入式（5-2a）得

$$f = C - P + 2 = 1 - 3 + 2 = 0$$

自由度 $f=0$，说明水在气、液、固三相平衡时，温度、压力都不能任意变化。

【例 5-3】 过量的 $MgCO_3(s)$ 在密闭抽空容器中，温度一定时分解为 $MgO(s)$ 和 $CO_2(g)$，求物种数、独立组分数、自由度。

解 该平衡体系中，有

$$MgCO_3(s) \longrightarrow MgO(s) + CO_2(g)$$
$$S = 3 \qquad R = 1 \qquad R' = 0$$

因 $MgCO_3(s)$ 分解时，虽产生了 $[MgO]:[CO_2]=1:1$，但二者为不同的相，其浓度限制条件 $R'=0$，$C = S - R - R' = 3 - 1 - 0 = 2$，$P=3$，则

$$f = C - P + 1 = 2 - 3 + 1 = 0$$

这表明在温度一定的条件下，$MgCO_3(s)$ 分解达到平衡时，压力有完全确定的值与之对应。

第二节 单组分体系的相图

学习导航
高压锅内，水的沸点为多少？

一、单组分体系的特点

对于单组分体系，$C=1$，根据相律 $f = C - P + 2 = 3 - P$，当 $P=1$ 时，$f = 3 - P = 3 - 1 = 2$，称双变量体系；当 $P=2$ 时，$f = 3 - P = 3 - 2 = 1$，称单变量体系；当 $P=3$ 时，$f = 3 - P = 3 - 3 = 0$，称无变量体系。

注意这里指的"体系"即为"平衡体系"，因为相律只能用于已达平衡的体系，以后通常略去"平衡"二字，简称为"体系"。

由上可知，单组分体系的相数不可能小于 1，所以自由度最多为 2，即温度和压力两个

独立变量。以温度和压力为坐标，作平面图便可反映出这个体系的平衡状态和压力、温度的关系，这种图称为相图。通过相图可以描述在指定条件下，体系由哪些相所构成，各相的组成是什么。在相图中表示体系总组成的点称为"物系点"。表示某一个相的组成的点称为"相点"。区别相点与物系点有利于理解当体系温度发生变化时体系中各相的变化情况。

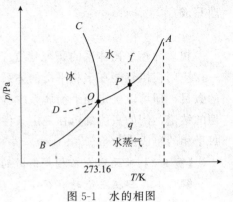

图 5-1 水的相图

二、单组分体系的相图——水的相图的绘制

以纯水为例讨论单组分体系相图。图 5-1 为水的相图，它是根据实验结果表 5-1 中数据绘制而得。

表 5-1 水的相平衡数据

温度/℃	体系的饱和蒸气压/kPa		平衡压力/kPa
	水⇌水蒸气	冰⇌水蒸气	冰⇌水
−20	0.126	0.103	193.5×10³
−15	0.191	0.165	156.0×10³
−10	0.287	0.260	110.4×10³
−5	0.422	0.414	59.8×10³
0.01	0.610	0.610	0.610
20	2.338		
40	7.376		
60	19.916		
80	47.343		
100	101.325		
150	476.02		
200	1554.4		
250	3975.4		
300	8590.3		
350	16532		
374	22060		

三、单组分体系的相图——水的相图的分析

1. 单相区域（双变量体系）

在"水""冰""水蒸气"三个区域内，体系都是单相，$P=1$，所以 $f=2$。在该区域内可以有限度地独立改变温度和压力，而不会引起相的改变。必须同时指定温度和压力这两个变量，最后体系的状态才能完全确定。

2. 二相线（单变量体系）

在 OA、OB、OC 这三条平衡线上，都是两相平衡，$P=2$，所以 $f=1$。如果温度改变

时，必须相应地改变压力，才能不越出这些线以致引起某一相的消失。

OA 是水蒸气和水的平衡曲线（即水的饱和蒸气压线），OA 线不能任意延长，它终止于临界点 $A(647K，22×10^7 Pa)$。在临界点液体的密度与蒸气的密度相等，液态和气态之间的界面消失。

OB 是冰和水蒸气两相的平衡线（即冰的升华曲线），OB 线在理论上可延长到绝对零度附近。

OC 是冰和水的平衡曲线（即冰的融化曲线），OC 线不能无限向上延长。

当温度、压力均低于三相点数值时，冰可以直接变为水蒸气，这就是升华过程。升华是制药工业生产中有时会使用的一种分离或精制方法。利用冰的升华，可以在低温、低压的条件下除去药物水溶液中作为溶剂的水，达到干燥、精制药物的目的。而且由于在低温下操作，药物不会因受热而分解。这种方法叫冷冻干燥法，它一般运用于在水溶液中不稳定而又不易精制得到结晶的药物。

四、单组分体系两相平衡时温度和压力的关系

上面提到的液体蒸气压（及固体的升华压）是温度的函数，随温度的升高而增大，而其定量的关系式可用热力学基本公式推导出来。

$$\frac{dp}{dT} = \frac{\Delta H_m}{T \Delta V_m} \tag{5-3}$$

式中　ΔV_m——摩尔相变体积；

T——相变温度；

ΔH_m——摩尔相变热；

dp/dT——饱和蒸气压（或升华压）随温度的变化率。

上式称为克拉贝龙（Clapeyron）方程式。

克拉贝龙方程适用于单组分体系的蒸发、升华、熔化及晶型转变等两相平衡过程。应用时，要注意式中各量要采用相应的单位。

1. 固-液平衡

对固-液平衡，主要讨论压力对熔点的影响，克拉贝龙方程可写作为

$$\frac{dp}{dT} = \frac{\Delta_{fus} H_m}{T \Delta V_m}，其中(\Delta V_m = V_{m,l} - V_{m,s})$$

在熔点变化不大时，$\Delta_{fus} H_m$ 和 ΔV_m 可视作常数，在计算时，可做简化处理。

【例 5-4】 汞在 100kPa 下的熔点为 $-38.87℃$，此时的熔化焓为 $9.75 J \cdot mol^{-1}$，液态汞和固态汞的密度分别为 $13.690 g \cdot cm^{-3}$，$14.193 g \cdot cm^{-3}$，求：

(1) 压力为 10MPa 下的熔点。

(2) 若要汞的熔点为 $-35℃$，压力需增大到多少？

解 （1）根据克拉贝龙方程 $\frac{dp}{dT} = \frac{\Delta_{fus} H_m}{T \Delta V_m} (\Delta V_m = V_{m,l} - V_{m,s})$，

将 $\Delta_{fus} H_m$ 和 ΔV_m 可视作常数，积分得

$$\Delta T = \frac{T \Delta V_m}{\Delta_{fus} H_m} \Delta p$$

$$= \frac{(273.15-38.87) \times (1/13.690 - 1/14.193) \times 10^{-6}}{9.75} \times (10 \times 10^6 - 10^5)$$

$$= 0.616(K)$$

$$t = -38.254℃$$

(2) 第二小问请大家思考，在计算中注意单位的一致。

2. 液-气平衡及固-气平衡

以液-气平衡为例，在温度变化范围不大时，$\Delta_{vap}H_m$（摩尔蒸发焓）可看做常数，$\Delta V_m = V_m(g) - V_m(l)$，$V_m(g) \gg V_m(l)$，$\Delta V_m = V_g(g)$，又因液体与固体的蒸气压不太大，故蒸气可视为理想气体，对式（5-3）求不定积分和定积分，得

$$\ln(p/\text{Pa}) = -\frac{\Delta_{vap}H_m}{RT} + C \text{ 或 } \lg(p/\text{Pa}) = -\frac{\Delta_{vap}H_m}{2.303RT} + C \quad (5-4)$$

$$\ln\frac{p_2}{p_1} = -\frac{\Delta_{vap}H_m}{R}\left(\frac{1}{T_2} - \frac{1}{T_1}\right) \text{ 或 } \lg\frac{p_2}{p_1} = -\frac{\Delta_{vap}H_m}{2.303R}\left(\frac{1}{T_2} - \frac{1}{T_1}\right) \quad (5-5)$$

即为克劳修斯-克拉贝龙（Clausius-Clapeyron）方程式的不定积分式和定积分式。

如果上式以 $\ln(p/\text{Pa})-1/(T/\text{K})$ 作图，可得一直线，直线的斜率为 $\frac{\Delta_{vap}H_m}{2.303R}$，截距为 C，由直线的斜率可求出摩尔蒸发热。

对于固-气平衡，式中的 $\Delta_{vap}H_m$ 应为 $\Delta_{sub}H_m$。

【例 5-5】 水的正常沸点为 $100℃$，求在气压为 95992.1Pa 的实验中，水沸腾时的温度。（已知 $\Delta_{vap}H_m = 4.067 \times 10^3 \text{kJ} \cdot \text{mol}^{-1}$）

解 水的正常沸点就是水在 101325Pa 下的沸点，根据题意有

$$p_1 = 101325\text{Pa} \quad T_1 = 373\text{K}$$
$$p_2 = 95992.1\text{Pa} \quad T_2 = ?$$

代入克劳修斯-克拉贝龙方程 $\ln\frac{p_2}{p_1} = -\frac{\Delta_{vap}H_m}{R}\left(\frac{1}{T_2} - \frac{1}{T_1}\right)$

得 $T_2 = 371\text{K}$

即当气压为 $95\,992.1\text{Pa}$ 时，水在 371K 下沸腾。

【例 5-6】 乙酰乙酸乙酯 $CH_3COCH_2COOC_2H_5$ 的蒸气压与沸点的关系为

$$\lg(p/\text{Pa}) = -2588/(T/\text{K}) + C$$

其中 p 的单位是 Pa，该试剂在正常沸点 $181℃$ 时部分分解，$70℃$ 时稳定。用减压蒸馏在 $70℃$ 提纯时，压力应减少到多少？并求该试剂的摩尔蒸发热与正常沸点时的摩尔熵变。

解 （1）已知 $T = 454\text{K}$ 时，$p = 101.3\text{kPa}$

代入 $\lg(p/\text{Pa}) = -2588/(T/\text{K}) + C$

得 $C = 10.706$

因此公式可写成 $\lg p = -2588/343 + 10.706$

解得，$p = 1448\text{Pa}$

说明在 $p = 1448\text{Pa}$ 以下进行减压蒸馏，该化合物不会分解。

（2）该化合物蒸气压与沸点关系式

$$\lg(p/\text{Pa}) = -2588/(T/\text{K}) + 10.706$$

$$\Delta_{vap}H_m = 2.303R \times 2588$$
$$= 2.303 \times 8.314 \times 2588$$
$$= 49553 \text{J} \cdot \text{mol}^{-1}$$
$$\Delta_{vap}S_m = \Delta_{vap}H_m/T = 49553/454 = 109.1(\text{J} \cdot \text{mol}^{-1})$$

第三节 双组分体系气-液平衡相图

学习导航

工业生产中,如何分离邻硝基苯酚和对硝基苯酚?

一、双组分完全互溶体系

有双组分 A、B 组成的溶液,若无化学反应,无浓度限制条件:
$$R=0, R'=0, C=2$$

根据相律 $f = C - P + 2 = 4 - P$

因为相数 $P \geq 1$,最大的自由度为 3,即确定体系的强度性质是温度、压力和组成,即该类溶液的完整相图要用三维图形来表示。通常在恒温条件下,用平面图形表示压力与各相组成的关系,称蒸气压-组成相图(略),或在恒压条件下,用平面图形表示温度与各相组成的关系,称沸点-组成相图。

在化工生产过程中,蒸馏或精馏是在恒压下进行的,因此对双组分体系沸点-组成相图的讨论更有实际意义。

1. 绘制双组分体系的沸点-组成相图

一般在恒外压条件下,通过实验测得气液两相平衡的数据,即可绘制沸点-组成相图。

现以甲苯(A)和苯(B)溶液在 101.3kPa 下的沸点-组成相图绘制为例。先配制一系列不同组成的甲苯-苯溶液,然后倒入沸点仪内进行蒸馏,准确测定溶液的沸点和气液两相组成。可得到一系列 x-y-t 的数据。表 5-2 为所测的实验数据,以沸点为纵坐标,以组成为横坐标,即得甲苯-苯溶液的沸点-组成相图 5-2。

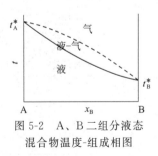

图 5-2 A、B 二组分液态混合物温度-组成相图

表 5-2 甲苯-苯溶液的气液平衡数据

x_B	0	0.100	0.200	0.400	0.600	0.800	0.900	1.000
y_B	0	0.206	0.372	0.621	0.792	0.912	0.960	1.000
t/℃	110.6	109.2	102.2	95.3	89.4	84.4	82.2	80.1

温度-组成相图的特点:在两相平衡区(含液相线、气相线)中的任何一点,不论液相组成如何,存在关系 $t_B^* < t < t_A^*$,即混合物的沸点介于两纯组分的沸点之间。

在任一平衡状态下,易挥发组分在平衡气相中的含量大于它在平衡液相中的含量,即 $y_B > x_B$。

思考:A 和 B 哪个更容易挥发?

温度-组成相图的应用:通过温度-组成图可以了解在温度升高或降低的情况下,体系的相态和组成如何变化。温度-组成图是精馏或蒸馏操作的理论基础。

2. 精馏原理

将液态混合物同时经过多次部分汽化和部分冷凝而使之分离的操作称为精馏。精馏是利用液态混合中各组分相对挥发能力的差异来分离提纯物质。现以甲苯(A)、苯(B)两组分体系为例,其温度-组成相图如图 5-3 所示。分析其精馏操作过程。

设原始溶液组成为 x,体系的位置为点 O,即体系的温度为 t_4,此时气-液两相的组成分别为 x_4 和 y_4。

先考虑气相部分,如果把组成为 y_4 的气相冷却到 t_3,则气相将部分冷凝为液体,得到组成为 x_3 的液体和组成为 y_3 的气体。使组成为 y_3 的气相冷凝到 t_2,就得到组成为 x_2 的液相和组成为 y_2 的气相,依次类推。从图可见,$y_4 < y_3 < y_2 < y_1$ 如果继续下去,反复把气相部分冷凝,最后所得到的蒸气可接近纯 B。

再考虑液相部分,对液相加热到 t_5,液相部分汽化,此时气液的组成为 y_5,x_5,把组成为 x_5 的液相再部分汽化,这样依次类推,显然,$x_4 < x_5 < x_6 < x_7$。即液相组成沿液相线上升,最后得到纯 A。

总之,多次反复部分蒸发和部分冷凝的结果,使气相组成沿气相线下降,最后蒸出来的是纯 B,液相组成沿液相线上升,最后得到纯 A。

在实际工业生产中是通过设计多层精馏塔来完成这一工作的,精馏过程是在精馏塔中使部分汽化和部分冷凝操作同时连续进行,最终在塔顶得到的是纯度很高的易挥发组分,而在塔底得到的是纯度很高的难挥发组分。精馏塔示意图如图 5-4 所示。

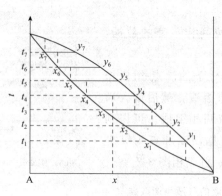

图 5-3 甲苯(A)-苯(B) 温度-组成相图

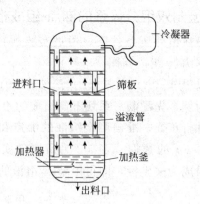

图 5-4 精馏塔示意图

此外还有一些二组分溶液的相图,和上述苯-甲苯溶液的相图有区别,如例 5-7 中表为乙醇-苯的实验数据,可以发现其溶液有一个最低沸点。对于氯仿-丙酮溶液有一个最高沸点,对这类二组分液态混合物进行精馏,可以恒沸点为界,分为左右两个相图,仿照图 5-3 进行分析。由于恒沸混合物沸腾时气、液两相组成相等,部分汽化或部分液化均不能改变混合物的组成,因此在指定压力下,对这类二组分液态混合物进行精馏,只能得到一种纯物质和恒沸混合物，而不能同时得到两种纯物质。

【例 5-7】下表是乙醇-苯两组分体系的相平衡数据：

温度/K	乙醇(摩尔分数)/%		温度/K	乙醇(摩尔分数)/%	
	x	y		x	y
352.8	0	0	341.4	62.9	50.5
348.2	4.0	15.1	342.0	71.8	54.9
342.5	15.9	35.3	343.3	79.8	60.6
341.2	29.8	40.5	344.8	87.2	68.3
340.8	43.6	43.9	347.4	93.9	78.7
341.0	53.7	46.6	351.1	100	100

(1) 依此数据绘出 C_2H_5OH-C_6H_6 的 t-x-y 图。
(2) 说明图中点、线、面的相态。
(3) 有 $x_{C_2H_5OH}=0.4$ 的混合物，能否用普通蒸馏法将其完全分开，用普通蒸馏法蒸馏该混合物，最终蒸出物以及精馏残液各为何物？
(4) 如果有 $x_{C_2H_5OH}=0.9$ 的混合物，将其加热到 75℃，试问气液两相的组成如何？

解(1)

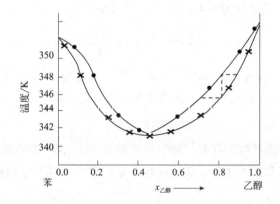

(2) 略
(3) 不能完全分开。用普通蒸馏法蒸馏该混合物，最终蒸出物为 $x(C_2H_5OH)=0.455$ 的恒沸气态混合物，精馏残液是液态苯。
(4) 在气液平衡相图中，找到 $x_{C_2H_5OH}=0.9$，温度 T 为 75℃ 的点，过该点做平行于横坐标的直线，与液相线和气相线的交点所对应的横坐标即为液相和气相的平衡组成，读图可知液相组成为 94.1%，气相组成为 80.2%。

二、二组分完全不互溶体系

当两种液体的性质差异特别大时，它们相互间的溶解度非常小，以至于可以忽略不计，看成是完全不互溶的体系。水和多数有机液体形成的体系就属于这一类。

1. 水蒸气蒸馏

在一定温度下，纯液体 A、B 有各自确定的饱和蒸气压，两不互溶液体 A、B 共存时，

各组分的蒸气压就是其单独存在时的饱和蒸气压,与另一液体组分的数量多少无关。所以体系的蒸气总压等于两组分蒸气压之和。即

$$p = p_A + p_B$$

由此可见,在一定温度下,互不相溶两液体的混合物的蒸气压恒大于任一纯组分的蒸气压。若某一温度下 p 等于外压,则两液体同时沸腾,这一温度称为共沸点。由于体系的蒸气总压均高于同温度下各组分的蒸气压,所以 A、B 混合体系的沸点低于任一纯液体组分的沸点。利用这一性质,可以把不溶于水的高沸点液体(多为有机物)和水一起蒸馏,能使混合液体在较低的温度下沸腾,以防止高沸点液体蒸馏时因温度过高而分解。在馏出液中包含了水和该高沸点液体,由于两者完全不互溶,所以很容易分离,这种方法称为水蒸气蒸馏。馏出物中的 A、B 组分的质量比可以进行计算。

由道尔顿分压定律可得

$$p_A^* = p y_A = p \frac{n_A}{n_A + n_B} \qquad p_B^* = p y_B = p \frac{n_B}{n_A + n_B}$$

式中,p 是总蒸气压,y 和 n 是气相中的摩尔分数和物质的量。两式相除,得

$$\frac{p_A^*}{p_B^*} = \frac{n_A}{n_B} = \frac{m_A/M_A}{m_B/M_B} = \frac{m_A M_B}{m_B M_A} \tag{5-6}$$

式中,m 和 M 分别代表质量和摩尔质量。

若组分 A 为纯水,组分 B 为不互溶液体,则可得

$$\frac{m_{H_2O}}{m_B} = \frac{p_{H_2O}^* \cdot M_{H_2O}}{p_B^* \cdot M_B} \tag{5-7}$$

式中 m_{H_2O}/m_B ——水蒸气消耗系数,即蒸出单位质量液体 B 所消耗水蒸气的量。显然,这一系数越小,蒸馏效率越高。

2. 分配定律与萃取

实验证明,在一定温定和压力下,某溶质溶解在两互不相溶的液体里,形成稀溶液时,该溶质在两液相中的浓度之比等于常数。这就是分配定律。其数学表达式为

$$k = \frac{c_i^\alpha}{c_i^\beta} \tag{5-8}$$

式中,c_i^α、c_i^β 分别为溶质 i 在 α、β 两液相中的浓度;k 称为分配系数,影响 k 的因素有温度、压力、溶质及两种溶剂的性质。应用公式时要注意,溶质在两液相中的分子形态必须相同。

分配定律是工业萃取的理论基础。利用萃取的方法可以分离、提纯混合物中的某些组分。向含待萃取物质的溶液中加入萃取剂,要求萃取剂与待处理溶液不互溶并且待萃取物质在其中有较大的溶解度。使待处理溶液与萃取剂充分混合,达平衡时待萃取物质就会富集在萃取剂中。待萃取物质在萃取剂中的溶解度越大,萃取效果越好。对一定量的萃取剂,分成若干份进行分次萃取要比将全部萃取剂作一次萃取的效率高。萃取 n 次后残留在原溶液中的溶质的量 $W_n(g)$ 为

$$W_n = W \left(\frac{kV}{kV + V'} \right)^n \tag{5-9}$$

在工业上,采用逆流萃取,以提高被萃取物质在萃取剂中的浓度。

第四节 双组分凝聚体系相图

> **学习导航**
> 实验室如何配制冷冻盐水?

对于双组分体系,组分数 $C=2$,由于所研究的体系至少有一个相,所以 $f=C-P+2=2-1+2=3$,体系的自由度最多为 3。这样任意独立改变的变量数有三个,即温度、压力和组成。如果用相图来表示双组分体系的状态,就必须具有三个坐标的立体模型来表示。如果所研究的体系只有固相和液相,这样体系称为凝聚体系,由于压力对凝聚体系的影响很少,影响凝聚体系的外界条件只有温度。于是,双组分凝聚体系相律公式可写为

$$f=C-P+1$$

这样,自由度最多为 2。所以只用温度和组成两个坐标,即可绘制双组分体系相图。相图的绘制常用的方法有两种,即热分析法和溶解度法。下面介绍用热分析法来绘制相图。

一、热分析法

1. 热分析法绘制相图

简单低共熔点体系的温度-组成图是由实验数据绘制的,常采用的绘制方法有两种,即热分析法和溶解度法。溶解度法适用于在常温下有一个组分呈液态的体系。如水-盐体系。首先重点介绍热分析法。热分析法是绘制相图常用的基本方法,其基本原理是根据体系在冷却过程中,温度随时间的变化情况,来判断体系是否有相变化发生。通常的做法是:先配制若干组不同组成的 A、B 固体混合物样品,加热分别使之全部熔化成液态,然后让其在一定环境下(常压、室温)缓慢均匀冷却,观察并记录冷却过程中不同时刻每组样品的温度值,由所得数据以时间为横坐标,温度为纵坐标绘制温度-时间曲线,即得不同组成下的温度-时间曲线(也称步冷曲线),如图 5-5。在体系冷却过程中,若体系内发生相变,即有固相析出,则由于放出凝固热而使温度随时间变化平缓或出现温度不随时间而变的现象;在步冷曲线上则出现曲线发生转折或水平线段。而转折点及水平线段所对应的温度就是发生相变化的温度。将这些不同组成下的步冷曲线出现转折或平台的温度点引向温度-组成图上,如图 5-6,然后将所有的点用曲线连接起来,即得所要的相图。

2. 相图分析

见图 5-6,Bi-Cd 体系相图由 LCE、HFE 和 NM 三条线构成。在 LCE、HFE 线上,$P=2$,$f=1$;在 NM 线(不含 N、M 两个端点)上的任何一点,$P=3$,$F=0$。Ⅰ区表示液体单相区,$P=1$,$f=2$;Ⅱ区是液相与固体 Bi 两相平衡共存区,$P=2$,$f=1$;Ⅲ区是液相与固体 Cd 两相平衡共存区,$P=2$,$f=1$;Ⅳ区为固体 Bi 与固体 Cd 两相平衡区,$P=2$,$f=1$。L、H 两点分别为纯 Bi 和纯 Cd 的凝固点(或熔点),E 点称为低共熔点,相图也因此而得名,称为低共熔点相图。

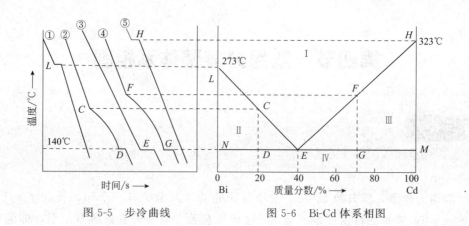

图 5-5 步冷曲线　　　　图 5-6 Bi-Cd 体系相图

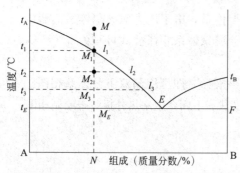

图 5-7 具有低共熔点的二组分体系相图

下面来分析体系在总组成不变的情况下,体系点为 M 点的液相在降温过程中的相态变化情况,如图 5-7 所示。在冷却过程中体系点沿垂直线 MN 移动,在 MM_1 段时液相的降温过程。降温到 t_1 时(即达到 M_1 点时),开始有纯固体 A 析出,体系呈固液两相平衡状态。随着温度继续下降,在 M_1M_E 段之间,固态 A 不断析出,与之平衡共存的液相中 B 物质的含量增大,液相组成沿 l_1E 线向 E 移动。当体系达到 M_2 时,固态 A 的相点为 t_2,液相的相点为 l_2,两相的相对量可通过杠杆规则计算。温度降到 t_E 时,体系点达 M_E 点,固态 A 与固态 B 按一定比例同时析出,即为最低共熔混合物,继续冷却,液相不断凝固成低共熔混合物,此时体系呈固体 A、固体 B 及液相三相平衡共存状态,两固相的相点为 t_E 和 F,液相的相点为 E,在恒定的温度 t_E 下($F=0$)发生共晶反应。随着冷却的继续进行,低共熔混合物不断析出,熔液的量不断减少,直至液相完全消失,温度才能继续下降。温度低于 t_E 时,体系离开 E 点,M_EN 段是固体 A 和固体 B 的降温过程,两个固相平衡共存,它们是先析出的固体 A(在 M_1M_E 段析出的)与后析出的最低共熔混合物所构成的混合物体系,低共熔混合物中的固体 A 与原先析出的固体 A 是一个相,低共熔混合物中的固体 B 是另一个相。

以上分析的是体系点在最低共熔点 E 左边时体系降温情况,若体系点在 E 点右边时,请大家自行思考。

若体系的组成正好为最低共熔混合物的组成时,情况较为特殊。体系的温度在 t_E 以上时,为液体单相,达 t_E 时,固体 A 和固体 B 按一定比例同时析出,即形成低共熔混合物,温度维持 t_E 直至液相消失,全部变为低共熔混合物为止。然后,温度才继续下降。

二、溶解度法

将盐水溶液降温时,会有固体析出,所析出的是哪一种固态物质呢?这要由盐水溶液的组成来决定,若溶液的浓度很稀时,降温首先析出的固相是冰。不同浓度的稀溶液析出冰时的温度不同,却都低于水的冰点 0℃。当溶液较浓时,首先析出的固相是盐。与固态盐平衡共存的溶液是盐的饱和溶液，其浓度就是盐的溶解度。盐在水中的溶解度因温度的不同而异。理论上，测出不同温度下与固相成平衡时的溶液的组成，便可绘制出水-盐体系固-液平衡相图。这种绘制相图的方法叫溶解度法。H_2O-$(NH_4)_2SO_4$ 体系的有关相平衡数据如表 5-3。

表 5-3　不同温度下 H_2O-$(NH_4)_2SO_4$ 体系的固液平衡数据

温度/℃	$(NH_4)_2SO_4$ 质量分数/%	平衡时的固相	温度/℃	$(NH_4)_2SO_4$ 质量分数/%	平衡时的固相
−5.5	16.7	冰	40	44.8	$(NH_4)_2SO_4$
−11	28.6	冰	50	45.8	$(NH_4)_2SO_4$
−18	37.5	冰	60	46.8	$(NH_4)_2SO_4$
−19.1	38.4	冰+$(NH_4)_2SO_4$	70	47.8	$(NH_4)_2SO_4$
0	41.4	$(NH_4)_2SO_4$	80	48.8	$(NH_4)_2SO_4$
10	42.2	$(NH_4)_2SO_4$	90	49.8	$(NH_4)_2SO_4$
20	43.0	$(NH_4)_2SO_4$	100	50.8	$(NH_4)_2SO_4$
30	43.8	$(NH_4)_2SO_4$	108	51.8	$(NH_4)_2SO_4$

由表 5-3 数据，以温度为纵坐标，以组成为横坐标，得到 H_2O-$(NH_4)_2SO_4$ 体系的相图如图 5-8。

图中 L 点是水的凝固点，AN 线是 $(NH_4)_2SO_4$ 在不同温度时的溶解度曲线，AL 线是水的冰点下降曲线，在这两条线上，$P=2$，$f=1$。AN 与 AL 两线相交于 A 点，在该点冰、$(NH_4)_2SO_4(s)$ 和溶液三相平衡共存，自由度 $f=0$。A 点对应的温度为 −19.1℃，是最低共熔点，在这一温度析出的固体是低共熔混合物，又称低共熔冰盐合晶。过 A 点与

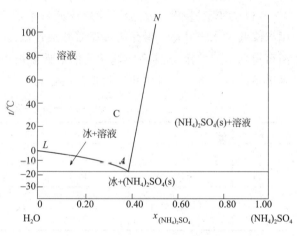

图 5-8　H_2O-$(NH_4)_2SO_4$ 体系相图

横轴平行的线是三相平衡线，在这条线上的任何一点都有（两端点除外）$P=3$，$f=0$。图中已表明了各区域的稳定相态。

由图可知：组成在 A 点以左的溶液冷却时，首先析出的固体是冰。LA 线是水的冰点线；组成在 A 点之右的溶液冷却时，首先析出的固体是 $(NH_4)_2SO_4$，这时的溶液就是盐的饱和溶液，AN 线一般称为 $(NH_4)_2SO_4$ 在水中的溶解度曲线。

三、杠杆规则

杠杆规则是用来计算两相平衡时，两相物质相对量的一种工具。它适用于两相平衡体系。在相图上不仅可描述体系的状态及状态变化，当体系点落在两相平衡区时，还可以由体系点及与之平衡两个相点在相图上的位置，确定平衡共存两相的数量比。

如图 5-8，当质量分数为 20% 的硫酸铵溶液（质量为 Q g）温度下降到 −10℃ 时，析出多少克冰？

很简单，设析出冰的质量为 W g，溶液的质量为 P g，溶液的浓度从 LA 线上读出为 30%，根据析出前后溶液的总质量相等，溶质的质量相等，有

$$Q = W + P \qquad Q \times 20\% = P \times 30\%$$

将以上两公式整理得

$$W \times 20\% = P \times 10\% \qquad W \times 30\% = Q \times 10\%$$

杠杆规则表明：当组成以质量分数表示时，两相的质量反比于体系点到两个相点线段的长度。

该规则只适用于两相平衡体系。如以体系点为支点，则从相点到支点的距离乘以该相的质量等于另一相的相点到支点的距离与它的质量的乘积，这种关系称为杠杆规则。杠杆规则是在固-液、固-固、液-液以及气-液两相平衡时，计算两相数量的方法。

思考：对照图 5-8，若含 $(NH_4)_2SO_4$ 60% 的溶液 100g 温度下降到 20℃，应析出多少 $(NH_4)_2SO_4$ 固体？

四、相图应用举例

简单低共熔体系相图在工业上具有广泛应用，下面介绍几种重要的应用。

(1) **实验室制冷** 水-盐系能形成低共熔混合物，因此，若向冰水中加入盐，会使其凝固点降低，冰将融化，融化时体系吸热而使温度下降，这是实验室常用的制冷方法。根据相图可得到不同的盐-水体系所能达到的最低温度，即其最低共熔温度。表 5-4 列出了一些盐-水体系的最低熔点，可供我们根据需要进行选择。

表 5-4　一些水-盐体系的最低熔点

盐	最低共熔点/℃	低共熔组成/%	盐	最低共熔点/℃	低共熔组成/%
NaCl	−21.1	23.3	NH_4Cl	−15.4	18.9
KCl	−10.7	19.7	$(NH_4)_2SO_4$	−19.1	38.4
$CaCl_2$	−55	29.9	KNO_3	−3.0	11.2
Na_2SO_4	−1.1	16.5			

(2) **用冷却结晶的方法分离固体混合物和提纯盐类** 若二组分体系能形成具有简单低共熔体系相图，则可采用冷却结晶的方法分离这两种固体混合物。即先将待分离的样品加热熔化，然后降温，即可从熔液中得到纯固体 A 或纯固体 B，这样就可以将纯 A 或纯 B 从固体混合物中分离出来。

(3) **熔融电解制取金属铝** 铝是一种重要的工业材料，工业上采用熔融电解三氧化二铝 (Al_2O_3) 来制取铝。但 Al_2O_3 的熔点很高（高达 2050℃），对电解带来极大的困难。通常是加冰晶石 (Na_3AlF_6) 来解决这一问题，因为冰晶石与三氧化二铝能形成具有低共熔点的相图。只要控制好体系中三氧化二铝的含量（小于 15%，因为当 Al_2O_3 的含量大于 15% 时，二元系的熔点上升很快，电解温度稍稍降低就会有 Al_2O_3 析出），便可使电解在 1000℃ 以下进行，大大降低了电解温度和能耗。

(4) **配制低熔点合金** 低熔点的合金可用来做低温保险丝和焊接用的焊锡等。例如，锡 (Sn) 和铅 (Pb) 的熔点分别为 232℃ 和 327℃，而 Sn 和 Pb 能形成低共熔混合物，其低共熔点为 183.3℃。对 Sn-Pb-Bi 三组分形成的低熔合金，其低共熔点为 96℃，可用生产自动

灭火栓。

五、形成稳定化合物的双组分体系

在有些双组分凝聚体系中带有化合物形成，使体系出现了新的物种。不过，由于有化合物形成就有相应的化学反应平衡关系，体系的独立组分数为 2，仍属于双组分体系。生成的化合物可分为稳定化合物和不稳定化合物两种。这里只讨论形成稳定化合物的双组分体系。例如四氯化碳（A）与对二甲苯（B）能生成等分子的化合物 C(AB)，此体系的相图见图 5-9。

它是固相完全不互溶且生成稳定化合物的二元液-固平衡相图，主要特征是在 $x_B=0.50$ 处出现一个峰，最高点 C 就是化合物 C 的熔点，一般化合物的熔点是在两个最低共熔点之间的一个最高熔点。当此化合物 C 中加入组分 A 或 B 时，都会使熔点降低。在分析此类相图时一般可以看成是由两个简单低共熔混合物的相图合并而成。左边一半是化合物 C 与 A 构成的相图，E_1 是 A 与 C 的低共熔点。右边一半，是化合物 C 与 B 所构成的相图，E_2 点是化合物 B 与 C 的低共熔点。

溶质与溶剂之间生成有一定组成的化合物时，这一化合物称为溶剂化合物。如果溶剂是水，则为水合物，并且往往不是一种而是多种水合物。例如硫酸与水生成 $H_2SO_4 \cdot 4H_2O(C_1)$、$H_2SO_4 \cdot 2H_2O(C_2)$ 和 $H_2SO_4 \cdot H_2O(C_3)$ 三种化合物，见图 5-10，在相当于三种化合物的组成处，有三个最高点，即为这些化合物的熔点，相应地把整个图形分为四个简单的相图，分别有四个最低共熔点。如需要得到某一种水合物，则必须控制溶液浓度于一定范围。

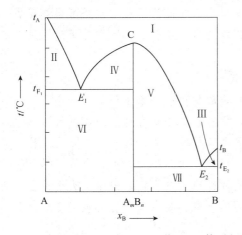
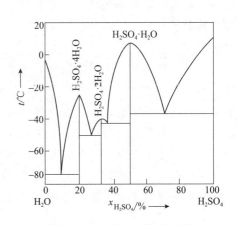

图 5-9　四氯化碳（A）与对二甲苯（B）体系相图　　图 5-10　硫酸与水体系相图

通常 98% 浓硫酸常用于炸药工业、医药工业等，但是从图可以看到 98% 浓硫酸的结晶温度为 0℃，作为产品在冬季很容易冻结，输送管道也容易堵塞，无论运输和使用都会遇到困难，因此冬季常以 92.5% 的硫酸作为产品（有时简称为 93% 酸），这种酸的凝固点大约在 -35℃ 左右。在一般的地区存放或运输都不至于冻结，但是从运输的费用看，运输浓酸总是比较经济一些。从图 5-10 还可以看到 90% 左右的硫酸的结晶温度对浓度的变化较为显著，例如 93% 的硫酸如果因故变成 91%，则结晶温度将从 -35℃ 升到 -17.3℃，如果浓度降低到 89%，则结晶温度升到 -4℃，在冬季也是很容易有晶体析出的，所以在冬季不能用同一条输送管道来输送不同浓度的硫酸，以免因浓度改变而引起管道堵塞。

阅读材料

记忆合金

记忆合金是一种在设定温度下具有形状记忆功能同时具有超弹性功能的新型功能材料，被誉为"智能合金""跨世纪的新材料"。一般金属材料在受到外力后，首先发生弹性变形，达到屈服点时就会发生塑性变形，应力消除后则会留下永久变形，而形状记忆合金则在发生了塑性变形后，经升温至某一温度（该温度经特殊处理手段进行设定）之上，可完全回复到变形前的形状。目前已开发成功的形状记忆合金有TiNi基形状记忆合金、铜基形状记忆合金、铁基形状记忆合金等。TiNi基形状记忆合金不仅具有独特的记忆功能与超弹性功能，而且还具有优良的理化性能与优异的生物相容性，其拉伸强度、疲劳强度、剪切强度、冲击韧性均明显优于普通不锈钢，其生物相容性也远好于不锈钢及钴铬合金。近几年，各种形状记忆合金产品相继问世，应用领域不断扩大，目前在航空航天、自动控制、制衣玩具、医疗器械、电器元件等领域已有少量TiNi基形状记忆合金商业产品。

一个颇为特别的金属条，它极易被弯曲，把它放进盛有热水的玻璃缸内，金属条向前冲去；将它放入冷水里，金属条则恢复了原状。在盛有凉水的玻璃缸里，拉长一个弹簧，把弹簧放入热水中时，弹簧又自动收拢了。凉水中弹簧恢复了它的原状，而在热水中，则会收缩，弹簧可以无限次数地被拉伸和收缩，收缩再拉开。这些都是用一种特殊合金，有记忆力的金属做成的，它的微观结构有两种相对稳定的状态，在高温下这种合金可以被变成任何你想要的形状，在较低的温度下合金可以被拉伸，但若对它重新加热，它会记起它原来的形状而变回去。

不同的合金有着不同的特性，这样的实验就是为了找出这些非凡的金属有何实际的用途。有一种特殊的合金用在医学上，用来恢复复杂的骨折。这条金属是用一条特殊的黄铜合金制成的，不易断裂，当它在水银中浸过之后，便可以毫不费力地折断，在显微镜下黄铜的结构清楚地展现在人们面前，水银则在黄铜边界之间横冲直撞，像人们看到的那样，它使黄铜变脆了。这个金属条能很容易穿过这个环，但经过火烤几秒钟之后，金属开始膨胀，就穿不过这个环孔了。桥梁结构是一个必须加以考虑的领域，一座钢筋混凝土大桥建在一组滚轴上，以便使因温度变化而引起的桥梁长度增减得到补偿。高压线也会受温度变化的影响，天热时伸长，天冷时就收缩，冬夏的温差可能使电力传输线的这一长度变化多达10~15m。一块金属片被充分摩擦，温度升高了，再将它们放在铜盘上，冷下来，它就会弹到空中。每一个金属片都由两种具有不同膨胀特性的金属制成，被摩擦后就变热、膨胀，这便产生了张力，冷了下来就会变回它最初的形状。电力轴里就有一个双金属条，有电流通过时，金属条变热并开始弯曲，达到一定温度时，金属头便断开了，当它降到一定的温度时，金属头会自动再次合上。许多汽车的指示器就是基于同样的原理来工作的，这些双金属条能以惊人的速度伸展开又重新卷起来，汽车在自动燃火时，双金属条根据引擎的温度来控制燃气的供应。

主要公式小结

1. 相律 $f = C - P + 2$
2. 克拉贝龙方程 $\dfrac{\mathrm{d}p}{\mathrm{d}T} = \dfrac{\Delta H_m}{T \Delta V_m}$
3. 克-克方程 $\ln \dfrac{p_2}{p_1} = -\dfrac{\Delta_{usp} H_m^\ominus}{R}\left(\dfrac{1}{T_2} - \dfrac{1}{T_1}\right)$
4. 杠杆规则

习 题

一、填空题

1. 将固体 NH_4Cl 放入一抽空的容器中，并使它达到平衡，$NH_4Cl(s) \longrightarrow NH_3(g) + HCl(g)$，则独立组分数为_____，相数为_____，自由度数为_____。

2. 若上述体系中加入少量的 $NH_3(g)$，并使它达到平衡，则体系的独立组分数为_____，自由度数为_____。

3. $(NH_4)_2SO_4(s)$、$H_2O(s)$ 及溶液在 $p = 100Pa$ 下达到平衡，则体系的独立组分数为_____，自由度数为_____。

4. $C(s)$, $CO(g)$, $CO_2(g)$, $O_2(g)$ 在 $1000℃$ 时达到平衡，则独立组分数为_____，自由度数为_____。

5. 在通常情况下，对于二组分体系能平衡共存的最多相为_____。

6. 克拉贝龙方程式为_____，其应用条件是_____。

7. 液体水的饱和蒸气压与温度 T 的关系为 $\lg(p/\mathrm{mmHg}) = -2265/(T/K) + 8.977$ 由此可知，以_____对_____作图得一直线。水的摩尔蒸发热 $\Delta H =$ _____；气压只有 $400\mathrm{mmHg}$，则该地区水的沸点为_____℃。

二、计算题

1. 醋酸的熔点为 $16.6℃$，压力每增加 $1\mathrm{kPa}$ 其熔点上升 2.39×10^{-4} K，已知醋酸的熔化热为 $194.2\mathrm{J} \cdot \mathrm{g}^{-1}$，试求 $1\mathrm{g}$ 醋酸熔化时体积的变化。

2. 求苯甲酸乙酯在 $26.66\mathrm{kPa}$ 时的沸点。已知苯甲酸乙酯的正常沸点为 $213℃$，蒸发热为 $44.20\mathrm{kJ} \cdot \mathrm{mol}^{-1}$。

3. 光气 $COCl_2$ 在 $9.91℃$ 时的蒸气压为 $107.18\mathrm{kPa}$，在 $1.35℃$ 时的蒸气压为 $77.148\mathrm{kPa}$，求光气的蒸发热。

4. 已知水在 $50℃$ 时的饱和蒸气压为 $12.764\mathrm{kPa}$，水的正常沸点为 $100℃$，试求以下各项：
(1) 水的摩尔蒸发热；
(2) 已知蒸气压与温度的关系式为：$\lg(p/\mathrm{Pa}) = -A/(T/K) + B$，求常数 A、B。
(3) $110℃$ 时的蒸气压。

5. 质量分数为98%的H_2SO_4,其密度为$1.84g·mL^{-1}$,求H_2SO_4的:(1) 物质的量浓度;(2) 质量摩尔浓度;(3) 摩尔分数。

6. 101.325kPa下水(A)-醋酸(B)体系的气-液平衡数据如下:

$t/℃$	100	102.1	104.4	107.5	113.8	118.1
x_B	0	0.300	0.500	0.700	0.900	1.000
y_B	0	0.185	0.374	0.575	0.833	1.000

(1) 画出气-液平衡的温度-组成图;

(2) 从图上找出组成为$x_B=0.800$的液相的泡点;

(3) 从图上找出组成为$y_B=0.800$的气相的露点;

(4) 105℃时气-液平衡两相的组成是多少?

(5) 9kg水与30kg醋酸组成的体系在105.0℃达到平衡时,气、液两相的质量各为多少克?

三、拓展题

1. 查阅资料,了解苯甲酸、萘的提纯方法,并说明原因。

2. 查阅资料,说明提纯硝基苯使用水蒸气蒸馏,而提纯甘油则采用减压蒸馏的原因。

第六章
电化学基础

学习指导

1. 理解电解质溶液的导电机理及离子迁移数。
2. 掌握法拉第定律；掌握原电池、电解池、阴极、阳极等有关基本概念。掌握衡量电解质溶液导电能力的参数——电导、电导率、摩尔电导率。掌握电导率的测定及应用。
3. 理解离子独立运动定律。
4. 理解可逆电池和电极电势，掌握可逆电池的必备条件。
5. 掌握电池符号与电池反应的互译，掌握电池电动势测定及其应用，掌握原电池电动势与热力学函数的关系。
6. 掌握能斯特（Nernst）方程及其计算，掌握各种电极的特征。
7. 了解极化现象、极化的种类及其产生的原因，了解分解电压的概念。
8. 理解超电势和极化的双重性。
9. 掌握电解时的电极反应和应用。
10. 了解电化学腐蚀与防腐，了解化学电源的种类及性能。

电化学发展至今已有 200 多年的历史，自 1799 年伏打（Alessandro Volta，1745—1827，意大利物理学家）制造了第一个燃料电池之后，就初具利用直流电进行广泛研究的可能性。之后，就有人对水进行了电解；同时，利用电解的方法获得了碱金属。1833 年，法拉第（Michael Faraday，1791—1867，英国物理学家和化学家）根据多次实验结果，总结、归纳出了电解中的法拉第定律，为以后的电解工业奠定了理论基础。到 1870 年发电机问世以后，电解才广泛应用于工业生产。

电化学主要是研究电能与化学能相互转化过程及其规律的一门科学。它属于物理化学的一大分支。其研究主要内容有：电解质溶液理论、电化学平衡、电极过程动力学和电化学应用。本章主要讨论电解质溶液的导电性、原电池热力学、电极和电池的极化。

无论是电解池还是原电池，其工作介质都离不开电解质溶液。因而本章在重点讨论原电池及电解池中进行的电化学过程之前，需要了解电解质溶液的导电性质。

第一节 电解质溶液

> **学习导航**
> 298.15K 时，测得 AgCl 饱和溶液在电导池中的电阻，得到该溶液的电导率为 $3.41 \times 10^{-4} S \cdot m^{-1}$，配制该溶液所用水的电导率为 $1.60 \times 10^{-4} S \cdot m^{-1}$，试求 298.15K 时 AgCl 的溶解度。

一、电解质溶液的导电及法拉第定律

1. 电解质溶液的导电机理

电解质溶液的导电机理与金属的导电不同。金属导电依靠自由电子的定向运动而导电，

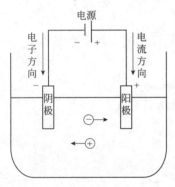

图 6-1 电解池导电机理示意图

因而称为电子导体，除金属外，石墨和某些金属氧化物也属于电子导体。这类导体的特点是当电流通过时，导体本身不发生任何化学变化。电解质溶液的导电则依靠离子的定向运动，故称为离子导体。但这类导体在导电的同时，必然在电极与溶液界面上发生得失电子的反应：一般而言，阴离子在阳极上失去电子发生氧化反应，失去的电子经外线路流向电源正极；阳离子在阴极上得到外电源负极提供的电子发生还原反应。只有这样整个电路才有电流通过，如图 6-1 所示。并且在回路中的任何一截面，无论是金属导线、电解质溶液，还是电极与溶液之间的界面，在相同时间内，必然有相同的电量通过。

2. 原电池和电解池

电化学中把电极上进行的有电子得失的化学反应称为电极反应。两个电极反应的总和即为电池反应。在电化学中规定：凡发生氧化反应的电极称为阳极，发生还原反应的电极称阴极；电极电势高的为正极，电极电势低的为负极。

化学能转变成电能的装置称为原电池，或利用两电极反应以产生电流的装置。电解池是电能转变为化学能的装置，或借助电流使电解质溶液发生氧化还原反应的装置。电解池也叫电解槽。因正极、负极是依靠电势高低来确定的，故原电池的阴极为正极，阳极为负极，原电池一般区分正、负极。而对电解池，阳极即正极，阴极即负极，电解池一般区分阴、阳极。

既然电解质溶液导电包括电极反应和溶液中离子的定向迁移，这就要涉及电极反应的物质的量和通过的电量之间的定量关系，即法拉第定律；以及阴、阳离子迁移的电量占通过溶液总电量的分数，即迁移数。

3. 法拉第定律

法拉第定律是法拉第研究电解时从实验结果归纳得出的。它表示通过电极的电量与电极

反应的物质的量之间的关系。

电极反应表达式：

$$氧化态 + ze^- \longrightarrow 还原态$$

$$或还原态 \longrightarrow 氧化态 + ze^-$$

其中，z 为电极反应中转移的电子数，取正值。当电极反应的反应进度为 ξ 时，通过电极的元电荷的物质的量为 $z\xi$，通过的电荷数为 $zN_a\xi$（N_a 为阿伏伽德罗常数），因每个元电荷的电量为 e，故通过的电量 $Q = zN_ae\xi$。定义 $F = N_ae$ 为法拉第常数，所以得出：通过电极的电量正比于电极反应的反应进度与电极反应中转移的电子数的乘积，即

$$Q = zF\xi \tag{6-1}$$

此式称为法拉第定律。

由 $N_a = 6.0221367 \times 10^{23}\ mol^{-1}$ 及 $e = 1.60217733 \times 10^{-19}\ C$，得 $F = N_ae = 96485.309 C \cdot mol^{-1}$

在一般计算中可近似取 $F = 96500 C \cdot mol^{-1}$。

法拉第定律是自然科学中最准确的定律之一。它不受温度、压力、浓度等因素的影响，无论是水溶液或非水溶液中，还是熔融状态下，只要没有其他副反应发生，电解时都遵从法拉第定律。像这类定律在科学上是极为少见的。

【例 6-1】 用 Pt 电极电解 $CuSO_4$ 水溶液，通电电流为 0.100A，通电时间 10min。试求阴极上析出多少 Cu？阳极上析出多少 O_2？

解 电极反应　阴极　　　　　　$Cu^{2+} + 2e^- \longrightarrow Cu$

　　　　　　　 阳极　　　　　　$OH^- \longrightarrow \frac{1}{2}O_2 + H^+ + 2e^-$

根据式（6-1），可求反应进度为

$$\xi = \frac{Q}{zF} = \frac{It}{zF} = \frac{0.1 \times 600}{2 \times 96500} = 3.11 \times 10^{-4}\ (mol)$$

$$\Delta n_{Cu} = \xi\nu_{Cu} = 3.11 \times 10^{-4} \times 1 = 3.11 \times 10^{-4}\ (mol)$$

$$\Delta m_{Cu} = \Delta n_{Cu}M_{Cu} = 3.11 \times 10^{-4} \times 63.5 = 0.0197\ (g)$$

$$\Delta n_{O_2} = \xi\nu_{O_2} = 3.11 \times 10^{-4} \times \frac{1}{2} = 1.555 \times 10^{-4}\ (mol)$$

$$\Delta m_{O_2} = \Delta n_{O_2}M_{O_2} = 1.555 \times 10^{-4} \times 32 = 0.005\ (g)$$

二、离子迁移数

离子在电场的作用下而发生的迁移现象称为离子的电迁移。当电流通过电解质溶液时，在外电场作用下，溶液中的阳离子向阴极迁移，阴离子向阳极迁移，阴、阳离子共同完成导电任务。由于阴、阳离子的迁移速度不同，故它们在迁移时所携带的电量也是不同的。

定义某离子运载的电流与通过溶液的总电流之比为该离子的迁移数，以 t 表示，其量纲为 1。当溶液中只有一种阳离子和一种阴离子时，以 I_+、I_- 及 I 分别代表阳离子、阴离子运载的电流及总电流（$I = I_+ + I_-$），则

$$t_+ = \frac{I_+}{I_+ + I_-} = \frac{Q_+}{Q_+ + Q_-} = \frac{v_+}{v_+ + v_-} \tag{6-2}$$

$$t_- = \frac{I_-}{I_+ + I_-} = \frac{Q_-}{Q_+ + Q_-} = \frac{v_-}{v_+ + v_-} \tag{6-3}$$

显然，$t_+ + t_- = 1$。

由式（6-2）和式（6-3）可知，离子迁移数主要取决于溶液中阴、阳离子的运动速度，故凡是能影响离子运动速度的因素均有可能影响离子迁移数。而离子在电场中的运动速度除了与离子本性及溶剂性质有关外，还与温度、浓度及电场强度等因素有关。

三、电导、电导率和摩尔电导率

1. 定义

（1）电导 是描述导体导电能力大小的物理量，以 G 表示，为电阻 R 的倒数，即

$$G = \frac{1}{R} \tag{6-4}$$

电导的单位为 S（西门子），$1S = 1\Omega^{-1}$。

（2）电导率 由物理学电阻公式 $R = \rho \frac{l}{A}$，代入式（6-4）有

$$G = \frac{1}{\rho} \times \frac{A}{l} = \kappa \frac{A}{l} \tag{6-5}$$

将比例系数 κ 称为电导率，或比电导，其单位为 $S \cdot m^{-1}$。对第一类导体，κ 表示长为 $1m$，截面积为 $1m^2$ 的导体所产生的电导；对电解质溶液，则表示将相距为 $1m$、截面积 $1m^2$ 的两平行板电极间充满电解质溶液时所产生的电导。电导和电导率都可以相加。电导率与温度、电解质本质及浓度等有关。对强电解质，在低浓度时，电导率近似与浓度成正比；随着浓度的增大，离子间的距离缩短，相互作用加强，电导率的增加逐渐缓慢；在高浓度时，因离子间作用力增大，电导率随浓度的增加反而下降。对弱电解质，起导电作用的只是解离了的那部分离子，因受解离平衡的制约，故电导率随浓度的变化很小，且弱电解质溶液的电导率均很小。图 6-2 为电解质电导率与浓度的关系。

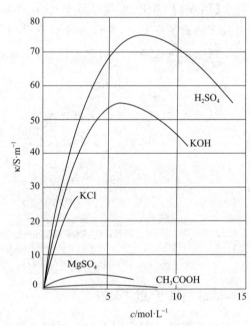

图 6-2 电解质电导率与浓度的关系

（3）摩尔电导率 某一定浓度电解质溶液的摩尔电导率定义为该溶液的电导率与其浓度之比，即

$$\Lambda_m = \frac{\kappa}{c} \tag{6-6}$$

式中，Λ_m 为摩尔电导率，其单位为 $S \cdot m^2 \cdot mol^{-1}$。

2. 电导的测定

电导即电阻的倒数。因此，测定电解质溶液的电导，实际上是测定其电阻。随着实验技

术的不断发展，目前已有不少测定电导、电导率的仪器（如DDS11-A型电导率仪），并可将测出的电阻值换算成电导值在仪器上反映出来。

根据式（6-5），待测溶液的电导率为

$$\kappa = G_x \frac{l}{A} = \frac{1}{R_x} \times \frac{l}{A} = \frac{1}{R_x} K_{cell} \tag{6-7}$$

对于一个固定电导池，两极之间的距离 l 和电极面积 A 都是定值，故其比值 $\frac{l}{A}$ 为一常数，称为电导池常数，用符号 K_{cell} 表示，单位为 m^{-1}。

为了求得某一电导池的电导池常数 K_{cell}，可将一电导率已知的溶液注入该电导池中，测其电阻，然后根据式（6-7）计算其 K_{cell} 值。该电导池的电导池常数测出后，即可用它测任何待测溶液的电导，进而分别用式（6-7）和式（6-6）计算待测溶液的电导率和摩尔电导率。

【**例 6-2**】25℃时，在一电导池中装有 0.01mol 的 KCl 溶液（$\kappa_{KCl} = 0.1409 S \cdot m^{-1}$），测得电阻为 150Ω；若装以 $0.01 mol \cdot L^{-1}$ HCl 溶液，所测电阻为 51.4Ω，试求该电导池常数及该 HCl 溶液的电导率和摩尔电导率。

解 电导池常数 $K_{cell} = \kappa_{KCl} R_{KCl} = 0.1409 \times 150 = 21.1 (m^{-1})$

$0.01 mol \cdot L^{-1}$ HCl 溶液的电导率 $\kappa = \frac{K_{cell}}{R} = \frac{21.1}{51.4} = 0.411 (S \cdot m^{-1})$

其摩尔电导率 $\Lambda_m = \frac{\kappa}{c} = \frac{0.411}{0.01 \times 1000} = 0.0411 (S \cdot m^2 \cdot mol^{-1})$

3. 摩尔电导率与浓度的关系

从式（6-6）可以看出，摩尔电导率与浓度成反比，即随着浓度的增大，摩尔电导率减小；随浓度减小，摩尔电导率增大，无论强电解质还是弱电解质都一样。虽然结论一样，但产生原因不同。对强电解质，摩尔电导率随浓度的减小而增大的原因，是由于浓度减小，含有1mol电解质溶液的体积增大，离子之间的距离增大，相互之间作用力减小，溶液的导电能力增强（是离子间相互作用力起主导作用）。而对弱电解质，摩尔电导率随浓度的减小而增大，是由于浓度减小，解离度增大（弱电解质在溶液中部分解离），含有1mol电解质的溶液中解离子数目增多，溶液的导电能力增强（解离子数目起主导作用）。显然，无论强、弱电解质，当浓度 c 趋于零时（此时，无强、弱电解质之分），摩尔电导率 Λ_m 趋于极限值，记作 Λ_m^∞，Λ_m^∞ 称为无限稀溶液的极限摩尔电导率。

科尔劳施（Kohlrausch，1840—1910，德国化学家、物理学家）根据实验结果发现，对强电解质的极稀溶液，Λ_m 与其浓度的平方根几乎呈直线关系（见图6-3）。可表达为

$$\Lambda_m = \Lambda_m^\infty - A\sqrt{c} \tag{6-8}$$

式中，A 为与浓度无关的常数。将 Λ_m 对 $\sqrt{c}$ 作图，利用外推作图法即可求出强电解质的极限摩尔电导率 Λ_m^∞，式（6-8）对弱电解质不适用。弱电解质极限摩尔电导率 Λ_m^∞ 可用科尔劳施离子独立运动定律求得。

4. 离子独立运动定律和离子的摩尔电导率

科尔劳施通过大量实验发现，在无限稀释的溶液中，所有电解质全部解离，离子间相互

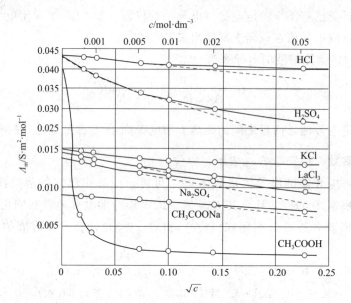

图 6-3 几种电解质的摩尔电导率对浓度的平方根图（298K）

作用力等于零，彼此独立运动，互不影响。电解质极限摩尔电导率是正、负离子的极限摩尔电导率之和。对电解质 $A_{\nu_+}B_{\nu_-}$，离子独立运动定律公式可表示为

$$\Lambda_m^\infty = \nu_+ \Lambda_{m,+}^\infty + \nu_- \Lambda_{m,-}^\infty \tag{6-9}$$

式中，Λ_m^∞ 为电解质极限摩尔电导率；$\Lambda_{m,+}^\infty$ 为正离子极限摩尔电导率；$\Lambda_{m,-}^\infty$ 为负离子极限摩尔电导率。

由该定律即可由强电解质的极限摩尔电导率 Λ_m^∞ 求出弱电解质的极限摩尔电导率 Λ_m^∞。表 6-1 为 298.15K 时无限稀释水溶液中离子的摩尔电导率。

表 6-1　298.15K 时无限稀释水溶液中离子的摩尔电导率

正离子	$\Lambda_m^\infty/10^{-2} S \cdot m^2 \cdot mol^{-1}$	负离子	$\Lambda_m^\infty/10^{-2} S \cdot m^2 \cdot mol^{-1}$
H^+	3.4982	OH^-	1.98
Tl^+	0.747	Br^-	0.784
K^+	0.7352	I^-	0.768
NH_4^+	0.734	Cl^-	0.7634
Ag^+	0.6192	NO_3^-	0.7144
Na^+	0.5011	ClO_4^-	0.68
Li^+	0.3869	ClO_3^-	0.64
Cu^{2+}	1.08	MnO_4^-	0.62
Zn^{2+}	1.08	HCO_3^-	0.4448
Cd^{2+}	1.08	CH_3COO^-	0.409
Mg^{2+}	1.0612	$C_2O_4^{2-}$	0.480
Ca^{2+}	1.190	SO_4^{2-}	1.596
Ba^{2+}	1.2728	CO_3^{2-}	1.66
Sr^{2+}	1.1892	$Fe(CN)_6^{3-}$	3.030
La^{3+}	2.088	$Fe(CN)_6^{4-}$	4.420

【例6-3】已知在298K时HCl的Λ_m^∞为$42.6\times 10^{-3} \text{S}\cdot\text{m}^2\cdot\text{mol}^{-1}$，NaAc和NaCl的$\Lambda_m^\infty$分别为$9.10\times 10^{-3}\text{S}\cdot\text{m}^2\cdot\text{mol}^{-1}$及$12.7\times 10^{-3}\text{S}\cdot\text{m}^2\cdot\text{mol}^{-1}$，计算HAc的$\Lambda_m^\infty$。

解 因HAc是弱电解质，不能用外推法求Λ_m^∞，可根据离子独立运动定律来计算。

$$\begin{aligned}\Lambda_m^\infty(\text{HAc}) &= \Lambda_m^\infty(\text{H}^+) + \Lambda_m^\infty(\text{Ac}^-) \\ &= [\Lambda_m^\infty(\text{H}^+) + \Lambda_m^\infty(\text{Cl}^-)] + [\Lambda_m^\infty(\text{Na}^+) + \Lambda_m^\infty(\text{Ac}^-)] - \\ & \quad [\Lambda_m^\infty(\text{Na}^+) + \Lambda_m^\infty(\text{Cl}^-)] \\ &= \Lambda_m^\infty(\text{HCl}) + \Lambda_m^\infty(\text{NaAc}) - \Lambda_m^\infty(\text{NaCl}) \\ &= (42.6 + 9.1 - 12.7)\times 10^{-3} = 39\times 10^{-3}(\text{S}\cdot\text{m}^2\cdot\text{mol}^{-1})\end{aligned}$$

5. 电导率测定的应用

电导率测定的应用很广，在此仅介绍几种重要的应用。

(1) **测定水的纯度** 水中含正、负离子越多，电导率值就会越大，因此可根据水的电导率值来检验水的纯度。一般自来水因含有Na^+、K^+、Ca^{2+}、Mg^{2+}、CO_3^{2-}、Cl^-、SO_4^{2-}等多种离子。其电导率值κ约为$1.0\times 10^{-1}\text{S}\cdot\text{m}^{-1}$，经过蒸馏或离子交换柱处理过的普通蒸馏水或去离子水的κ值约为$3.5\times 10^{-3} \sim 1.0\times 10^{-4}\text{S}\cdot\text{m}^{-1}$。

$$\text{H}_2\text{O} \rightleftharpoons \text{H}^+ + \text{OH}^-$$

由于水本身有微弱的离解，故虽经反复蒸馏，仍有一定的电导。理论计算纯水的κ值应为$5.5\times 10^{-6}\text{S}\cdot\text{m}^{-1}$。在半导体工业上或涉及使用电导率测量的研究中，常需要高纯度的水，即所谓的"电导水"，要求水的κ在$1\times 10^{-4}\text{S}\cdot\text{m}^{-1}$以下。因此，只需测定水的电导率$\kappa$就可知道其纯度是否符合要求。

(2) **计算弱电解质的解离度及解离常数** 在弱电解质溶液中，只有已解离的部分才能承担导电任务。弱电解质在无限稀释时可认为全部解离，且离子间无相互作用力，此时溶液的摩尔电导率为Λ_m^∞，可用离子的极限摩尔电导率相加而得。而在一定浓度下弱电解质的Λ_m反映的则是弱电解质部分解离，且离子间存在一定相互作用时的导电能力，考虑到弱电解质的解离度α较小，溶液中离子的浓度较低，离子间的相互作用可忽略不计，则Λ_m与Λ_m^∞的差别就可以看成是部分解离与全部解离产生的离子数目不同所致，所以

$$\alpha = \frac{\Lambda_m}{\Lambda_m^\infty} \tag{6-10}$$

设弱电解质为AB型（即1-1型），若c为电解质的起始浓度，解离度为α，则

	AB	⟶	A	+	B
起始时	c		0		0
平衡时	$c(1-\alpha)$		$c\alpha$		$c\alpha$

$$K_c^\ominus = \frac{c\alpha^2}{c^\ominus(1-\alpha)}$$

将式(6-10)代入并整理后可得

$$K_c^\ominus = \frac{c\left(\dfrac{\Lambda_m}{\Lambda_m^\infty}\right)^2}{c^\ominus\left(1-\dfrac{\Lambda_m}{\Lambda_m^\infty}\right)} = \frac{c\Lambda_m^2}{c^\ominus\Lambda_m^\infty(\Lambda_m^\infty - \Lambda_m)} \tag{6-11}$$

(3) **计算难溶盐的溶解度** 一些难溶盐如AgCl、BaSO_4等在水中的溶解度很小，其浓

度不能用普通的滴定方法滴定，但可用电导法来求得。以 AgCl 为例，AgCl 饱和溶液的浓度就是其溶解度，先测定配制溶液的高纯度水的电导率 κ_{H_2O}，再测定其饱和溶液的电导率 $\kappa_{溶液}$，计算出 AgCl 的电导率 κ_{AgCl}。由于溶液极稀，水的电导率不能忽略，所以必须用饱和溶液的电导率减去水的电导率才能得到 AgCl 的电导率。

$$\kappa_{AgCl} = \kappa_{溶液} - \kappa_{H_2O}$$

由于难溶盐的溶液极稀，故可认为电解质的 $\Lambda_m \approx \Lambda_m^\infty$，而 Λ_m^∞ 之值可由离子的极限摩尔电导率相加而得，因此，可由式（6-6）求难溶盐的溶解度。

【例 6-4】 测得 298K 时氯化银饱和水溶液的电导率为 $3.41 \times 10^{-4} S \cdot m^{-1}$。已知同温下配制此溶液所用的水的电导率为 $1.6 \times 10^{-4} S \cdot m^{-1}$。试计算 298K 时氯化银的溶解度。

解

$$\kappa_{AgCl} = \kappa_{溶液} - \kappa_{H_2O}$$
$$= 3.41 \times 10^{-4} - 1.6 \times 10^{-4}$$
$$= 1.81 \times 10^{-4}(S \cdot m^{-1})$$

由表 6-1 查得

$$\Lambda_m^\infty(Ag^+) = 61.92 \times 10^{-4} S \cdot m^2 \cdot mol^{-1}$$
$$\Lambda_m^\infty(Cl^-) = 76.34 \times 10^{-4} S \cdot m^2 \cdot mol^{-1}$$
$$\Lambda_m(AgCl) \approx \Lambda_m^\infty(AgCl) = \Lambda_m^\infty(Ag^+) + \Lambda_m^\infty(Cl^-)$$
$$= 138.26 \times 10^{-4} S \cdot m^2 \cdot mol^{-1}$$

由式（6-6）$\Lambda_m = \kappa/c$，即可计算出氯化银的溶解度

$$c = \kappa/\Lambda_m = 1.81 \times 10^{-4}/(138.26 \times 10^{-4}) = 0.0131 (mol \cdot m^{-3})$$

（4）**电导滴定** 利用滴定过程中溶液电导变化的转折来确定滴定终点的方法称为电导滴定。电导滴定常被用来测定溶液中电解质的浓度。当溶液浑浊或有颜色而不能用指示剂时，这种方法就显得更有效。

电导滴定通常是被滴定的溶液中的一种离子与滴定试剂中的一种离子相结合，生成解离度极小的弱电解质或沉淀，而使溶液的电导发生改变。在滴定终点附近，电导将发生突变，从而找到滴定终点。

例如，用 NaOH 溶液滴定 HCl 溶液。在滴加 NaOH 之前，溶液中只有 HCl 一种电解质，由于 H^+ 的电导率很大，所以此时溶液的电导很大。随着 NaOH 溶液的滴入，溶液中的 H^+ 与加入的 OH^- 结合生成了弱电解质 H_2O，因此，溶液的电导逐渐减小。当滴加的 NaOH 恰与 HCl 的物质的量相等时溶液的电导最小，即为滴定终点。当滴入的 NaOH 过量后，由于 OH^- 的电导率很大，所以溶液的电导随之增大。电导变化与所加入的 NaOH 溶液体积关系如图 6-4 所示。

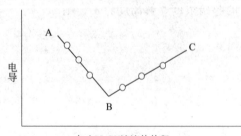

图 6-4 强酸强碱的电导滴定

由于电解质溶液电导的不同，在通电时将显示出不同的电流。因此，对于化学反应速率的测定、酸或盐溶液的蒸发及盐水溶液的漏损等实际过程，都可利用电流信号的大小来实现工艺过程的自动记录或自动控制。

第二节 原电池

学习导航

25℃时，电池 Ag│AgCl(s)│HCl(b)│Cl_2(g,100kPa)│Pt 的电动势 $E = 1.136V$，电动势的温度系数 $\left(\dfrac{\partial E}{\partial T}\right)_p = -5.95\times 10^{-4} V\cdot K^{-1}$。电池反应为

$$Ag + \frac{1}{2}\mid Cl_2(g,100kPa) = AgCl(s)$$

试计算该反应的 ΔG，ΔS，ΔH 及电池恒温可逆放电时过程的可逆热 Q_r。

一、原电池的表示方法

为了能简明地表示各种电池和电极的构成，需掌握电池的表示方法，为此，以铜-锌电池（又称丹尼尔电池，是一种典型的原电池）为例，对原电池符号作如下规定：

$$Zn\mid ZnSO_4(c_1)\parallel CuSO_4(c_2)\mid Cu$$

① 阴极（发生还原反应的电极，正极）写在右边，阳极（发生氧化反应的电极，负极）写在左边。

② 电极材料写在两头，电解质溶液写在中间并注明浓度（活度）。同时还要注明温度、压力（如不写明，一般指 298.15K 和标准压力 $p^{\ominus}$）和电极的物态。因为这些都会影响电池的电动势。

③ 用单垂线"│"表示不同物相之间的界面（有时也用逗号表示）有接界电势存在。界面包括电极与溶液的界面，两种不同电解质溶液间的界面，或同种电解质但两种不同浓度的溶液间的界面等。

④ 用双垂线"∥"表示盐桥，说明此时溶液与溶液间的接界电势通过盐桥已经降低到可以忽略不计。

那么为什么会产生接界电势呢？又如何消除呢？

两种不同电解质溶液，或同种电解质但浓度不同的两种溶液相接触时，存在着微小的电势差，称为液体接界电势或扩散电势，其大小通常不超过 0.03V。液体接界电势产生的原因是由于离子的迁移速度不同所引起的。

液体接界电势一般都不大，但在较精确的测量中也不容忽视，必须设法消除。其消除办法就是在两电解质溶液间加入一盐桥。盐桥通常是用 U 形管制成，在盐桥中装入高浓度的盐，用琼脂凝聚，让盐桥中盐的离子代替溶液界面离子迁移，用作盐桥的盐必须满足下列条件：$t_+ = t_-$，盐的浓度要高，不能与电解质溶液发生化学反应。通过盐桥，可消除液体接界电势；勾通两个半电池。

二、可逆电池

1. 可逆电池

原电池即将化学能转变为电能的装置。要将一个化学反应设计为一个能产生电流的电池必须满足两个条件：首要条件是该反应是一个氧化-还原反应，或经历了氧化-还原过程；其次是必须给予适当的装置，使电子能流通而产生电流。恒温恒压下，在可逆过程中，电池反应的 $\Delta G = W_r'$，即为可逆电功，因此可通过测定可逆电池的电动势，求取电池反应的 ΔG，并进一步获得 ΔS，ΔH 等热力学函数的改变量。可见，研究可逆电池具有重要的理论意义。

可逆电池：能以热力学可逆方式将化学能转变为电能的装置称为可逆电池（reversible cell）。

2. 可逆电池必须具备的两个条件

(1) 可逆电池放电时的反应与充电时的反应必须互为逆反应 如图 6-5 中的电池。

当 $E > E'$ 时，电池放电　阳极　　　$H_2 - 2e^- \longrightarrow 2H^+$
　　　　　　　　　　　　阴极　　　$Cl_2 + 2e^- \longrightarrow 2Cl^-$
　　　　　　　　　　　　放电反应　$H_2 + Cl_2 \longrightarrow 2H^+ + 2Cl^-$

当 $E < E'$ 时，电池充电　阴极　　　$2H^+ + 2e^- \longrightarrow H_2$
　　　　　　　　　　　　阳极　　　$2Cl^- - 2e^- \longrightarrow Cl_2$
　　　　　　　　　　　　充电反应　$2H^+ + 2Cl^- \longrightarrow H_2 + Cl_2$

电池充、放电反应互为逆反应。

(2) 可逆电池中所通过的电流必须为无限小 只有当 $E = E \pm dE$ 时，通过电池的电流才十分微弱，才不会有电能变为热能而损失，电池放电时，对外做最大电功。若用电池放电时放出的能量对其充电，恰好使体系与环境同时复原。

严格说来，凡是具有两个不同电解质溶液接界的电池都是热力学不可逆的。因为在液体接界处存在不可逆的扩散过程。实际过程中的电池一般都是不可逆的，但可逆电池这个概念相当重要，它是联系电化学与热力学的桥梁。

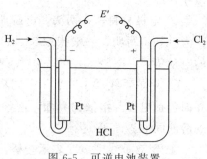

图 6-5　可逆电池装置

铜-锌原电池在用盐桥消除液体接界电势后可视为可逆电池。饱和韦斯登电池[12.5% Cd(汞齐)|CdSO$_4 \cdot \frac{8}{3}$H$_2$O 饱和溶液|Hg$_2$SO$_4$(s)，Hg(l)]是一个高度可逆电池，其电动势稳定，重复性好，电动势不易随温度而变，主要是用作测定电池电动势的标准电池。如，该电池在 293.15K 时，标准电池电动势 $E = 1.018646$V；298.15K 时，$E = 1.018421$V，其他温度时，有

$$E_T = 1.018646 - 4.06 \times 10^{-5}(T/K - 293.15) - 9.5 \times 10^{-7}(T/K - 293.15)^2 + 1 \times 10^{-8}(T/K - 293.15)^3$$

E_T 随温度的变化很小。

三、电化学热力学

原电池是将化学能转变为电能的装置,说明原电池的电能来源于化学反应。由第三章的吉布斯函数的判别式可知,在等温、等压及可逆的条件下,体系吉布斯函数的改变值等于体系所做的最大可逆非体积功,即 $\Delta_r G_m = W'_{r,m}$。此处的非体积功 $W'_{r,m}$ 即为电功。对一恒温、恒压下的可逆电池,若发生了 1mol 反应,输出的电子为 z mol(即阴、阳极发生得失 z mol 电子的化学反应),则每摩尔反应的电功等于摩尔电池反应的电量与电池电动势的乘积,故有

$$W'_{r,m} = -zFE \tag{6-12}$$

式中,F 为法拉第常数,E 代表可逆电池电动势。

由 $\Delta_r G_m = W'_{r,m}$,则有

$$\Delta_r G_m = -zFE \tag{6-13}$$

此关系说明:可逆电池的电能来源于化学反应的化学能。这个关系十分重要,它是联系热力学与电化学的桥梁。通过测量可逆电池的电动势即可计算电池反应的摩尔反应吉布斯函数的改变量。

若电池反应处在标准状态下,则必然有

$$\Delta_r G_m^\ominus = -zFE^\ominus \tag{6-14}$$

式中,$E^\ominus$ 为电池的标准电动势。

1. 原电池电动势的温度系数

由式(6-13)得

$$E = -\frac{\Delta_r G_m}{zF}$$

在恒温、恒压下,两边同时对温度求导得

$$\left(\frac{\partial E}{\partial T}\right) = -\frac{1}{zF}\left(\frac{\partial \Delta_r G_m}{\partial T}\right)_p = \frac{\Delta_r S_m}{zF}, \quad \text{即}$$

$$\Delta_r S_m = zF\left(\frac{\partial E}{\partial T}\right)_p \tag{6-15}$$

式中,$\left(\frac{\partial E}{\partial T}\right)_p$ 称为原电池电动势温度系数,它表示恒压下原电池电动势随温度的变化率,其值由实验测定。只要测出原电池在不同温度下电动势 E 值,把电动势表达成函数的关系,就可求得不同温度下电池电动势的温度系数。由电动势的温度系数,便可计算出电池反应的摩尔反应熵变 $\Delta_r S_m$。

2. $\left(\frac{\partial E}{\partial T}\right)_p$ 与 $\Delta_r H_m$ 的关系

由 $\Delta_r G_m = \Delta_r H_m - T\Delta_r S_m$,可得

$$\Delta_r H_m = \Delta_r G_m + T\Delta_r S_m = -zFE + zFT\left(\frac{\partial E}{\partial T}\right)_p \tag{6-16}$$

由式(6-16)可以看出,由实验测出了电动势 E 及其温度系数 $\left(\frac{\partial E}{\partial T}\right)_p$ 之值,便可根据式(6-16)计算化学反应的 $\Delta_r H_m$。由于现代电化学测试技术日益先进,可以很准确地测出

电池电动势值，因此，由式（6-16）得出的 $\Delta_r H_m$ 值常比用量热法测得的 $\Delta_r H_m$ 值更为可靠。

3. $\left(\dfrac{\partial E}{\partial T}\right)_p$ 与可逆热 $Q_{r,m}$ 的关系

在恒温、恒压下，原电池可逆放电时的反应过程热 $Q_{r,m}$ 为

$$Q_{r,m} = T\Delta_r S_m = zFT\left(\dfrac{\partial E}{\partial T}\right)_p \tag{6-17}$$

由式（6-17）可以看出，原电池可逆放电时是吸热还是放热，完全由 $\left(\dfrac{\partial E}{\partial T}\right)_p$ 决定。

当 $\left(\dfrac{\partial E}{\partial T}\right)_p > 0$ 时，$Q_{r,m} > 0$，表明原电池在恒温下可逆放电时，要从环境吸热以维持温度恒定。

而 $\left(\dfrac{\partial E}{\partial T}\right)_p < 0$ 时，$Q_{r,m} < 0$，表明原电池在恒温下可逆放电时，要向环境散热来维持温度恒定。

若 $\left(\dfrac{\partial E}{\partial T}\right)_p = 0$，则 $Q_{r,m} = 0$，表明原电池在恒温下可逆放电时，与环境无热交换。

显然，$\Delta_r H_m = Q_{p,m} = \Delta_r G_m + T\Delta_r S_m = -zFE + zFT\left(\dfrac{\partial E}{\partial T}\right)_p = -zFE + Q_{r,m}$

$Q_{p,m}$ 与 $Q_{r,m}$ 的差值就等于电池所做的可逆非体积功，即 $Q_{p,m}$ 是表示化学反应在恒温、恒压、非体积功为零时的热；而 $Q_{r,m}$ 是表示化学反应在恒温、恒压、非体积功不为零时的热。亦即相当于某恒温、恒压下的可逆化学反应，若通过电池来完成，与环境交换的热为 $Q_{r,m}$，若不通过电池来完成，则相同条件下与环境交换的热为 $Q_{p,m}$。

【例 6-5】由饱和韦斯登标准电池电动势与温度的函数关系，求在 25℃ $z=2$ 可逆放电时，电池反应的 $\Delta_r G_m$、$\Delta_r H_m$、$\Delta_r S_m$、$Q_{r,m}$ 及 $W'_{r,m}$。

解 $z=2$ 时的电池反应为

$$Cd(汞齐) + Hg_2SO_4(s) + \dfrac{8}{3}H_2O \rightleftharpoons 2Hg(l) + CdSO_4 \cdot \dfrac{8}{3}H_2O(s)$$

由题可知，该电池在 $T = 298.15K$ 的电动势为 $E_{298} = 1.01842V$。

$\Delta_r G_m = W'_{r,m} = -zFE = -2 \times 96500 \times 1.01842 = -196.56 (kJ \cdot mol^{-1})$

$$\left(\dfrac{\partial E}{\partial T}\right)_p = -4.06 \times 10^{-5} - 2 \times 9.5 \times 10^{-7}(T/K - 293.15) +$$
$$3 \times 10^{-8}(T/K - 293.15)^2 (V \cdot K^{-1})$$

在 298.15K 时

$$\left(\dfrac{\partial E}{\partial T}\right)_p = -4.06 \times 10^{-5} - 2 \times 9.5 \times 10^{-7} \times 5 + 3 \times 10^{-8} \times 25$$
$$= -49.35 \times 10^{-6} (V \cdot K^{-1})$$

$\Delta_r S_m = zF\left(\dfrac{\partial E}{\partial T}\right)_p = 2 \times 96500 \times (-49.35 \times 10^{-6}) = -9.525 (J \cdot mol^{-1} \cdot K^{-1})$

$Q_{r,m} = T\Delta_r S_m = 298.15 \times (-9.525) = -2.84 (kJ \cdot mol^{-1})$

$$\Delta_r H_m = \Delta_r G_m + T\Delta_r S_m = -196.56 - 2.84 = -199.40 (\text{kJ} \cdot \text{mol}^{-1})$$

注意：电池的电动势 E 与电池反应的书写无关，但 $\Delta_r G_m$、$\Delta_r H_m$、$\Delta_r S_m$、$Q_{r,m}$ 及 $W'_{r,m}$ 这些热力学函数都与电池反应的写法有关，必须按所书写的电池反应计算。

4. 能斯特方程

能斯特方程表示了一定温度下可逆电动势与参加电池反应的各组分活度之间的关系。设恒温、恒压下的电池反应为

$$eE(a_E) + fF(a_F) \rightleftharpoons lL(a_L) + mM(a_M)$$

能斯特方程式为

$$E = E^{\ominus} - \frac{RT}{zF}\ln\frac{a_L^l a_M^m}{a_E^e a_F^f} = E^{\ominus} - \frac{RT}{zF}\ln\prod a_B^{\nu_B} = E^{\ominus} - \frac{RT}{zF}\ln J_a \tag{6-18}$$

式中 $E^{\ominus}$——电池标准电动势，即参加电池反应的各物质都处于标准状态时的电动势；

a_B——电池反应中物质 B 的活度，当溶液浓度较低时，溶液的活度与物质的量浓度相差不大，计算时常用物质的量浓度 c_B 来代替；

J_a——活度商，其中 $J_a = \dfrac{a_L^l a_M^m}{a_E^e a_F^f}$。

该方程是原电池计算的基本方程，在电化学中是一个非常重要的关系。它表示了在一定温度下电池电动势与参与电池反应的各物质活度间的关系。由标准平衡常数 $K^{\ominus}$ 的关系式 $\Delta_r G_m^{\ominus} = -RT\ln K^{\ominus}$ 及 $\Delta_r G_m^{\ominus} = -zFE^{\ominus}$，可以得出

$$E^{\ominus} = -\frac{\Delta_r G_m^{\ominus}}{zF} = \frac{RT}{zF}\ln K^{\ominus} \tag{6-19}$$

式（6-19）表明，利用原电池的标准电动势可以计算电池反应的标准摩尔反应吉布斯改变量或反应的标准平衡常数。同样，有了某温度下反应的标准平衡常数 $K^{\ominus}$，亦可计算电池的标准电动势 $E^{\ominus}$。

四、电极电势

1. 电极电势

原电池电动势是在通过的电流趋于零时，两极间的电势差。它实际上等于构成电池的所有相界面上所产生电势差的代数和。如以 Cu 作导线的丹尼尔电池为例：

$$\text{Cu} \mid \text{Zn} \mid \text{ZnSO}_4(c_1) \mid \text{CuSO}_4(c_2) \mid \text{Cu}$$
$$\Delta\varphi_1 \quad \Delta\varphi_2 \quad \Delta\varphi_3 \quad \Delta\varphi_4$$
$$E = \Delta\varphi_1 + \Delta\varphi_2 + \Delta\varphi_3 + \Delta\varphi_4$$

式中，$\Delta\varphi_1$ 为接触电势差，即金属 Zn 与 Cu 之间的电势差，其值很小；$\Delta\varphi_3$ 为液体接界电势差，可以设法降至最小。所以，$\Delta\varphi_1$ 与 $\Delta\varphi_3$ 均可忽略不计。而 $\Delta\varphi_2$、$\Delta\varphi_4$ 分别表示阳极和阴极两极的绝对电极电势。

由此原电池的电动势 E 可简化为 $E = \Delta\varphi_2 + \Delta\varphi_4 = E_{阴} - E_{阳}$。

为了与电池电动势相区别，以后讨论的电极电势用 $E_{电极}$ 表示。到目前为止，还不能从实验上测定或从理论上计算单个电极的电极电势值，为方便比较不同电极上电势差的大小及

电动势的计算，需选择一个基准，国际纯粹与应用化学联合会（IUPAC）规定，采用标准氢电极作为标准电极，进而求某个电极的电极电势相对值。利用相对电势值，即可计算任意两电极组成电池的电动势。

2. 电极电势与标准电极电势

国际上选定氢离子活度等于 $1(a_{H^+}=1)$，氢气压力为 $100kPa$ 时的氢电极为标准氢电极。对于任意给定的电极，将其与标准氢电极构成原电池，若消除了液体接界电势，则所测出的电池电动势即为该给定电极的电极电势，用 $E_{电极}$ 表示。$E_{电极}$ 有两种不同的表示惯例，本书采用如下惯例：

$$\text{标准氢电极} \| \text{给定电极}$$

即将标准氢电极作阳极，给定电极作阴极，按这种组合测出的给定电极的电极电势称为还原电极电势。按此规定，**任意温度下，标准氢电极的电极电势等于零**。若该给定电极实际进行的是还原反应，则 $E_{电极}$ 为正值，表示实际进行的反应与电池结构一致；若该电极实际进行的是氧化反应，则 $E_{电极}$ 为负值，表示实际进行的反应与电池结构相反。若给定电极的各物质处于标准态，则所测电池的标准电动势即为该给定电极的标准电极电势，用 $E^{\ominus}_{电极}$ 表示。

如欲测定铜电极 $Cu^{2+}(a_{Cu^{2+}}) | Cu$ 的电极电势，则组成电池如下：

$$Pt | H_2(g, p^{\ominus}) | H^+(a_{H^+}=1) \| Cu^{2+}(a_{Cu^{2+}}) | Cu$$

电极反应　阴极　$Cu^{2+}(a_{Cu^{2+}}) + 2e^- \longrightarrow Cu$

　　　　　阳极　$H_2(g, p^{\ominus}) \longrightarrow 2H^+(a_{H^+}=1) + 2e^-$

电池反应　$Cu^{2+}(a_{Cu^{2+}}) + H_2(g, p^{\ominus}) \longrightarrow Cu + 2H^+(a_{H^+}=1)$

根据能斯特方程式则有

$$E = E^{\ominus} - \frac{RT}{2F}\ln\frac{a_{Cu}a_{H^+}^2}{a_{Cu^{2+}}a_{H_2}}$$

由于 $a_{H^+}=1$，并且气体在标准压力下的活度及强固体的活度可认为等于 1。所以，上式变为

$$E = E^{\ominus} - \frac{RT}{2F}\ln\frac{1}{a_{Cu^{2+}}}$$

按规定该电池的电动势 E 即为铜电极的电极电势 $E_{Cu^{2+},Cu}$，电池的标准电动势 $E^{\ominus}$ 即为铜电极的标准电极电势 $E^{\ominus}_{Cu^{2+},Cu}$。于是可写作

$$E_{Cu^{2+},Cu} = E^{\ominus}_{Cu^{2+},Cu} - \frac{RT}{2F}\ln\frac{1}{a_{Cu^{2+}}}$$

或写作

$$E_{Cu^{2+},Cu} = E^{\ominus}_{Cu^{2+},Cu} + \frac{RT}{2F}\ln a_{Cu^{2+}}$$

上述电池在 298K，当 $a_{Cu^{2+}}=1$ 时，测得电池电动势为 $0.3400V$，即 $E^{\ominus}_{Cu^{2+},Cu}=0.3400V$。电动势为正值，说明在该条件下电池反应与电池结构一致。

同理，若将锌电极与标准氢电极组合成电池，则可得

$$E_{Zn^{2+},Zn} = E^{\ominus}_{Zn^{2+},Zn} + \frac{RT}{2F}\ln a_{Zn^{2+}}$$

上述电池在 298K，当 $a_{Zn^{2+}}=1$ 时，测得电池电动势为 $-0.7630V$，即 $E^{\ominus}_{Zn^{2+},Zn}=$

−0.7630V。电动势为负值,说明在该条件下电池反应与电池结构相反。

对任一给定作阴极的电极,其电极反应的通式为:

$$氧化态 + ze^- \longrightarrow 还原态$$

其电极电势的通式为

$$E_{电极} = E^{\ominus}_{电极} - \frac{RT}{zF}\ln\frac{a_{还原态}}{a_{氧化态}} \tag{6-20}$$

或

$$E_{电极} = E^{\ominus}_{电极} + \frac{RT}{zF}\ln\frac{a_{氧化态}}{a_{还原态}} \tag{6-21}$$

在298K时亦或

$$E_{电极} = E^{\ominus}_{电极} - \frac{RT}{2.303zF}\lg\frac{a_{还}}{a_{氧}} = E^{\ominus}_{电极} - \frac{0.0592}{z}\lg\frac{a_{还}}{a_{氧}}$$

因为在298K时,有

$$\frac{RT}{2.303zF} = \frac{0.0592}{z}$$

因此,由任意两电极构成电池时,其电池电动势 $E = E_+ - E_-$。

五、电极的种类

将化学反应设计成能产生电流的电池,关键的问题是如何选择合适的电极,电极是构成电池的基本元件。电极通常可分为三类。

1. 第一类电极

结构特点:这类电极是将某种金属或吸附了某种气体的惰性金属浸入含有该金属元素离子的溶液中构成。它包括金属电极、氢电极(结构如图6-6所示)、氧电极和卤素电极等。由于气体物质是非导体故借助于铂或其他惰性电极起导电作用,并使氢、氧或卤素与其离子呈平衡状态。例如

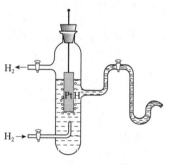

图6-6 标准氢电极结构示意图

铜电极	$Cu^{2+}\mid Cu$;	$Cu^{2+}+2e^-\longrightarrow Cu$
氯电极	$Cl^-\mid Cl_2\mid Pt$;	$Cl_2(g)+2e^-\longrightarrow 2Cl^-$
酸性氢电极	$H^+\mid H_2\mid Pt$;	$2H^++2e^-\longrightarrow H_2(g)$

通常所说的氢电极是在酸性溶液中,但也有将镀有铂黑的铂片浸入碱性溶液中并通入氢气,此即碱性氢电极,其结构为

$$H_2O,OH^-\mid H_2\mid Pt$$

电极反应为 $2H_2O+2e^-\longrightarrow H_2(g)+2OH^-$

氧电极在结构上与氢电极类似,也是将镀有铂黑的铂片浸入酸性或碱性(常见)溶液中,并通入 O_2。

酸性氧电极 $H_2O,H^+\mid O_2\mid Pt$
电极反应为 $O_2(g)+4H^++4e^-\longrightarrow 2H_2O$
碱性氧电极 $OH^-,H_2O\mid O_2\mid Pt$
电极反应为 $O_2(g)+2H_2O+4e^-\longrightarrow 4OH^-$

2. 第二类电极(沉积物电极)

结构特点:以一种金属及该金属的难溶盐(或氧化物)为电极,浸入含与该难溶盐(或

氧化物）具有相同负离子的溶液中构成。常见的有甘汞电极、银-氯化银电极（结构如图 6-7）和氧化汞电极等。

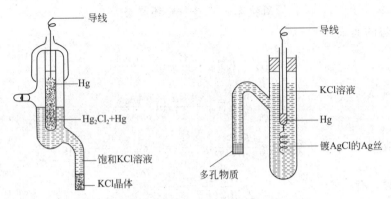

图 6-7 甘汞电极和 Ag-AgCl 电极结构示意图

饱和甘汞电极　　　　　　　　$Cl^-\mid Hg_2Cl_2(s),Hg$

电极反应为　　　　　　　　$2Hg+2Cl^-\rightleftharpoons Hg_2Cl_2(s)+2e^-$

电极电势的表达式为　　　　$E_{甘汞}=E^{\ominus}_{甘汞}-\dfrac{RT}{F}\ln a_{Cl^-}$ 　　　　(6-22)

甘汞电极的电极电势值在恒温下只与溶液中 Cl^- 的活度有关，见表 6-2。

表 6-2　不同浓度甘汞电极的电极电势

KCl 溶液浓度	E/V	E(25℃)/V
0.1 mol·dm^{-3}	$0.3335-7.0\times10^{-5}(t/℃-25)$	0.3335
1.0 mol·dm^{-3}	$0.2799-2.4\times10^{-4}(t/℃-25)$	0.2799
饱和溶液	$0.2410-7.6\times10^{-4}(t/℃-25)$	0.2410

按 KCl 溶液浓度的不同，常用的甘汞电极有三种。甘汞电极的特点是电极电势稳定、制备简单，在测量电池电动势和溶液的 pH 值时，常用作参比电极。由于氢电极不易制备、使用时要求条件较高、铂黑容易中毒等原因，故在电动势测量中常用甘汞电极、银-氯化银代替氢电极而作参比电极。

锑-氧化锑电极　　　　　　　$OH^-,H_2O\mid Sb_2O_3(s)\mid Sb$

电极反应为　　　　　　　　$Sb_2O_3(s)+3H_2O+6e^-\rightleftharpoons 2Sb+6OH^-$

3. 第三类电极（氧化-还原电极）

结构特点：电极材料只用作导体，在电极上起反应的是溶液中某些物质的还原态被氧化或氧化态被还原。例如

$$Fe^{2+},Fe^{3+}\mid Pt$$
$$Fe^{3+}+e^-\longrightarrow Fe^{2+}$$

醌-氢醌电极也属于这一类，这种电极制备简单，在溶液中加入少量醌-氢醌，使其达饱和，插入光亮的铂电极即成。醌氢醌是等分子比的醌（用符号 Q 表示）和氢醌（用符号 H_2Q 表示）的复合物，微溶于水，在 25℃，其饱和溶液浓度约为 $0.005 mol·L^{-1}$。溶于水的部分在水溶液中按下式分解：

$$C_6H_4O_2 \cdot C_6H_4(OH)_2 \rightleftharpoons C_6H_4O_2 + C_6H_4(OH)_2$$

电极表示 Pt│Q-H$_2$Q 溶液,H$^+(a)$

其电极反应为 $C_6H_4O_2 + 2H^+ + 2e^- \longrightarrow C_6H_4(OH)_2$

电极电势 $$E_{Q,H_2Q} = E^{\ominus}_{Q,H_2Q} - \frac{RT}{2F}\ln\frac{a_{H_2Q}}{a_Q a_{H^+}^2}$$

因 Q-H$_2$Q 微溶于水,且溶解部分又完全分解 Q 和 H$_2$Q,所以溶液中二者浓度很低,且可认为 $a_Q = a_{H_2Q}$。

故其电极电势可简化为 $E_{Q,H_2Q} = E^{\ominus}_{Q,H_2Q} - \frac{RT}{F}\ln\frac{1}{a_{H^+}}$,在 298.15K 时,Q-H$_2$Q 电极的标准电极电势为 0.6995V,常用它来与甘汞电极组成原电池测溶液 pH 值。

摩尔甘汞电极‖酸性醌氢醌饱和溶液(pH<7.1)│Pt　(pH>7.1 时,电池反向)。在 25℃时,有

$$E = E_{Q,H_2Q} - E_{甘汞} = 0.6995 - 0.0592\text{pH} - 0.2799 = 0.4196 - 0.0592\text{pH}$$

$$\text{pH} = \frac{0.4196 - E}{0.0592} \tag{6-23}$$

只要测出了 E,即可计算 pH 值。醌氢醌电极不能用于碱性溶液,当溶液 pH>8.5 时,由于醌氢醌的大量解离而影响其浓度,使溶液中 $a_{C_6H_4O_2} \neq a_{C_6H_4(OH)_2}$ 而产生误差。

六、电动势的计算

电池电动势的计算通常有两种方法。一是直接用能斯特方程计算,其中 $E^{\ominus} = E^{\ominus}_+ - E^{\ominus}_-$。另一种是先由能斯特方程计算出两电极的电极电势 E_+ 与 E_-,然后用 $E = E_+ - E_-$ 计算。这两种方法实质上是一样的。不管用哪种方法,在计算电池电动势时都必须注意:电极反应的物量和电量必须平衡,必须指明反应温度、各物质的物态、溶液中各种离子的活度(气体要注明压力)等。

1. 已知电池书写电池反应并计算电动势

在已知电池书写电池反应时,首先确定电池的阴、阳极。根据电池符号规定,阴极写在右边,阳极写在左边。阴极发生还原反应,得电子,化合价降低;阳极发生氧化反应,失电子,化合价升高。将阴、阳极反应相加即为电池反应。

【例 6-6】 写出下列电池的电极反应和电池反应,并计算 298K 时电池的电动势。设 H$_2$(g)为理想气体。

$$\text{Pt,H}_2(g,91.19\text{kPa}) │ H^+(a_{H^+}=0.01) ‖ Cu^{2+}(a_{Cu^{2+}}=0.10) │ Cu$$

解　阴极反应　$Cu^{2+}(a_{Cu^{2+}}=0.10) + 2e^- \longrightarrow Cu$

　　　阳极反应　$H_2(g,91.19\text{kPa}) \longrightarrow 2H^+(a_{H^+}=0.01) + 2e^-$

　　　电池反应　$H_2(g,91.19\text{kPa}) + Cu^{2+}(a_{Cu^{2+}}=0.10) \longrightarrow 2H^+(a_{H^+}=0.01) + Cu$

由题给条件可知,$a_{H^+}=0.01$,$a_{Cu^{2+}}=0.10$,$a_{H_2}=\frac{91.19}{100}=0.912$,$a_{Cu}=1$

由附录五查得　$E^{\ominus}_{Cu^{2+},Cu} = 0.3400\text{V}$,$E^{\ominus}_{H^+/H_2} = 0$

方法 1

$$E = E_+ - E_- = \left(E^{\ominus}_{Cu^{2+}/Cu} + \frac{RT}{2F}\ln a_{Cu^{2+}}\right) - \left(E^{\ominus}_{H^+/H_2} - \frac{RT}{2F}\ln \frac{a_{H_2}}{a^2_{H^+}}\right)$$

$$= 0.3400 + \frac{RT}{2F}\ln 0.10 + \frac{RT}{2F}\ln \frac{0.912}{(0.01)^2} = 0.427(V)$$

方法 2

$$E = E^{\ominus} - \frac{RT}{zF}\ln J_a$$

$$= (E^{\ominus}_{Cu^{2+},Cu} - E^{\ominus}_{H^+,H_2}) - \frac{RT}{2F}\ln \frac{a^2_{H^+} a_{Cu}}{a_{H_2} a_{Cu^{2+}}}$$

$$= (0.3400 - 0) - \frac{RT}{2F}\ln \frac{(0.01)^2}{0.912 \times 0.10} = 0.427(V)$$

2. 已知电池反应设计电池并计算电动势

在将一个化学反应设计成电池时，首先将电池反应拆分成阴极反应和阳极反应；然后选择合适的电极材料，对于非导体，必须添加惰性金属，以传导电流；最后按电池符号书写的规定将电池表示出来。

【例 6-7】将反应

$$Ag + \frac{1}{2}Cl_2(g, p^{\ominus}) \longrightarrow AgCl(s)$$

设计成电池，并计算该电池在 298K 时的电动势 E。

解 反应为 $AgCl(s)$ 的生成反应，Ag 被氧化，阳极应为第二类电极。

阳极反应　　　　$Ag + Cl^-(a) \longrightarrow AgCl(s) + e^-$　　　　（氧化反应）

阴极反应　　　　$\frac{1}{2}Cl_2(g, p^{\ominus}) + e^- \longrightarrow Cl^-(a)$　　　　（还原反应）

故相应的电池可设计为：$Ag | AgCl(s) | Cl^-(a) | Cl_2(g, p^{\ominus}), Pt$

因各物质均处于标准状态，故

$$E = E^{\ominus} = E^{\ominus}_+ - E^{\ominus}_- = 1.3580 - 0.7994 = 0.5586(V)$$

该电池为单液电池。

3. 电池电动势测定的应用

(1) 判断化学反应的方向　电极电势的高低，代表了参加电极反应的物质得失电子的能力大小。电极电势越低，还原态物质越易失去电子而发生氧化反应；电极电势越高，则氧化态物质越易获得电子而发生还原反应。E（或 $E^{\ominus}$）大于零，表明电池反应在该条件下能自发进行。因此，可以利用有关电极电势和电动势的数值来判断化学反应的方向。

(2) 求氧化还原反应的标准平衡常数　根据 $\Delta_r G^{\ominus}_m = -zFE^{\ominus} = -RT\ln K^{\ominus}$，若已知电池反应的 $E^{\ominus}$，即可求得化学反应的 $K^{\ominus}$。

【例 6-8】 用电动势 E 的数值判断在 298K 时，亚铁离子能否依下式将碘（I_2）还原成碘离子（I^-）。并计算在反应条件下的标准平衡常数 $K^{\ominus}$。

$$Fe^{2+}(a_{Fe^{2+}} = 1) + \frac{1}{2}I_2(s) \longrightarrow I^-(a_{I^-} = 1) + Fe^{3+}(a_{Fe^{3+}} = 1)$$

解 根据电池反应，设计的电池可表示如下：

$$\text{Pt}\mid \text{Fe}^{2+}(a_{\text{Fe}^{2+}}=1), \text{Fe}^{3+}(a_{\text{Fe}^{3+}}=1)\parallel \text{I}^{-}(a_{\text{I}^{-}}=1)\mid \text{I}_2(\text{s}), \text{Pt}$$

显然,参与电池反应的各物质都处于标准状态,所以

$$E = E^{\ominus} = E^{\ominus}_{\text{I}_2,\text{I}^-} - E^{\ominus}_{\text{Fe}^{3+},\text{Fe}^{2+}}$$

查附录五得 $E^{\ominus}_{\text{I}_2,\text{I}^-}=0.535\text{V}$,$E^{\ominus}_{\text{Fe}^{3+},\text{Fe}^{2+}}=0.770\text{V}$。故

$$E = E^{\ominus} = E^{\ominus}_{\text{I}_2\text{I}^-} - E^{\ominus}_{\text{Fe}^{3+},\text{Fe}^{2+}} = 0.535 - 0.770 = -0.235(\text{V})$$

$$\Delta_r G_m = \Delta_r G_m^{\ominus} = -zFE = -zFE^{\ominus} = -1 \times 96500 \times (-0.235)$$
$$= 22.678(\text{kJ}\cdot\text{mol}^{-1})$$

由计算可知,反应的 $E<0$,或 $\Delta_r G_m>0$。故上述反应不能自发进行,即亚铁离子不能将碘(I_2)还原成碘离子(I^-);发生的应该是铁离子将碘离子(I^-)氧化成碘(I_2)。

由 $\Delta_r G_m^{\ominus} = -zFE^{\ominus} = -RT\ln K^{\ominus}$,可得

$$\ln K^{\ominus} = -\frac{\Delta_r G_m^{\ominus}}{RT} = -22678 \div (8.314 \times 298) = -9.153$$

故 $K^{\ominus} = e^{-9.153} = 1.06 \times 10^{-4}$

(3) 测定溶液的 pH 值 溶液的 pH 值是其氢离子活度的负对数,即 $\text{pH}=-\lg a_{\text{H}^+}$。用电势法测定溶液的 pH 值,在组成电池时必须有一个电极是电极电势已知的参比电极,通常用甘汞电极;另一个电极必须是对氢离子可逆的电极,常用的有三种,即氢电极、醌-氢醌电极和玻璃电极。

① 用氢电极测溶液的 pH 值 通常将待测溶液组成如下电池:

$$\text{Pt}, \text{H}_2(\text{g}, p^{\ominus})\mid \text{待测溶液}(a_{\text{H}^+})\parallel \text{甘汞电极}$$

此电池在 298K 时的电动势为

$$E = E_{\text{甘汞}} - E_{\text{H}_2,\text{H}^+} = E_{\text{甘汞}} - \frac{RT}{F}\ln a_{\text{H}^+} = E_{\text{甘汞}} + 0.0592\text{pH}$$

因此

$$\text{pH} = \frac{E - E_{\text{甘汞}}}{0.0592} \tag{6-24}$$

氢电极适用范围广(pH=0~14),但制备困难,且易中毒,因此测定溶液 pH 值用得较少,更多用于 pH 值的标定和其他核对工作。

② 用醌-氢醌电极测溶液的 pH 值 在测定溶液的 pH 值时,常向待测溶液中加入少量醌-氢醌,使其达饱和,再在溶液中插入铂电极,组成下列电池:

$$\text{甘汞电极}\parallel \text{酸性醌-氢醌饱和溶液}(\text{pH}<7.1)\mid \text{Pt}$$

pH 值与电动势的关系在前面已作详述,此处不再赘述。

醌-氢醌电极应用范围较广(pH≤8.5),制备较易,常用于溶液 pH 值的测定。

③ 用玻璃电极测溶液的 pH 值 玻璃电极是测溶液 pH 值时最常用的一种指示电极。用一玻璃薄膜将两个 pH 值不同的溶液隔开时,在膜两边会产生电势差,其值与膜两侧溶液的 pH 值有关。若将溶液一侧的 pH 值固定,则此电势差仅随一侧溶液的 pH 值而改变,这就是用玻璃电极测定溶液 pH 值的根据。其构造(如图 6-8)为:在一支玻璃管下端焊接一个特殊原料的玻璃球形薄膜,膜内盛一定 pH 值的缓冲溶液,或用 $0.1\text{mol}\cdot\text{kg}^{-1}$ 的 HCl 溶液,溶液中浸入一根 Ag-AgCl 电极,将玻璃膜置于待测溶液中。甘汞电极与玻璃电极组成如下电池:

$$\text{Ag}, \text{AgCl}\mid \text{HCl}(0.1\text{mol}\cdot\text{kg}^{-1})\vdots \text{待测溶液}(a_{\text{H}^+})\parallel \text{甘汞电极}$$

玻璃电极具有可逆电极的特性,其电极电势可用下式表示:

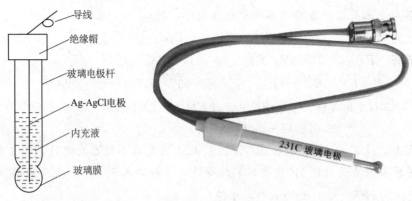

图 6-8　玻璃电极结构示意图

$$E_{玻} = a - b\text{pH} \tag{6-25}$$

式中，a、b 为常数。a 相当于 $E_{玻}^{\ominus}$（即当 pH=0 时的电极电势），b 相当于 $2.303RT/F$，当温度为 25℃ 时，$b=0.0592$。

测出此电池的电动势 E，即可求出待测溶液的 pH 值。因为

$$E = E_{甘汞} - E_{玻}$$
$$E_{玻} = E_{甘汞} - E = a - b\text{pH}$$

故

$$\text{pH} = \frac{a + E - E_{甘汞}}{b} \tag{6-26}$$

式中，a 对于指定的玻璃电极为一常数，但对不同的玻璃电极 a 值不同。所以实验测定时，要先用已知 pH 值的缓冲溶液进行标定，然后再对未知液进行测量。

玻璃电极不受待测溶液中的氧化剂、还原剂或某些毒物的影响，操作简便，也能用于测定 pH 值较高（一般 pH 值为 1~9）的溶液。故这类电极在实验室、化工厂的生产流程自动控制、废液检测、环境检测中的水质分析等领域都得到了广泛的应用。其中工业分析常用的酸度计即 pH 计（pH 计是利用玻璃电极测定 pH 的专用仪器）的刻度就是依据上述关系得到的。

(4) 电势滴定　在滴定分析中，用电池电动势的突变来指示终点，称为电势滴定法，这种分析方法的原理是：把含有待分析的离子溶液作为电池液，用一支对该种离子可逆的电极与另一支参比电极组成电池，随着滴定液的不断加入，电池电动势不断发生变化，在接近终点时，电池电动势有一突跃，若以电动势 E 对滴定液体积 V 作图，可确定滴定终点，电势滴定法可用于酸碱中和、沉淀反应、氧化还原反应等。该方法的主要优点是，可使滴定过程自动化，且不受溶液颜色或产生沉淀物的干扰，能快速、准确确定滴定终点。

第三节　电解与极化

> **学习导航**
>
> 计算 H_2SO_4 溶液在常压下的理论分解电压，已知 $E^{\ominus}(H^+, H_2O/O_2)$ 为 1.229V。

一、分解电压

电解是利用直流电使电解质溶液发生氧化还原反应的过程。分解电压是指在电解过程中,使电解质溶液显著发生电解时所需的最小外加电压或使电流显著增大时所需的最小外加电压。分解电压存在的原因是刚开始电解出来的产物与相应的电极一起形成了原电池,而此时原电池的电动势正好与外加电压方向相反,与外加电压相对抗。随着电解产物的增多,所形成的原电池的电动势也随之增大,达到原电池的最大可逆电动势为止。只有当外加电压大于该最大可逆电动势时,电解才会显著进行。因此,在理论上,分解电压应等于原电池的可逆电动势 $E_{可逆}$,但实际上分解电压 E 要大于 $E_{可逆}$,超出部分是由于极化所致。

在电解过程中,使电极反应显著进行时电极所具有的最小电极电势,称为某物质的析出电势。即外加电压等于分解电压时,两极所具有的电极电势。理论析出电势即为发生可逆电解时电极的平衡电极电势,某物质的实际析出电势要大于理论析出电势,超出部分是由于极化所致。

二、极化作用

当电极上无电流通过时,电极处于平衡状态,与之相对应的电势是平衡(可逆)电极电势。而电极上有电流流过时,电极的平衡状态被打破,因此,电极电势值将偏离平衡值,且随着电流密度增大,其偏离程度也越大。有电流流过电极时,电极电势值偏离平衡值的现象,称为极化现象。**因极化现象的存在,使阴极的电极电势更低,而阳极的电极电势更高。**某电流密度下的电极电势值与其平衡电极电势值之差的绝对值称为超电势,以 η 表示。

阴极超电势 $$\eta_{阴} = E_{阴,平} - E_{阴} \tag{6-27}$$

式中 $\eta_{阴}$——阴极超电势,V;

   $E_{阴,平}$——阴极平衡电极电势,V;

   $E_{阴}$——实验测得的不同电流密度下的阴极电极电势,又称阴极极化电极电势,V。

阳极超电势 $$\eta_{阳} = E_{阳} - E_{阳,平} \tag{6-28}$$

式中 $\eta_{阳}$——阳极超电势,V;

   $E_{阳,平}$——阳极平衡电极电势,V;

   $E_{阳}$——实验测得的不同电流密度下的阳极电极电势,又称阳极极化电极电势,V。

η 总是大于零,η 数值的大小,表明了电极极化程度的大小。

当有电流流过电极时,在电极上要发生一系列的过程,并以一定的速率进行,每一步都或多或少地存在一定的阻力,要克服这些阻力,相应地需要一定的推动力,因而产生超电势。根据极化产生原因,通常将极化分为浓差极化与电化学极化两类。

1. 浓差极化

浓差极化是由于电解过程中,电极附近溶液的浓度与本体溶液的浓度发生了差别所引起的。以 Ag 阴极电解浓度为 c 的 $AgNO_3$ 溶液为例。在一定电流密度下电解时,Ag^+ 被还原沉积在 Ag 阴极上。由于离子的扩散速度很慢,使得电极附近 Ag^+ 浓度低于溶液本体浓度,而导致阴极电极电势低于平衡电势值。这种由于浓度差而引起的极化,称为浓差极化。由浓差极化所引起的超电势,称为浓差超电势。浓差极化可以通过搅拌部分消除。

2. 电化学极化

电化学极化是由于离子放电速率缓慢所引起的,其超电势称为电化学超电势。仍以 Ag

阴极电解 $AgNO_3$ 溶液为例。由于 Ag^+ 放电速率缓慢，来不及立即还原而及时消耗电子，使得电极表面有过剩负电荷的积累，而导致阴极的电极电势值低于平衡值，这就产生了电化学极化。

三、电解时电极上的反应

在对电解质溶液进行电解时，溶液中一般都有多种离子。溶液中的正离子往阴极迁移，在阴极发生还原作用；而负离子往阳极迁移，在阳极发生氧化作用。即溶液中的正离子都有可能在阴极得到还原，而负离子都有可能在阳极被氧化。究竟哪种离子优先在阴极还原或优先在阳极氧化呢？需要多大的电压？在两个电极上各得到哪些电极产物，这是电解生产应解决的首要任务。

根据实践经验，人们得出如下规律：**在阴极，发生还原反应，电极电势越正者越容易还原；在阳极，发生氧化反应，电极电势越负者越容易被氧化**。因此，只需比较阴、阳极极化电极电势的大小予以判断。即

$$E_{阴}=E_{阴,平}-\eta_{阴}, \quad E_{阳}=E_{阳,平}+\eta_{阳}$$

阴极反应主要是金属离子或氢离子发生还原反应，金属离子析出的超电势一般很小，可以忽略，$E_{阴}$ 近似等于 $E_{阴,平}$；而氢气在金属上析出的超电势却很大，则需代入上述公式计算。

【例 6-9】 298K 下一电解槽内有 Ag^+(0.05mol·L^{-1})，Fe^{2+}(0.01mol·L^{-1})，Cd^{2+}(0.01mol·L^{-1})，Ni^{2+}(0.10mol·L^{-1})，H^+(0.001mol·L^{-1})，而 H_2 在 Ag、Ni、Fe、Cd 上析出的超电势分别为 0.2V、0.24V、0.18V、0.3V，电解时外加电压逐渐增大，那么阴极上析出的顺序如何？（金属离子不考虑超电势）

解

$Ag^+ + e^- \longrightarrow Ag$ $\quad E_{Ag,析出}=0.7996+0.0592\lg 0.05=0.7226(V)$

$Ni^{2+} + 2e^- \longrightarrow Ni$ $\quad E_{Ni,析出}=-0.23+\dfrac{0.0592}{2}\lg 0.10=-0.26(V)$

$Fe^{2+} + 2e^- \longrightarrow Fe$ $\quad E_{Fe,析出}=-0.441+\dfrac{0.0592}{2}\lg 0.01=-0.500(V)$

$Cd^{2+} + 2e^- \longrightarrow Cd$ $\quad E_{Cd,析出}=-0.403+\dfrac{0.0592}{2}\lg 0.01=-0.462(V)$

氢气有超电势，须计入析出电势

$H^+ + e^- \longrightarrow \dfrac{1}{2}H_2$ $\quad E_{H_2,析出}=0.0592\lg 0.001=-0.18(V)$

析出电势为：

在 Ag 上　　$-0.18-0.2=-0.38(V)$

在 Ni 上　　$-0.18-0.24=-0.42(V)$

在 Fe 上　　$-0.18-0.18=-0.36(V)$

在 Cd 上　　$-0.18-0.30=-0.48(V)$

故得析出顺序为 $Ag \longrightarrow Ni \longrightarrow H_2 \longrightarrow Cd \longrightarrow Fe$

【例 6-10】 25℃时用 Zn 电极电解 0.5mol·L^{-1} 的 $ZnSO_4$ 溶液（pH=7），若 H_2 在 Zn 上超电势为 0.7V，阳极析出 O_2。（O_2 在 Zn 上的超电势不计）。

试求：(1) O_2 的析出电势；

(2) 阴极上离子的析出顺序；

(3) 第一种阴极离子析出时所需的外加电压；

(4) pH 为何值时可改变阴极上离子的析出顺序。

解 (1) 阳极 O_2 析出

$$2OH^- - 2e^- \text{ (V)} \longrightarrow \frac{1}{2}O_2 + H_2O \quad E_{O_2,\text{析出}} = 0.401 - 0.0592\lg 10^{-7} + 0 = 0.8 \text{ (V)}$$

(2) 阴极上析出

$$Zn^{2+} + 2e^- \text{ (V)} \longrightarrow Zn \quad E_{Zn,\text{析出}} = -0.763 + \frac{0.0592}{2}\lg 0.5 - 0 = -0.772 \text{ (V)}$$

$$H^+ + e^- \longrightarrow \frac{1}{2}H_2 \quad E_{H_2,\text{析出}} = -0.0592 \times \lg\frac{1}{10^{-7}} - 0.7 = -1.114 \text{ (V)}$$

析出顺序：先 Zn 析出，然后 H_2 析出。

(3) Zn 析出时所需的外加电压

$$E_{\text{实际}} = E_{O_2,\text{析出}} - E_{Zn,\text{析出}} = 0.8 - (-0.772) = 1.572 \text{(V)}$$

(4) 调节 pH 值使 $E_{H_2,\text{析出}} > E_{Zn,\text{析出}}$ 即可改变析出顺序

$$E_{H_2,\text{析出}} = -0.0592\text{pH} - 0.7 \geqslant -0.772$$

$$\text{pH} \leqslant 1.2$$

用电解方法来制备物质，已经在氯碱工业、电镀工业、电解工业等得到广泛应用。在利用电解的方法提取金属时，最不希望有氢气析出。因为氢气的析出一是使电解时的电流效率降低，二是氢气析出时会在电极板上鼓泡，从而影响产品质量。近年来，有机化合物的电解制备，也得到迅速发展。例如，丙烯腈在汞或铅阴极上的电化学还原，以制备生产尼龙-66 的原料己二腈

$$2CH_2=CHCN + 2H^+ + 2e^- \longrightarrow CN(CH_2)_4CN$$

电池的极化具有双重性。从能量的角度来看极化，极化的存在是不利的，因为极化的结果是消耗能量。但从电解产品的角度看极化，极化的存在却是有利的，正是由于利用氢在某些金属上析出的超电势，使得在氢以前的金属可以通过电解的方法来制取，同时确保了产品质量，提高了电流效率。

阅读材料

金属的腐蚀与防腐

1. 金属的腐蚀

金属与周围的气体或液体等介质相接触时，发生化学作用或电化学作用而引起的破坏的过程，称为金属的腐蚀。金属腐蚀的现象非常普遍。金属发生腐蚀后，在外形、色泽以及力学性能等方面都将发生变化。金属由于腐蚀而遭受的损失是相当严重的。据统计，全世界每年因腐蚀而报废的金属材料和设备的量约为金属年产量的 20%～30%。由此而造成的安全隐患和经济损失则是无可估价的。因此，研究金属的腐蚀与防腐具有相当重要的意义。

金属腐蚀的本质，是金属原子失去电子变成离子的过程。由于金属接触的介质不同，发生腐蚀的情况也不同，因此金属的腐蚀可分为化学腐蚀和电化学腐蚀两大类。

(1) 化学腐蚀　化学腐蚀是金属表面和介质（如气体或非电解质液体等）因发生化学作

用而引起的腐蚀，如高温下的铁被空气中的氧所氧化。其特点是在腐蚀过程中无电流产生，腐蚀只发生在金属表面，使金属表面形成一层化合物，如氧化物、硫化物等。如果所生成的化合物能形成一层致密的氧化膜覆盖在金属表面上，则反而能起到保护金属内部、降低腐蚀速率的作用。

(2) 电化学腐蚀　电化学腐蚀是由于金属表面与潮湿的空气或电解质溶液等形成局部微电池发生电化学作用而引起的腐蚀。电化学腐蚀比化学腐蚀更为严重。

从电化学角度来看，发生电化学腐蚀的必要条件是由金属与介质组成的体系中应同时发生两类电极反应，即氧化反应（阳极反应）和还原反应（阴极反应）。相应于这两类电极反应的电极就可以构成一个局部原电池。如暴露在潮湿空气中的钢铁（普通碳钢）。由于钢铁本身不纯，含有 C、Si 等杂质，这些杂质与铁相比都不易失去电子，但都能导电。这样，铁和其中的杂质就构成了原电池的两极。钢铁在潮湿的空气中会自动吸附一层水膜，水膜中溶解了空气中的 O_2、CO_2、SO_2 等气体便形成了电解质溶液。铁和杂质正好形成了原电池。由于杂质是极小的颗粒，且分散在钢铁之中，因此在钢铁的表面便形成了无数个微电池。在微电池中，铁是阳极，杂质是阴极。铁与杂质直接接触，等于导线连接两极形成通路，进行如下电极反应：

阳极（−）　　$Fe \longrightarrow Fe^{2+} + 2e^-$

阴极由于条件不同可能发生不同的反应

① 析氢腐蚀　　$2H^+ + 2e^- \longrightarrow H_2(g)$

② 吸氧腐蚀　　$O_2(g) + 4H^+ + 4e^- \longrightarrow 2H_2O$

反应不断地进行，Fe 变成 Fe^{2+} 而进入溶液，在阴极（杂质）上氧气和氢离子被消耗掉，生成水。Fe^{2+} 继而与溶液中的 OH^- 结合，生成氢氧化亚铁 $Fe(OH)_2$。然后 $Fe(OH)_2$ 又与潮湿空气中的水分和氧发生作用，最后生成铁锈

$$4Fe(OH)_2 + 2H_2O + O_2 \longrightarrow 4Fe(OH)_3$$

其结果是铁遭到腐蚀。

2. 金属的防腐

金属的腐蚀主要是金属与周围介质发生化学反应的结果，因此，防止腐蚀的方法也就要从金属和介质两方面来考虑。

(1) 隔离法　即将金属与周围介质隔离开来。通常是将一些耐腐蚀性的物质，如涂料、搪瓷、陶瓷、玻璃、高分子材料（如塑料、橡胶等），涂在待保护的金属的表面上，使金属与腐蚀介质隔开。或用耐腐蚀性较强的金属、合金覆盖在被保护的金属表面上，覆盖的方法有电镀、喷镀等。保护层又有阳极保护层和阴极保护层之分。前者是镀上比被保护金属有较负电极电势的金属，如把锌镀在铁上（锌为阳极，铁为阴极）；而后者是镀上比被保护金属有较正电极电势的金属，如将锡镀在铁上（此时铁为阳极，锡为阴极）。就将被保护金属与介质隔离而言，这两种保护层无原则上区别。但当保护层受到破坏而不完整时，情况就完全不同了。对阴极保护层来说，保护层的存在不仅失去了保护作用，反而加速了被保护金属的腐蚀（因被保护金属是阳极，发生氧化）。阳极保护层则不然，即使保护层被破坏，被保护金属也不会受到腐蚀。因为被保护金属是阴极，所以被腐蚀的是保护层金属本身。

(2) 电化学保护法　根据原电池阴极不受腐蚀的原理，可使被保护的金属作阴极，以免遭腐蚀。如在海上航行的船舶，在船底四周镶嵌锌块，此时，船体是阴极受到保护；而锌块

是阳极代替船体而受腐蚀。到一定时候，锌块消耗完了，再换新的锌块。这样可以保护船体不受腐蚀。常用这种方法来保护海轮外壳、锅炉、海底设备、地下金属管道等。

防止金属腐蚀的方法根据具体情况可以采用多种方法，除以上介绍的方法之外，还有缓蚀剂法等。但最根本的办法还是研究开发新的耐腐蚀材料，如特种合金、陶瓷材料等。

主要公式小结

1. 法拉第定律 $Q = zF\xi$

2. $t_+ = \dfrac{I_+}{I_+ + I_-} = \dfrac{Q_+}{Q_+ + Q_-} = \dfrac{v_+}{v_+ + v_-}$

3. $t_- = \dfrac{I_-}{I_+ + I_-} = \dfrac{Q_-}{Q_+ + Q_-} = \dfrac{v_-}{v_+ + v_-}$

4. 电导 $G = \dfrac{1}{R}$

5. 电导率 $\kappa = G\dfrac{l}{A}$

6. 摩尔电导率 $\Lambda_\mathrm{m} = \dfrac{\kappa}{c}$

7. 电导池常数 $K_\mathrm{cell} = \kappa R_x$

8. 科尔劳施公式 $\Lambda_\mathrm{m} = \Lambda_\mathrm{m}^\infty - A\sqrt{c}$

9. 离子独立移动定律 $\Lambda_\mathrm{m}^\infty = \nu_+ \Lambda_{\mathrm{m},+}^\infty + \nu_- \Lambda_{\mathrm{m},-}^\infty$

10. 电池反应的能斯特方程 $E = E^\ominus - \dfrac{RT}{zF}\ln\prod\limits_B a_B^{\nu_B}$

11. 电池电动势与电极电势的关系 $E = E_+ - E_-$

12. 标准电池电动势与标准电极电势的关系 $E^\ominus = E_+^\ominus - E_-^\ominus$

13. $E^\ominus$ 与 $K^\ominus$ 的关系 $E^\ominus = \dfrac{RT}{zF}\ln K^\ominus$

14. $\Delta_\mathrm{r} G_\mathrm{m}$ 与 E 的关系 $\Delta_\mathrm{r} G_\mathrm{m} = -zFE$

15. $\Delta_\mathrm{r} G_\mathrm{m}^\ominus$ 与 $E^\ominus$ 的关系 $\Delta_\mathrm{r} G_\mathrm{m}^\ominus = -zFE^\ominus$

16. 电极电势能斯特方程 $E(电极) = E^\ominus(电极) - \dfrac{RT}{zF}\ln\dfrac{a(还原态)}{a(氧化态)}$

17. 氢电极法 Pt，$H_2(g,p)$ ｜待测液 $a(H^+)$ ‖甘汞电极，298K 时 $\mathrm{pH} = \dfrac{0.4196 - E}{0.0592}$

18. 阳极超电势 $\eta_阳 = E_阳 - E_{阳,平}$

19. 阴极超电势 $\eta_阴 = E_{阴,平} - E_阴$

习 题

一、填空题

1. 电子导体导电的机理是_____，

离子导体导电的机理是_____。

2. 电导率随溶液浓度的变化关系是：_____。

摩尔电导率随溶液浓度的变化关系是：_____。

3. 科尔劳施定律 $\Lambda_m = \Lambda_m^\infty - A\sqrt{c}$ 适用于_____。

4. 原电池是一个把_____转变成_____的装置；电解池是一个把_____转变成_____的装置。

5. 原电池由两个电极组成，习惯上，原电池分_____极和_____极，电极电势较高的为_____极，电极电势较低的为_____。

6. 原电池电动势用符号_____表示，单位为_____，电极的电极电势用符号_____表示，单位为_____。

7. 电解池也由两个电极组成，习惯上，电解池分_____极和_____极，与外加电源的正极相连的为____极，发生____反应；与外加电源负极相连的为____极，发生____反应；原电池标记式中，左侧习惯上放置____极，右侧放置____极。左侧电极发生_____反应；右侧电极发生_____反应。将电极反应相加得到电池反应时，须配平_____得失。

8. 规定标准氢电极的电极电势为_____。

9. 电极一般分为三类：第一类是_____电极，如：_____；第二类电极是_____，如：_____；第三类电极是_____，如：_____。

10. 盐桥的制作是采用 KCl 溶液或者 NH_4NO_3 溶液加热，并溶入适量的琼脂，将溶液倒入 U 形管中冷却即成；盐桥的作用是用来消除_____。

11. 写出所列电池的电极反应和电池反应

(1) $Pt|H_2(g)|H^+ \parallel Cu^{2+}|Cu$

负极反应_____

正极反应_____

电池反应_____。

(2) $Ag|Ag^+ \parallel Sn^{4+}|Sn^{2+}|Pt$

负极反应_____

正极反应_____

电池反应_____。

(3) $Pt|H_2(g)|H^-(H_2O) \parallel O_2|Pt$

负极反应_____

正极反应_____

电池反应_____。

(4) $Pt|H_2(g)|HCl \parallel AgCl(s)|Ag$

负极反应_____

正极反应_____

电池反应_____。

(5) $Ag|AgBr(s)|Br^- \parallel SO_4^{2-}|Hg_2SO_4(s)|Hg$

负极反应 _____
正极反应 _____
电池反应 _____。

12. 将下列电池反应写成电池符号

(1) $Zn + Hg_2SO_4(s) \longrightarrow ZnSO_4 + 2Hg$　　电池符号 _____。

(2) $AgCl(s) + I^- \longrightarrow AgI(s) + Cl^-$　　电池符号 _____。

(3) $Fe^{2+} + Ag^+ \longrightarrow Fe^{3+} + Ag$　　电池符号 _____。

13. 超电势的产生是因为在电流通过电极时，电极产生 _____ 现象的结果，超电势的存在使得物质在两极上析出的难度 _____。

14. 极化电极电势越高，其氧化态得电子的能力越 _____，越容易从电极上析出；极化电极电势越低，其还原态失电子的能力越 _____，越容易从电极上析出。

15. 用铂作阴极，电解 $AgNO_3$ 水溶液，当电极上通过的电量为 96500C 时，阴极上析出 Ag 有 _____ g，若将电解液改为 $CuSO_4$ 时，阴极上析出的 Cu 有 _____ g。

16. 用石墨作阳极，电解 NaCl 水溶液，已知阳极上析出 Cl_2 气，通过的电量为 19300C 时，Cl_2 的质量为 _____ g。100kPa，0℃时，体积为 _____ L。

17. 在 27℃ 和 100kPa 下，电流强度 $I=2A$ 的电流，电解氢氧化钠的水溶液，经过 1.5h 后，析出的氧气的体积为 _____。

二、计算题

1. 25℃时，将某电导池充以 $0.02\,mol \cdot L^{-1}$ 的 KCl 溶液，测得电阻为 457.3Ω，若代以 $0.005\,mol \cdot L^{-1}$ 的 $CaCl_2$ 溶液，测得电阻为 1050Ω，已知 $0.02\,mol \cdot L^{-1}$ 的 KCl 溶液的 $\kappa = 0.2768\,S \cdot m^{-1}$，试计算：

(1) 电导池常数 $K_{cell}\left(\dfrac{l}{A}\right)$；

(2) $CaCl_2$ 溶液的电导率；

(3) $CaCl_2$ 溶液的摩尔电导率 $\Lambda_m(CaCl_2)$。

2. 某电导池盛以 $0.02\,mol \cdot L^{-1}$ 的 KCl 溶液，在 298K 时测得电阻为 824.3Ω，再换用 $0.005\,mol \cdot L^{-1}$ 的 K_2SO_4 溶液，测得电阻为 163Ω，已知 $0.02\,mol \cdot L^{-1}$ 的 KCl 溶液的 $\kappa = 0.2768\,S \cdot m^{-1}$，试计算 K_2SO_4 溶液的电导率和摩尔电导率。

3. 293K 时 HI 溶液的极限摩尔电导率为 $381.5 \times 10^{-4}\,S \cdot m^2 \cdot mol^{-1}$，浓度为 $0.405\,mol \cdot dm^{-3}$ 时的电导率为 $13.32\,S \cdot m^{-1}$，试求此时 HI 的解离度。

4. 测得 $0.001028\,mol \cdot L^{-1}$ 的 HAc 溶液，在 25℃ 时的 $\Lambda_{HAc} = 4.815 \times 10^{-3}\,S \cdot m^2 \cdot mol^{-1}$，计算：(1) HAc 的解离度；(2) 解离常数；(3) 溶液的 pH 值（提示：先求 Λ_{HAc}^{∞}）。

5. 试计算下列电池在 25℃ 时的电动势：

(1) $Zn|Zn^{2+}(0.1\,mol \cdot L^{-1})\|Cu^{2+}(0.3\,mol \cdot L^{-1})|Cu$

(2) $Hg, Hg_2Cl_2(s)|HCl(1\,mol \cdot L^{-1})\|Fe^{3+}(0.1\,mol \cdot L^{-1}), Fe^{2+}(0.2\,mol \cdot L^{-1})|Pt$

(3) $Cd|Cd^{2+}(1\,mol \cdot L^{-1})\|I^-(1\,mol \cdot L^{-1})|I_2(s)|Pt$

6. 电池 $Fe|Fe^{2+}(2\,mol \cdot L^{-1})\|Ag^+(0.9\,mol \cdot L^{-1})|Ag$ 在 25℃ 时 $E^{\ominus} = 1.2391V$，(1) 写出电池反应；(2) 计算 25℃ 时的 E；(3) 计算 25℃ 时的 ΔG；(4) 计算 25℃ 时的平衡常数 K。

7. AgCl(s)|HCl(0.1mol·L^{-1})|玻璃膜|待测溶液（pH＝?）‖饱和甘汞电极，25℃时，用 pH＝4 的缓冲溶液充入，测得电池电动势 E＝0.3010V；当用被测溶液时，测得电池电动势 E＝0.4250V，求被测溶液的 pH 值。

8. 电池 Pb，PbSO$_4$(s)|Na$_2$SO$_4$·10H$_2$O|Hg$_2$SO$_4$(s)，Hg 在 25℃时的电池电动势为 0.9647V，电动势的温度系数为 1.74×10^{-4}V·K^{-1}。

（1）写出电池反应；（2）计算 25℃时该反应的 Δ_rG_m、Δ_rH_m、Δ_rS_m，以及电池恒温可逆放电时的可逆热 $Q_{r,m}$。

9. 氨可以作为燃料电池的燃料，其电极反应及电池反应分别为

阳极　　$NH_3(g)+3OH^-\longrightarrow\dfrac{1}{2}N_2(g)+3H_2O(l)+3e^-$

阴极　　$\dfrac{3}{4}O_2(g)+\dfrac{3}{2}H_2O(l)+3e^-\longrightarrow3OH^-$

电池反应　　$NH_3(g)+\dfrac{3}{4}O_2(g)\longrightarrow\dfrac{1}{2}N_2(g)+\dfrac{3}{2}H_2O(l)$

试利用物质的标准摩尔生成吉布斯函数值，计算该电池在 25℃时的标准电动势。

10. 写出下列电池的电池反应，计算 25℃时电池的电动势，并指明反应能否自发进行。

$Pt\,|\,X_2(p)\,|\,X^-(a=0.1)\,\|\,X^-(a=0.001)\,|\,X_2(p)\,|\,Pt$（X 表示卤素）

11. 电池 Pt|H$_2$(g，100kPa)|待测酸性溶液‖1mol·dm^{-3} KCl|Hg$_2$Cl$_2$(s)，Hg，在 25℃时测得电池电动势 E＝0.664V，试计算待测溶液的 pH。

12. 电池 Sb|Sb$_2$O$_3$(s)|未知溶液‖饱和 KCl 溶液|Hg$_2$Cl$_2$(s)，Hg，在 25℃时，当未知溶液为 pH＝3.98 的缓冲溶液时，测得电池的电动势 E_1＝0.228V；当未知溶液换成待测 pH 的溶液时，测得电池的电动势 E_2＝0.3451V。试计算待测溶液的 pH。

13. 某溶液中含有 $c_{Zn^{2+}}=3.67$ mol·L^{-1}，$c_{Co^{2+}}=0.00017$ mol·L^{-1}，$c_{Cd^{2+}}=0.0089$ mol·L^{-1}和 $c_{H^+}=10^{-7}$ mol·L^{-1}，试问各离子的析出电势以及它们的析出顺序。已知 Co 和 H$_2$ 的超电势分别为 0.4V 和 0.7V。

14. 298K、101325Pa 时，以铂为阴极，石墨为阳极，电解含有 FeCl$_2$(0.01mol·L^{-1})和 CuCl$_2$(0.02mol·L^{-1})的水溶液，若电解过程中不断搅拌，并设超电势均可不计，问：

（1）何种金属先析出？

（2）第二种金属析出时，至少需加多少电压？

（3）第二种金属离子析出时，第一种金属离子在溶液中的剩余浓度为若干？

15. 电解饱和食盐水（c_{NaCl}＝190g·L^{-1}），用铁丝网做阴极，石墨做阳极，当电流密度为 10000A·m^{-1}时，H$_2$、O$_2$、Cl$_2$ 在各电极上的超电势分别为 0.2V、1.24V 和 0.53V（Na 的超电势为零）。在 25℃，对中性饱和食盐水电解时：

（1）阴极、阳极各析出什么物质？

（2）其实际分解电压和理论分解电压各为多少？

三、拓展题

查阅相关资料，说出几种新型的电池种类及应用领域，并指出正负极。

第七章
动力学基础

学习指导

1. 了解化学反应速率及其表示，掌握质量作用定律及速率方程的一般形式。
2. 掌握简单级数反应的特征及零级、一级和二级反应的速率方程及其应用。
3. 了解反应级数的概念。
4. 明确温度、活化能对反应速率的影响，理解阿伦尼乌斯公式中各项的含义。
5. 了解复杂反应的动力学特征及近似处理。
6. 掌握催化剂的基本特征，了解固体催化剂的活性及其影响因素，了解单相催化反应的机理及多相催化反应步骤。

在人们的周围发生着很多化学反应，有的进行得很快，例如爆炸反应、强酸和强碱的中和反应等，几乎在顷刻之间完成；有的则进行得很慢，如岩石的风化、钟乳石的生长、镭的衰变等，历时千百万年才有显著的变化。在化工生产中，人们总是希望某些反应尽可能快些；而在另外一些场合人们又希望反应尽可能慢些，如铁的生锈、食物的腐烂、塑料的老化等。因此，关于反应速率的研究显得十分重要。

对于有的反应，用热力学预见是可以发生的，但却因为反应速率太慢而事实上并不发生，如金刚石在常温常压下转化为石墨，在常温下氢气和氧气反应生成水等，这是由于化学热力学只讨论反应的可能性、趋势与程度，却不讨论反应的速率，而化学动力学主要研究化学反应的速率及反应机理，研究物质结构和反应性能的关系，其基本任务是：了解反应速率；讨论各种因素（浓度、压力、温度、介质、催化剂等）对反应速率的影响；研究反应机理、讨论反应中的决速步等。

第一节 化学反应速率

对于反应 $2NO_2 \longrightarrow 2NO + O_2$，如何用反应进度表示其反应速率？

一、反应速率的表示

一般情况下，在等容反应体系中，反应体系中反应物和产物的浓度与时间的关系可以用图 7-1 的曲线来表示。化学反应的速率就是单位时间反应物（R）和产物（P）浓度的改变量，由于反应物产物在反应式中的计量系数不尽一致，所以用不同的物质表示化学反应速率时，其数值也不一致。

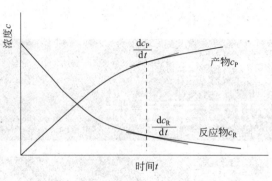

图 7-1 反应物和产物的浓度与时间的关系

但如用反应进度的变化率来表示进度，反应速率在数值上是一致的。

如对任意反应
$$aA + dD \longrightarrow eE + fF$$

或化简成
$$0 = \sum_B \nu_B B$$

根据反应进度的定义有
$$d\xi = \frac{dn_B}{\nu_B}$$

随着反应进行，反应进度 ξ 增大。物理化学中用单位体积内反应进度随时间的变化率来表示反应进行的快慢，称为反应速率，用符号"v"表示，即

$$v = \frac{1}{V} \times \frac{d\xi}{dt} \tag{7-1}$$

式中，V 为反应体系的体积，v 为反应速率，单位为浓度·时间$^{-1}$。

$$v = \frac{1}{V} \times \frac{d\xi}{dt} = \frac{1}{V} \times \frac{dn_B}{\nu_B dt}$$

若反应为均相恒容反应，则

$$v = \frac{dc_B}{\nu_B dt} \tag{7-2}$$

式中 c_B——B 的物质的量浓度，$mol \cdot L^{-1}$ 或 $mol \cdot m^{-3}$；

ν_B——B 的化学计量系数。

此式为均相恒容反应速率的定义式。dc_B/dt 代表物质的浓度随时间的变化率。对反应物 dc_B/dt 和 ν_B 均为负值；对生成物 dc_B/dt 和 ν_B 均为正值，因此，反应速率恒为正值，与选用哪种物质表示无关，但其大小却与化学计量式的写法有关。

因此，对任意化学反应 $aA + dD \longrightarrow eE + fF$

$$v = -\frac{1}{a}\frac{dc_A}{dt} = -\frac{1}{d}\frac{dc_D}{dt} = \frac{1}{e}\frac{dc_E}{dt} = \frac{1}{f}\frac{dc_F}{dt} \tag{7-3}$$

为了讨论问题方便，常采用某指定反应物的消耗速率或产物的生成速率来表示反应进行的快慢。对前面所述的化学反应 $aA + dD \longrightarrow eE + fF$，定义恒容下，反应物的消耗速率为

$$v_A = -\frac{dc_A}{dt}$$

$$v_D = -\frac{dc_D}{dt} \tag{7-4}$$

产物的生成速率为

$$v_E = \frac{dc_E}{dt}$$
$$v_F = \frac{dc_F}{dt} \tag{7-5}$$

因反应物不断消耗，dc_A/dt 和 dc_D/dt 为负值，为使消耗速率为正值，前面加一负号。

由式（7-3）~式（7-5）可知，反应速率与反应物的消耗速率、产物的生成速率之间的关系为

$$v = \frac{v_A}{a} = \frac{v_D}{d} = \frac{v_E}{e} = \frac{v_F}{f} \tag{7-6}$$

对于气相反应，因压力比浓度更易测量，故也常用参与反应的各物质的压力随时间的变化率来表示消耗速率、生成速率及反应速率，在书写表达式时，只需将浓度 c 换成压力 p。

如反应
$$N_2O_5(g) \longrightarrow N_2O_4 + \frac{1}{2}O_2$$

用压力表示的反应速率为

$$v_p = -\frac{dp_{N_2O_5}}{dt} = \frac{dp_{N_2O_4}}{dt} = 2\frac{dp_{O_2}}{dt}$$

对于恒温恒容理想气体反应，因 $p_B = c_B RT$，所以用压力表示的化学反应速率 v_p 与用浓度表示的化学反应速率 v 之间的关系为

$$v_p = vRT \tag{7-7}$$

二、化学反应速率的测定

要确立一个反应的速率，就必须测定不同时刻的反应物或产物的浓度，测定物质浓度的方法有化学法和物理法两种。

（1）化学法　利用仪器分析法测定反应中某时刻各物质的浓度，一般用于液相反应，其特点是设备简单，可直接测得浓度，但操作较烦琐。

（2）物理法　通过物理性质的测定来确定反应物或产物浓度，例如测定体系的旋光度、折射率、电导、电动势、黏度、介电常数、吸收光谱、压力、体积等的改变。此法较化学法迅速、方便，并可制成自动的连续记录的装置，以记录某物理性质在反应中的变化。但此法不能直接测量浓度，所以要找出浓度与被测物理量之间的关系曲线（工作曲线），但当反应有副反应或少量杂质对所测量的物理性质有较灵敏的影响时，易造成较大误差。

第二节　化学反应速率方程

学习导航

已知反应：$Cl \cdot + H_2 \longrightarrow HCl + H \cdot$ 是一步完成的基元反应，该反应的速率方程如何表示，其反应级数为多少？

表示反应速率和浓度关系的方程或表示浓度与时间关系的方程称为速率方程,又称动力学方程。

一、基元反应和非基元反应

通常将反应物转变为产物所经历的具体途径称为反应机理或反应历程。

1. 基元反应

一个化学反应,可能是一步完成,但大多数化学反应是经过一系列的步骤而完成的。在反应过程中每一步骤都体现了反应分子间的一次直接作用的结果。凡分子、原子、离子、自由基等直接碰撞,一步实现的反应叫基元反应。

例如:乙酸乙酯的皂化反应

$$CH_3COOC_2H_5 + OH^- \longrightarrow CH_3COO^- + C_2H_5OH$$

是一步完成的,该反应就是一个基元反应。但下列反应:

$$H_2 + I_2 \longrightarrow 2HI$$
$$H_2 + Cl_2 \longrightarrow 2HCl$$
$$H_2 + Br_2 \longrightarrow 2HBr$$

都不是基元反应,而仅是代表反应的总结果——总反应,所以它们只是代表反应的化学计量式,仅表示了反应的热力学含义(即始态和终态),并没有表示反应的动力学含义(该反应要经过几个步骤)。实际上,这三个反应进行的实际过程差异很大。如 H_2 与 Cl_2 的反应,其过程为

$$Cl_2 + M \longrightarrow 2Cl\cdot + M$$
$$Cl\cdot + H_2 \longrightarrow HCl + H\cdot$$
$$H\cdot + Cl_2 \longrightarrow HCl + Cl\cdot$$
$$Cl\cdot + Cl\cdot + M \longrightarrow Cl_2 + M$$

这四步代表 H_2 与 Cl_2 反应的真实途径叫反应机理或反应历程,其中每一步就是一个基元反应。

2. 非基元反应

如果一个化学反应,总是经过若干个简单的反应步骤,最后才转化为产物分子,这种反应称为非基元反应,非基元反应是许多基元反应的总和,亦称复合反应、总反应或总包反应。复合反应是经过若干个基元反应才能完成的反应,这些基元反应代表了反应的途径,在动力学上又称为反应的机理或历程。

二、质量作用定律

基元反应的速率与反应物浓度幂的乘积成正比。其中幂次为化学计量系数的绝对值,亦即方程的配平系数。这是一个经验规律,它表明了物质质量(浓度)对速率影响的关系。质量作用定律只是描述基元反应动力学行为的定律。

对反应
$$aA + dD \longrightarrow eE + fF$$

由质量作用定律,其反应速率方程可表示为

$$v = k c_A^a c_D^d \tag{7-8}$$

式中，k 为比例系数，称为反应速率系数，其物理意义为：参加反应的物质浓度均为单位浓度时（$1\ \text{mol}\cdot\text{dm}^{-3}$）的反应速率的数值。它不随物质的浓度变化，但它和温度、介质、催化剂，甚至和反应器的大小、形状以及材质有关。对于指定反应，当温度、反应介质和催化剂等条件一定时，反应速率系数 k 为一定值。但同一温度下，不同化学反应的 k 值一般不同，同一反应用不同的物质表示时，k 值亦可不同（因反应物速率、产物速率及反应速率不一定相同，所以 k 的大小与物质选择有关）。k 值的大小直接反映了反应的快慢与反应进行的难易程度。

三、速率方程的一般形式

非基元反应的速率方程必须由实验确定，由实验总结出来的经验方程一般也具有与基元反应相同的幂函数形式。即对反应

$$a\text{A} + d\text{D} \longrightarrow e\text{E} + f\text{F}$$

其速率方程可表示为

$$v = k c_\text{A}^\alpha c_\text{D}^\beta \cdots \tag{7-9}$$

式中，α、β 由实验确定。α 和 β 分别称为物质 A 和 B 的反应分级数，各反应物分级数代数和称为反应总级数，简称反应级数，用 n 表示，即

$$n = \alpha + \beta + \cdots \tag{7-10}$$

反应级数可以为 0、1、2、3 等整数，也可以是分数，这都是由实验测定的。所以，反应级数由速率方程决定，而速率方程又是由实验确定，绝不能由计量方程直接写出速率方程。

如反应

$$\text{H}_2 + \text{Cl}_2 \longrightarrow 2\text{HCl} \qquad v = k c_{\text{H}_2} c_{\text{Cl}_2}^{1/2} \qquad n = 1.5$$

$$\text{H}_2 + \text{I}_2 \longrightarrow 2\text{HI} \qquad v = k c_{\text{H}_2} c_{\text{I}_2} \qquad n = 2$$

对基元反应，反应级数与反应的分子数一般是相同的，如单分子反应就是一级反应，双分子反应就是二级反应。

第三节 简单级数化学反应的动力学特征

学习导航

某反应 A⟶B+C，当 A 的浓度为 $0.20\ \text{mol}\cdot\text{L}^{-1}$ 时，反应速率是 $0.0050\ \text{mol}\cdot\text{L}^{-1}\cdot\text{s}^{-1}$，若是零级反应，反应速率系数为多少，若是一级反应，反应速率系数为多少？

凡是反应速率只与反应物浓度有关，而且反应级数（包括分级数和总级数）都只是零或正整数的反应，称为具有简单级数的反应。基元反应都是具有简单级数的反应，但具有简单级数的反应不一定是基元反应。如零级反应不可能是基元反应，因为不可能有零分子反应。

而氢气和碘生成碘化氢的反应虽具有简单级数却不是基元反应。本节重点讨论零级反应、一级反应和二级反应的速率方程的微分式、积分式及其特征。反应速率方程的微分式是表示反应速率与浓度关系的式子，而将微分式进行积分，则可得到浓度与时间的关系式，称为积分式。

一、零级反应

速率方程与反应物质浓度无关者称为零级反应。

1. 速率方程

对于反应：$A \longrightarrow P$

其速率方程为

$$-\frac{dc_A}{dt} = kc_A^0 = k \tag{7-11}$$

求定积分

$$-\int_{c_{A,0}}^{c_A} dc_A = \int_0^t k \, dt$$

得

$$c_A = -kt + c_{A,0} \tag{7-12}$$

式中，$c_{A,0}$ 为反应物 A 的原始浓度；c_A 为任意时刻 t 反应物 A 的浓度。

2. 特征

① k 的单位为 "$mol \cdot dm^{-3} \cdot s^{-1}$"。

② c_A 与 t 呈线性关系，如图 7-2 所示，斜率 $= -k$。

③ 反应物消耗掉一半所需的时间称为该反应的半衰期，用符号 $t_{1/2}$ 表示。

将 $c_A = c_{A,0}/2$ 带入式 (7-12)，可得零级反应半衰期 $t_{1/2} = \dfrac{c_{A,0}}{2k}$

由此可见，零级反应半衰期与反应物的起始浓度成正比。

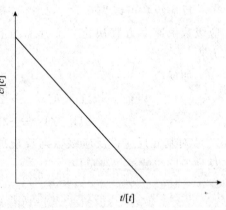

图 7-2 零级反应的 c_A-t 图

3. 实例

许多表面催化反应属零级反应，如氨气在钨丝上的分解反应；氧化亚氮在铂丝上的分解反应等。

二、一级反应

反应速率与反应物浓度的一次方成正比的反应，称为一级反应。

1. 速率方程

设有一级反应

$$A \longrightarrow P$$
$$t = 0 \quad c_{A,0}$$
$$t = t \quad c_A$$

其速率方程为

$$-\frac{dc_A}{dt} = k_A c_A \tag{7-13}$$

将上式求定积分，$\int_{c_{A,0}}^{c_A} \dfrac{dc_A}{c_A} = -\int_0^t k\,dt$

得
$$\ln \dfrac{c_{A,0}}{c_A} = kt \tag{7-14}$$

式（7-14）也可改写成
$$\ln c_A = -kt + \ln c_{A,0} \tag{7-15}$$

若任一时刻反应物 A 的转化率为 $y = \dfrac{c_{A,0} - c_A}{c_{A,0}}$，则有

$$\ln \dfrac{1}{1-y} = kt \tag{7-16}$$

2. 特征

① k 的单位为 [时间]$^{-1}$，与浓度无关。

② 将 $\ln(c_A/[c])$ 对 t 作图，应为一直线，斜率为 $-k$，如图 7-3 所示。

③ 半衰期 将 $c_A = c_{A,0}/2$ 代入式（7-12），可得一级反应半衰期 $t_{1/2} = \dfrac{\ln 2}{k}$。

由此可见，一级反应的半衰期与初始浓度无关，与反应速率系数 k 成反比。

④ 反应物浓度 c_A 随时间 t 呈指数性下降，$t \to \infty$，$c_A \to 0$，所以一级反应需无限长的时间才能反应完全。

由以上的特点，可以判断一个反应是否是一级反应。

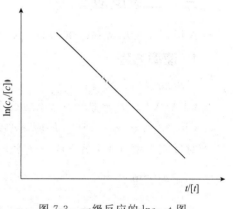

图 7-3　一级反应的 $\ln c_A$-t 图

3. 实例

① 放射性元素的蜕变反应均为一级反应。

② N_2O_5 的热分解反应。

③ 分子重排反应，如顺丁烯二酸转化为反丁烯二酸的反应。

④ 蔗糖的水解反应。

其中蔗糖的水解反应实际上为二级反应，由于在溶液中水量很多，在反应过程中，其浓度可看作为一常数，反应表现为一级反应，故称该反应为准一级反应。

【例 7-1】 某金属钚的同位素进行 β 放射。14 天后，同位素活性下降了 6.85%，试求该同位素：(1) 蜕变速率系数；(2) 半衰期；(3) 分解掉 90% 所需要的时间。

解 因为放射性元素的蜕变反应是一级反应，根据题意则有

(1) $\ln \dfrac{1}{1-y} = kt$

$k = \dfrac{1}{t} \ln \dfrac{1}{1-y} = \dfrac{1}{14} \ln \dfrac{1}{1-0.0685} = 0.00507\,(\text{d}^{-1})$

(2) $t_{1/2} = \dfrac{\ln 2}{k} = 136.7\,(\text{d})$

(3) $t = \dfrac{1}{k} \ln \dfrac{1}{1-y} = \dfrac{1}{0.00507} \ln \dfrac{1}{1-0.9} = 454.2(\text{d})$

【例 7-2】 35℃时的气相分解反应是一级反应,实验测得 40min 分解了 27.4%,求:(1) 反应速率系数;(2) 50min 分解了多少;(3) 半衰期。

解 根据题意得

(1) $k = \dfrac{1}{t} \ln \dfrac{1}{1-y} = \dfrac{1}{40} \ln \dfrac{1}{1-0.274} = 0.0080(\text{min}^{-1})$

(2) 由 $kt = \ln \dfrac{1}{1-y} = 0.0080 \times 50$ 可得:$y = 0.33$

(3) $t_{1/2} = \dfrac{\ln 2}{k} = \dfrac{0.693}{0.0080} = 86.6(\text{min})$

三、二级反应

反应速率与反应物浓度的二次方成正比的反应,称为二级反应。

1. 速率方程

二级反应的类型有:

(Ⅰ) $A + B \longrightarrow P + \cdots$ (反应速率与两个反应物的浓度的乘积成正比)

(Ⅱ) $2A \longrightarrow P + \cdots$ (反应速率仅与一个反应物的浓度的二次方成正比)

对反应类型 (Ⅰ) $A + B \longrightarrow P + \cdots$

其速率方程为
$$-\dfrac{\mathrm{d}c_A}{\mathrm{d}t} = k c_A c_B \tag{7-17}$$

因 A、B 初始浓度未必相同,故分以下两种情况讨论。

(1) 若 A、B 起始浓度相同 $c_{A,0} = c_{B,0}$,则 $-\dfrac{\mathrm{d}c_A}{\mathrm{d}t} = k c_A c_B = k c_A^2$

移项,求定积分
$$\int_{c_{A,0}}^{c_A} \dfrac{\mathrm{d}c_A}{c_A^2} = -\int_0^t k \, \mathrm{d}t$$

$$\dfrac{1}{c_A} = kt + \dfrac{1}{c_{A,0}} \tag{7-18}$$

若设 t 时刻 A 消耗掉的浓度为 x,反应物 A 的转化率为 y,则 $y = \dfrac{x}{c_{A,0}} = \dfrac{c_{A,0} - c_A}{c_{A,0}}$,代入上式,得

$$\dfrac{y}{c_{A,0}(1-y)} = kt \tag{7-19}$$

(2) 若 A、B 起始浓度不同 即 $c_{A,0} \neq c_{B,0}$,那么任意时刻 t 时,$c_A \neq c_B$,设反应过程中任意时刻 t 时 A 减少浓度为 x,有

$$\begin{array}{cccc} & A & + & B & \longrightarrow & P & + \cdots \\ t=0 & c_{A,0} & & c_{B,0} & & & \\ t=t & c_A = c_{A,0} - x & & c_B = c_{B,0} - x & & & \end{array}$$

则速率方程为
$$-\dfrac{\mathrm{d}c_A}{\mathrm{d}t} = k c_A c_B$$

该式也可写作
$$\frac{dx}{dt} = k(c_{A,0} - x)(c_{B,0} - x)$$

求积分式
$$\int_0^x \frac{dx}{(c_{A,0} - x)(c_{B,0} - x)} = \int_0^t k\,dt$$

得
$$\frac{1}{c_{A,0} - c_{B,0}} \ln \frac{c_{B,0}(c_{A,0} - x)}{c_{A,0}(c_{B,0} - x)} = kt \tag{7-20}$$

对反应类型（Ⅱ）式进行讨论：$2A \longrightarrow P + \cdots$

速率方程为
$$-\frac{dc_A}{dt} = kc_A^2 \tag{7-21}$$

此种情况与反应类型（Ⅰ）中的第一种情况相同，也就是说反应类型（Ⅱ）可归结于类型（Ⅰ）中的第一种情况，此处不再赘述。

2. 特征

反应类型（Ⅰ）的第一种情况及反应类型（Ⅱ）的化学反应，具有如下特征

① k 的单位：[浓度]$^{-1}\cdot$[时间]$^{-1}$，其数值和使用的物质的浓度有关，计算时应注意不同单位之间的换算。

② $\dfrac{1}{c_A}$ 与 t 呈线性关系，斜率为 k，如图 7-4 所示。

③ 半衰期。将 $c_A = c_{A,0}/2$ 代入式（7-20），可得二级反应的半衰期 $t_{1/2} = \dfrac{1}{kc_{A,0}}$

与起始物浓度有关且成反比。

④ 对二级反应，若某一反应物大大过量，该物质的初始浓度在反应过程中可以视为常数，则二级反应可转化为一级反应——准一级反应。

例如 $v = kc_A c_B$，若 $c_A \gg c_B$，则 $v = k'c_B$

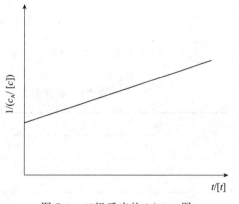

图 7-4　二级反应的 $1/c_A$-t 图

而反应类型（Ⅰ）的第二种情况的化学反应，因 A、B 初始浓度不同，所以 A、B 半衰期不同，对整个反应而言没有半衰期。

3. 实例

一级反应最为常见，例如乙烯、丙烯、异丁烯的二聚作用，乙酸乙酯皂化，碘化氢、甲醛的热分解反应等都是常见的二级反应。

【例 7-3】乙酸乙酯皂化反应
$$CH_3COOC_2H_5 + NaOH \longrightarrow CH_3COONa + C_2H_5OH$$

为二级反应，$t=0$ 时，反应物的初始浓度均为 $0.02\,\text{mol}\cdot\text{dm}^{-3}$，在 21℃ 时，反应 25min 后，取出样品，立即中止反应进行定量分析，测得溶液中剩余 NaOH 的浓度为 $0.00592\,\text{mol}\cdot\text{dm}^{-3}$。

(1) 此反应转化率达 90% 需时若干？

(2) 如果反应物的初始浓度均为 $0.01\,\text{mol}\cdot\text{dm}^{-3}$，达到同样的转化率，需时若干？

解 根据题意可得，该反应属于二级反应中（Ⅰ）类型中的（1），则有 $\dfrac{y}{c_{A,0}(1-y)} = kt$

(1) 已知 $t_1 = 25\,\text{min}$，$y_1 = \dfrac{0.02 - 0.00592}{0.02} = 0.704$，$y_2 = 0.9$

速率系数为一定值，于是有 $\dfrac{y_1}{c_{A,0}(1-y_1)} = kt_1$，$\dfrac{y_2}{c_{A,0}(1-y_2)} = kt_2$

两式相除得 $\dfrac{y_1(1-y_2)}{y_2(1-y_1)} = \dfrac{t_1}{t_2}$

$$t_2 = \dfrac{t_1(1-y_1)y_2}{(1-y_2)y_1} = \dfrac{25 \times (1-0.704) \times 0.9}{(1-0.9) \times 0.704} = 94.6(\text{min})$$

(2) 已知 $t_1 = 25\,\text{min}$，$c_{A,0}(1) = 0.02\,\text{mol}\cdot\text{dm}^{-3}$，$c_{A,0}(2) = 0.01\,\text{mol}\cdot\text{dm}^{-3}$，$y$ 为定值

速率系数为一定值，则 $\dfrac{y}{c_{A,0}(1)(1-y)} = kt_1$，$\dfrac{y}{c_{A,0}(2)(1-y)} = kt_2$

两式相除得 $\dfrac{c_{A,0}(2)}{c_{A,0}(1)} = \dfrac{t_1}{t_2}$

$$t_2 = \dfrac{t_1 c_{A,0}(1)}{c_{A,0}(2)} = \dfrac{0.02 \times 25}{0.01} = 50(\text{min})$$

显然，达到相同的转化率，若初始浓度减半，则时间加倍。

表 7-1 列出了符合通式 $-\dfrac{dc_A}{dt} = kc_A^n$ 的各级反应速率方程及特征。

表 7-1 符合通式 $-\dfrac{dc_A}{dt} = kc_A^n$ 的各级反应速率方程及特征

级数	速率方程 微分式	速率方程 积分式	特征 $t_{1/2}$	特征 直线关系	特征 k 的单位
0	$-\dfrac{dc_A}{dt} = k(c_A)^0$	$c_{A,0} - c_A = kt$	$\dfrac{c_{A,0}}{2k}$	$c_A\text{-}t$	浓度·时间$^{-1}$
1	$-\dfrac{dc_A}{dt} = kc_A$	$\ln\dfrac{c_{A,0}}{c_A} = kt$	$\dfrac{\ln 2}{k}$	$\ln c_A\text{-}t$	时间$^{-1}$
2	$-\dfrac{dc_A}{dt} = k(c_A)^2$	$\dfrac{1}{c_A} - \dfrac{1}{c_{A,0}} = kt$	$\dfrac{1}{kc_{A,0}}$	$\dfrac{1}{c_A}\text{-}t$	浓度$^{-1}$·时间$^{-1}$
n	$-\dfrac{dc_A}{dt} = k(c_A)^n$	$\dfrac{1}{n-1}\left(\dfrac{1}{c_A^{n-1}} - \dfrac{1}{c_{A,0}^{n-1}}\right) = kt$	$\dfrac{2^{n-1}-1}{(n-1)kc_{A,0}^{n-1}}$	$\dfrac{1}{c_A^{n-1}}\text{-}t$	浓度$^{1-n}$·时间$^{-1}$

第四节 温度对反应速率的影响

> **学习导航**
>
> 某药物分解 30% 即为失效，若放置在 3℃ 冰箱中保存期为两年。某人购回此药，因故在室温 25℃ 放置了两周，试通过计算说明该药物是否已失效，已知该药物分解百分数与浓度无关，且分解活化能 $E_a = 13.00\,\text{kJ}\cdot\text{mol}^{-1}$。

在一定温度下,速率系数不随浓度变化,但温度升高时,反应速率一般增加,且不同类型的反应,温度对反应速率影响不同,本任务中主要研究温度对反应速率的影响。

一、范特霍夫(Van't Hoff)规则

1884 年,范特霍夫根据实验事实总结出一条规律,当温度升高 10 K,一般反应速率大约增加 2~4 倍,用公式可以表示为

$$\frac{k_{T+10K}}{k_T} = 2 \sim 4$$

据此规律可大略估计温度对反应速率的影响,在缺乏数据时,用此经验规则估算温度对反应速率的影响,仍然是有价值的。

总反应是许多简单反应的综合,因此总反应的速率与温度的关系相对比较复杂。实验表明总反应的速率系数与温度的关系可以用图 7-5 来表示。

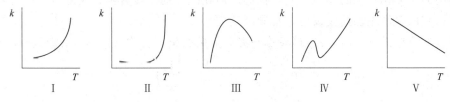

图 7-5 温度对反应速率影响的几种类型

第 I 种类型是最常见的,其特征是反应速率随温度的升高而逐渐加快,且符合指数关系,称为阿伦尼乌斯类型。

第 II 种类型总反应中含有爆炸型的反应,在低温时,反应速率较慢,但当温度达到某一临界值时,反应速率迅速增大,以致引起爆炸。

第 III 种类型常在一些受吸附控制的多相催化反应(例如加氢反应)中出现,当温度不太高的情况下,反应速率随温度的升高而加速,但达到了一定温度以后再升高温度,将使反应速率下降。这可能是由于温度对催化剂有不利的影响所致。由酶催化的反应也多属于这种类型。

第 IV 种类型是在碳的氢化反应中观察到的,当温度升高时可能由于副反应而变得复杂化。当温度升高时,反应速率升高很快。

第 V 种类型是反常的,NO 氧化成 NO_2 属于此类,这是由于该反应是由多步完成的,前一步反应的平衡常数对反应的速率有影响。

本节主要讨论第一种类型的反应速率系数 k 与温度 T 的关系。

二、阿伦尼乌斯(Arrhenius)方程

在范特霍夫经验规则的基础上,阿伦尼乌斯总结、归纳了大量实验结果,于 1889 年提出了表示反应速率系数 k 与温度 T 关系较为准确的公式:

$$k = A\exp\left(-\frac{E_a}{RT}\right) \tag{7-22}$$

这是阿伦尼乌斯公式的原形。式中 A、E_a 均为经验常数,后面发展起来的反应速率理论均给其赋予了一定的物理意义。A 为指前因子或频率因子,单位与速率系数 k 一样,E_a 为与分子的临界能有关的常数,称为活化能,其单位为 $J \cdot mol^{-1}$。从式(7-22)可以看出,反

应的活化能 E_a 越大，速率系数 k 越小，反应越慢。

将式（7-22）两边同时取自然对数得

$$\ln k = \ln A - \frac{E_a}{RT} \text{（或 } \lg k = \lg A - \frac{E_a}{2.303RT}\text{）} \tag{7-23}$$

式（7-23）为阿伦尼乌斯方程的不定积分式。显然，若有若干组不同温度 T 下的速率系数 k 值，将 $\ln k$ 对 $\frac{1}{T}$ 作图，可得一直线，由直线斜率可求得活化能 E_a，直线的截距即为 $\ln A$。

假定 E_a 不随温度 T 变化，将式（7-23）两边同时对温度 T 求导得

$$\frac{d\ln k}{dT} = \frac{E_a}{RT^2} \tag{7-24}$$

此即阿伦尼乌斯方程的微分式。由式（7-24）可以看出，反应的活化能越高，随温度的升高，反应速率增加得越快。即活化能越高的反应，对温度越敏感。因此，当同时存在几个反应时，则高温对活化能高的反应有利，低温对活化能低的反应有利，实际生产中可利用此原理来选择适宜的温度来加速主反应，抑制副反应。

在温度变化范围不大时，E_a 可看作与温度无关的量，将式（7-24）求定积分，得

$$\ln \frac{k_2}{k_1} = -\frac{E_a}{R}\left(\frac{1}{T_2} - \frac{1}{T_1}\right) \tag{7-25}$$

或

$$\lg \frac{k_2}{k_1} = -\frac{E_a}{2.303R}\left(\frac{1}{T_2} - \frac{1}{T_1}\right) \tag{7-26}$$

阿伦尼乌斯方程是表示 k-T 关系最常用的方程，适用于基元反应和非基元反应，但实验事实表明，若温度变化范围较大，则使用阿伦尼乌斯方程计算时会产生误差，而采用以下三参数经验式更好地符合实验结果，即

$$k = AT^n e^{-\frac{E}{RT}} \tag{7-27}$$

式中，A、E、n 均为实验常数。

【例 7-4】 醋酸酐的分解反应是一级反应，该反应的活化能 $E_a = 144.35 \text{kJ} \cdot \text{mol}^{-1}$。已知 557.15K 时该反应的 $k = 3.3 \times 10^{-2} \text{s}^{-1}$，现要控制该反应在 10min 内转化率达 90%，试确定反应温度应控制在多少？

解 由一级反应速率方程 $\ln \frac{1}{1-y} = kt$，可求 T_2 温度下的速率系数：

$$k_2 = \frac{1}{t}\ln\frac{1}{1-y} = \frac{1}{10 \times 60}\ln\frac{1}{1-0.9} = 3.84 \times 10^{-3} (\text{s}^{-1})$$

将 $E_a = 144.35 \text{kJ} \cdot \text{mol}^{-1}$，$T_1 = 557.15\text{K}$，$k_1 = 3.3 \times 10^{-2} \text{s}^{-1}$ 代入阿伦尼乌斯方程

$$\ln\frac{k_2}{k_1} = -\frac{E_a}{R}\left(\frac{1}{T_2} - \frac{1}{T_1}\right)$$

解得 $T_2 = 521.2\text{K}$

三、活化能

对基元反应，活化能 E_a 有较明确的物理意义。分子相互作用的首要条件是它们之间彼此的接触，虽然分子之间碰撞的频率是很大的，但只有少数能量比较高的分子之间的碰撞才能起反应，这些高能量分子称为活化分子。活化能 E_a 表征了反应分子发生有效碰撞的能量

要求，即：
$$E_a = E^* - E_R$$

式中，$\overline{E^*}$ 指能够发生反应的分子的平均能量；$\overline{E_R}$ 是所有分子的平均能量（单位都是 $J \cdot mol^{-1}$）；E_a 是这两个平均能量的差值，即实际是一个具有平均能量的反应物分子变成具有平均能量的活化分子所必须获得的能量。在一定温度下，活化能越高，活化分子的形成就越困难，活化分子所占的比例越小，因而反应阻力就越大，反应就越难进行，反应速率系数就越小，因此活化能的高低就代表了反应阻力的大小，表明了反应进行程度的难易。

可用能峰图（如图 7-6 所示）来定性解释活化能与反应阻力的关系，同时解释吸热反应和放热反应。图中 E_a 和 E_a' 分别代表正、逆反应的活化能。从图中可以看出，无论是正反应还是逆反应，反应物分子都必须越过一定高度的"能峰"才能变成生成物，这一能峰就是反应的活化能，显然，能峰越高，反应的阻力越大，反应就越难进行，反应速率当然越慢。

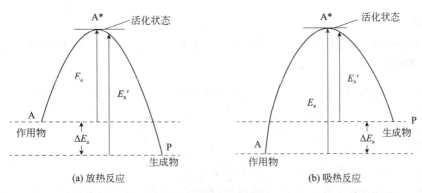

图 7-6 基元反应的活化能与反应热

只具有普通能量的反应物分子（1mol 分子）待吸收 E_a 的能量（即正反应的活化能），能达到活化状态，变成活化分子，而后才有可能继续反应生成普通能量的产物分子，同时放出能量 E_a'（此即逆反应的活化能），从反应物到生成物的净能量（$\Delta E_a = E_a - E_a'$）结果表明，若 ΔE_a 大于零，正反应为吸热反应，反之则为放热反应。

对于非基元反应，活化能没有严格的物理意义。非基元反应的活化能称为表观活化能，其大小仍具有总能峰的概念，仍然反映了反应阻力的大小。

*第五节　典型复合反应的动力学特征

复合反应即由两个或两个以上的基元反应组合而成，基元反应和具有简单级数的复合反应，又可组合成更为复杂的反应，典型的组合方式有三类，即对行反应、平行反应和连串反应。

一、对行反应

1. 定义

正、逆两个方向同时进行的反应称为对行反应、对峙反应，俗称可逆反应。

即
$$A \underset{k_-}{\overset{k_+}{\rightleftharpoons}} B$$

2. 特点

① 净速率等于正、逆反应速率之差值；

② 达到平衡时，反应净速率等于零；

③ 正、逆速率系数之比等于平衡常数 $K_c = \dfrac{k_1}{k_{-1}}$；

④ 在一级对行反应 $c\text{-}t$ 图 7-7 上，经过足够长的时间，反应物浓度降低，但不可能降到 0，产物浓度增加，但不可能达到或超过反应物的起始浓度。

3. 实例

一些分子内重排或异构化反应。

二、平行反应

1. 定义

反应物同时进行若干个不同的反应称为平行反应（生成主要产物的反应为主反应，余者为副反应）。

即

2. 特点

① 平行反应的总速率等于各平行反应速率之和。

② 速率方程的微分式和积分式与同级的简单反应的速率方程相似，只是速率系数为各个反应速率系数的和。

③ 级数相同的平行反应，产物的起始浓度为零时，在任一瞬间，各产物浓度之比等于速率系数之比，即 $\dfrac{k_1}{k_2} = \dfrac{c_B}{c_C}$。若各平行反应的级数不同，则无此特点。根据此特点，可改变反应速率常值的比值，使主反应按所要求的方向进行，可通过改变温度或选择适当的催化剂加速所需反应速率，使副反应尽可能减小到零。一级平行反应中反应物各产物的 $c\text{-}t$ 曲线如图 7-8 所示。

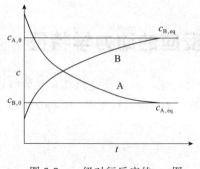 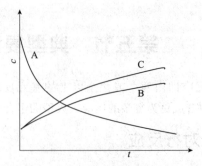

图 7-7　一级对行反应的 $c\text{-}t$ 图　　　　图 7-8　一级平行反应的 $c\text{-}t$ 图

3. 实例

氯苯的再氯化，可得到对位与邻位的二氯苯两种产物。

三、连串反应

1. 定义

凡是反应所产生的物质能再起反应而产生其他物质的反应,称为连串反应,或称连续反应。

即
$$r \longrightarrow y \longrightarrow z$$

注意:连续反应中,依次进行的各步骤中最慢的一步称为"控制步骤",整个反应速率就由这一步决定。

2. 特点

在连串反应的 c-t 关系图上,因为中间产物既是前一步反应的生成物,又是后一步反应的反应物,它的浓度有一个先增后减的过程,中间会出现一个极大值,此时中间产物 B 的生成速率与消耗速率相等,即 $dc_y/dt=0$,这极大值的位置和高度取决于两个速率系数的相对大小,如图 7-9 所示。

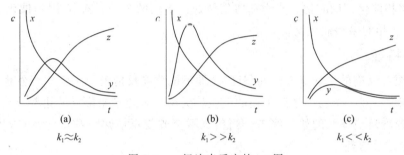

图 7-9 一级连串反应的 c-t 图

中间产物 B 取得最大值的最佳时间与最大浓度分别为

$$t_m = \frac{\ln k_2 - \ln k_1}{k_2 - k_1} \qquad y_m = a\left(\frac{k_2}{k_1}\right)^{\frac{k_2}{k_2-k_1}} \tag{7-28}$$

若需要的是中间产物,则只要控制好最佳时间 t_m,即可望得到最大浓度的产品 B。

3. 实例

放射性元素的衰变反应,烃类化合物的逐级氧化等。

第六节 催化反应

> **学习导航**
>
> 汽车尾气中的主要污染物是一氧化氮以及燃料不完全燃烧所产生的一氧化碳,它们是现代城市中的大气污染物,为了减轻大气污染,安装催化净化转化器是降低汽车尾气对环境污染的有效方法。查阅资料,说出几种常用的催化剂,并指出其利弊。

一、催化剂的基本特征

1. 定义

存在极少量就能显著改变反应速率,而其本身无论是化学性质还是数量在反应前后都保持不变的物质,催化剂的这种作用称为催化作用。减慢反应速率的物质称为阻化剂(负催化剂),有时,反应产物之一也对反应本身起催化作用,这种情况叫自动催化作用,如硫酸存在时,高锰酸钾与草酸的反应,产物锰酸钾就能起到自动催化作用。

现代的许多大型化工生产,如合成氨、石油裂解、高分子材料的合成、药物的合成等很少不使用催化剂,据统计,在现代化工生产中 90% 的反应过程都使用催化剂。因而催化剂作用的研究已成为现代化学研究领域的一个重要分支。

2. 分类

(1) 单相催化 反应物、产物及催化剂都处于同一相中的反应,包括气相均相和液相均相催化(蔗糖水解反应)。

(2) 非均相催化 反应物、产物和催化剂处在不同的相中,有气-固相催化、液-固相催化、气-液-固三相的多相催化反应。

3. 基本特征

① 不能改变反应的平衡(方向和限度),即不能改变反应的 $\Delta_r G_m$,当然也就不能改变一个反应的 $K^{\ominus}$。对一个已经达到平衡的反应,无法用催化剂来提高转化率。

② 不能改变反应体系的始、终态,当然也不会改变反应热。利用此特点,可以比较方便在低温下测定反应热。

③ 在反应前后化学性质和数量未变,但参与了反应过程,由于在生成最终产物后又释放出来,经过反应后其物理性质可发生变化,如外形、晶型、表面状态等。

④ 对一平衡体系或接近平衡的体系而言,对正、逆两个方向发生同样的影响,若远离平衡的体系,对正、逆方向反应速率的影响当然是不同的。

⑤ 参与了化学反应,改变了反应历程,为化学反应开辟了一条新途径,降低了反应的表观活化能,从而加快了化学反应到达平衡态的时间,如图 7-10 所示。

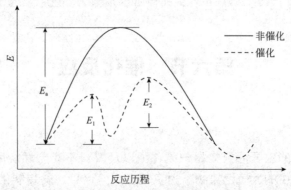

图 7-10 催化反应进程中的能量变化

图中实线表示无催化剂参与反应的原途径,虚线表示加入催化剂后的新途径,与原途径同时进行。

⑥ 具有特殊的选择性。这种选择性包含两方面的含义：一是不同类型的反应需用不同的催化剂；二是对同样的反应物选择不同的催化剂可得到不同的产物。催化剂的选择性在实际运用中具有实用价值，它是决定化学反应在动力学上竞争的重要手段。

4. 影响催化剂活性的因素

（1）化学组成的影响　催化剂在使用过程中，由于反应体系存在少量杂质，使催化剂活性下降或完全消失，这种现象称为催化剂中毒，其原因是由于毒物在催化剂表面被强烈吸附发生化学反应，占据了催化剂的活性表面，致使催化剂失去催化功能。按将毒物清除、活性是否可恢复，可分为暂时性中毒与永久性中毒。如合成氨的 H_2O、CO 暂时性毒物与 Fe 发生弱吸附，用纯净原料气吹扫可再生，而 H_2S 则为永久性毒物（生成 FeS 使催化剂表面失去活性）。

（2）物理因素的影响　如分散度、微孔结构等，而这些性质与其制备方法和条件有关。对一定量的催化剂，分散度越大，其催化活性越高。以金属 Pt 的各种形态为例，其催化活性顺序依次为：块状＜丝状＜粉状＜铂黑＜胶体分散状。催化剂或载体的孔隙结构，对其活性也有一定的影响，若孔道过小，不利于反应物和产物分子进出，易造成堵塞，使催化活性降低；孔道过大，则会降低接触面积，同样会降低催化活性。

（3）温度的影响　一般来说，催化剂的活性与温度关系有一临界值，当温度在某一值以下时，活性小，反应速率低，然后催化剂的活性随温度升高而增大，但温度过高会引起活性组分重结晶，甚至发生烧结而失去活性，所以需严格控制在催化剂活性温度范围内。

（4）使用寿命　催化剂的活性与使用时间相关，根据催化剂的活性与时间的变化关系进行分析，其使用寿命一般分为活性成熟期、活性稳定期和活性衰减期。其稳定性也是衡量催化剂的重要指标之一。

5. 如何评价工业催化剂

一个较好的工业多相催化剂，一般需要满足如下要求：活性好且稳定、选择性高、使用寿命长、耐毒、耐热、足够的机械强度、合理的外形、能再生、价廉等。

二、单相催化反应

单相催化反应的机理可用中间化合物学说解释。该学说认为：催化剂参与反应，首先与反应物之一生成了不稳定的中间化合物，而后，中间化合物再行分解，催化剂复原。

（1）气相催化　即用气体催化剂催化气相反应，如 NO 催化 SO_2 的氧化反应；H_2O 催化 CO 的氧化反应等。

（2）液相催化　液相催化中最常见的是酸碱催化，在化工生产中应用较广，如在硫酸或磷酸的催化下，乙烯水合为乙醇。

（3）络合催化　即利用催化剂的络合作用使反应物分子活化易于起反应。可以是单相催化，也可是多相催化，一般多指在溶液中进行的液相催化。过渡金属有较强的络合能力，如以 $PdCl_2$ 作为催化剂，将乙烯氧化为乙醛。

（4）酶催化　酶是由动植物和微生物产生的具有催化能力的蛋白质，生物体内的化学反应，几乎都在这种催化下进行，通过酶可合成和转化自然界大量的有机物质，但其催化反应的机理较为复杂。

三、多相催化反应

多相催化反应主要是用固体催化剂催化气相或液相反应，在化工应用中，大多用固体催化剂催化气相反应。

1. 分子在固体催化剂表面上的吸附

一般可分为物理吸附和化学吸附，物理吸附的作用力是范德华力，不能改变被吸附分子的价键，化学吸附则是强大的化学键力，它能使被吸附分子发生价键力的变化，即引起分子形变，改变了反应途径，降低了反应的活化能，而产生催化作用，是多相催化的基础。

2. 多相催化反应的步骤

多相催化反应是在固体催化剂表面上进行的，即反应物分子必须被化学吸附在催化剂表面，而后才能在表面上发生反应。反应后的产物分子必须从催化剂表面解吸而脱离催化剂表面。因此，多相催化反应必须经历如下几个步骤。

① 气体反应物分子从气体主体向固体催化剂表面扩散（内，外表面）；
② 反应物分子被催化剂表面所吸附；
③ 反应物分子在催化剂表面进行化学反应，生成产物；
④ 产物分子从催化剂表面脱附（解吸）；
⑤ 产物分子从催化剂表面（内，外表面）向气体主体扩散。

上面五个步骤中有物理过程也有化学过程，其中①、⑤为物理扩散过程；②、④为表面吸附和脱附过程；③为表面化学反应过程。每一步都有其各自的历程和动力学规律。所以研究一个多相催化反应的动力学，既涉及固体表面的反应动力学问题，也涉及吸附（脱附）和扩散动力学问题。

阅读材料

科学家阿伦尼乌斯

阿伦尼乌斯（1859—1927）生于瑞典，自幼聪明好学，3岁就开始识字，6岁就能够进行复杂的计算。

1876年，17岁的阿伦尼乌斯考取了乌普萨拉大学。他最喜欢选读数学、物理、化学等理科课程，只用两年他就通过了学士学位的考试。

1881年，他来到了首都斯德哥尔摩进行深造。埃德隆教授担任其导师，在导师的指导下，阿伦尼乌斯研究了浓度很稀的电解质溶液的电导。这为他日后创立解离学说奠定了良好的基础。在实验室里，他夜以继日地重复着枯燥无味的实验，整天与溶液、电极、电流计、电压计打交道，这样的工作他一干就是两年，成了教授的得力助手，才华很受埃德隆教授的赏识。

实验仅仅是研究工作的开始，更重要的是对实验结果的思考。阿伦尼乌斯已经完成了足够的实验，他离开了斯德哥尔摩大学的实验室，回到乡下的老家。离开了那些电极、烧杯等设备，开始探索实验数据背后的规律。在实验中，阿伦尼乌斯发现，很稀的溶液通电后的反应与浓溶液相比，规律要简单得多。以前的化学家也发现了在浓溶液中加入水之后，电流就比较容易通过，甚至已经发现加水的多少与电流的增加有一定的关系。然而他们却很少去想一想，电流和溶液浓度之间的关系。

通过实验和计算，阿伦尼乌斯发现，电解质溶液的浓度对导电性有明显的影响。"浓溶液和稀溶液之间的差别是什么？"阿伦尼乌斯反复思考着这个很简单的问题。"浓溶液加了水就变成稀溶液了，可水在这里起了很大的作用。"阿伦尼乌斯静静地躺在床上，顺着这个思路往下想："纯净的水不导电，纯净的固体食盐也不导电，把食盐溶解到水里，盐水就导电了。水在这里起了什么作用？"阿伦尼乌斯坐起来，决定把这个问题搞清楚。他想起英国科学家法拉第1834年提出的一个观点："只有在通电的条件下，电解质才会分解为带电的离子""是不是食盐（化学名称是氯化钠）溶解在水里就解离成为氯离子和钠离子了呢？"这是一个非常大胆的设想。因为法拉第认为："只有电流才能产生离子。"可是现在食盐溶解在水里就能产生离子，与法拉第的观点不一样。不要小看法拉第这个人，虽然1867年他已经去世了，但是他对物理上的一些观点在当时还是金科玉律。另外，还有一个问题要想清楚，氯是一种有毒的黄绿色气体，盐水里有氯，并没有哪个人因为喝了盐水而中毒，看来氯离子和氯原子在性质上是有区别的。因为离子带电，原子不带电。那时候，人们还不清楚原子的构造，也不清楚分子的结构。阿伦尼乌斯能有这样的想象能力已经是很不简单的了。

1883年5月，阿伦尼乌斯带着论文回到乌普萨拉大学，向化学教授克莱夫请教。阿伦尼乌斯向他详细地解释了解离理论，但是克莱夫对于理论不感兴趣，只说了一句："这个理论纯粹是空想，我无法相信。"克莱夫是一位很有名望的实验化学家，他的这种态度给满怀信心的阿伦尼乌斯当头一棒，他知道要通过博士论文并非易事，虽然他认为自己的观点和实验数据并没有错，但是要说服乌普萨拉大学那一帮既保守又挑剔的教授们谈何容易。阿伦尼乌斯小心翼翼地准备着他的论文，既要坚持自己的观点，又不能过分与传统的理论对抗。4小时的答辩终于过去了，阿伦尼乌斯如坐针毡，因为阿伦尼乌斯的材料和数据都很充分，教授们又查看了他大学读书时所有的成绩，他的生物学、物理学和数学的考试成绩都非常好，答辩委员会认为虽然论文不是很好，但仍然可以以"及格"的三等成绩"勉强获得博士学位"。

1901年、1902年连续两年，阿伦尼乌斯均被提名诺贝尔化学奖，但都落选了。1903年，评奖委员会很多人都推举阿伦尼乌斯，阿伦尼乌斯终于获得了诺贝尔化学奖。他是第一个获得这种崇高荣誉的诺贝尔的同胞。

阿伦尼乌斯在物理化学方面造诣很深，他所创立的解离理论直到今天仍常青不衰。他是一位多才多艺的学者，除了化学外，在物理学方面他致力于电学研究，在天文学方面，他从事天体物理学和气象学研究。他的智慧和丰硕成果，得到了国内广泛的认可与赞扬，就连一贯反对他的克莱夫教授，自1898年以后也转变成为解离理论的支持者和阿伦尼乌斯的拥护者。他还提议选举阿伦尼乌斯为瑞典科学院院士。

阿伦尼乌斯在化学上的贡献有：提出解离学说，认为电解质溶于水，其分子能解离成导电的离子，这是电解质导电的根本原因，同时溶液愈稀，电解质解离度越大。解离学说对物理化学学科做出了重大贡献，也是化学发展史上的重要里程碑，从而解释溶液的许多性质和溶液的渗透压偏差、依数性等，它建筑起物理和化学间的重要桥梁。提出活化分子和活化能的概念，导出著名的反应速率公式，即阿伦尼乌斯方程。阿伦尼乌斯方程可推算出温度升高10℃，化学反应速率约加快一倍，这使化学动力学大大向前迈进了一步。奠定宇宙化学研究的基础。他根据物理化学的原理，最早预言太阳的能量来自原子的反应，特别是由氢原子结合成氨原子的反应。他还发现二氧化碳有较强吸收红外辐射的能力,较早提出二氧化碳对地球温室效应影响的见解。此外,他对彗星、北极光、冰川等的成因作了较深刻的研究,并提出了有价值的见解。他最先对血清疗法的机理作出化学解释,特别是开创了免疫化学研究的先河,以及对各种毒素的化学结构与人体、动物体中毒机理的研究做出了一定贡献。

习　题

一、选择题

1. 反应速率的质量作用定律只适用于（　　）。
A. 实际上能够进行的反应
B. 一步完成的基元反应
C. 化学方程式中反应物和生成物的化学计量数均为 1 的反应

2. 反应速率系数 k 是（　　）。
A. 量纲为 1 的常数
B. 量纲为 $mol \cdot L^{-1} \cdot s^{-1}$
C. 温度一定时,其与反应级数相关的常数

3. 反应 $2A+2B \longrightarrow C$,其速率方程式 $v=kc_A c_B^2$,则反应级数为（　　）。
A. 4　　　　　　　B. 3　　　　　　　C. 2

4. 在 $N_2+3H_2 \longrightarrow 2NH_3$ 的反应中,经 2.0min 后 NH_3 的浓度增加了 $0.6 mol \cdot L^{-1}$,若用 H_2 浓度的变化表示此反应的平均速率,则为（　　）。
A. $0.45 mol \cdot L^{-1} \cdot min^{-1}$　　　　　　B. $0.60 mol \cdot L^{-1} \cdot min^{-1}$
C. $0.90 mol \cdot L^{-1} \cdot min^{-1}$

5. 某反应是反应物 A 的零级反应,则反应速率与（　　）。
A. 与 c_A 成正比　　B. 与 c_A 成反比　　C. 与 c_A 无关

6. 对所有零级反应来说,下列叙述中正确的是（　　）。
A. 反应速率与反应物浓度无关　　　　B. 反应速率与温度无关
C. 反应速率系数为零

7. 反应 $A+B \longrightarrow C$ 的速率方程式是 $v=kc_A^{1/2} c_B$,如果 A、B 浓度都增大到原来的 4 倍,那么反应速率将增大到原来的（　　）。
A. 16 倍　　　　　　B. 8 倍　　　　　　C. 4 倍

8. 不影响反应速率系数的因素是（　　）。
A. 反应活化能　　B. 反应温度　　C. 催化剂　　D. 反应物浓度

二、填空题

1. 某反应:$2A+B \longrightarrow C$ 是一步完成的基元反应,该反应的速率方程 $v=$ _____,反应级数为 _____。

2. 某反应的反应速率系数单位为 $mol \cdot L^{-1} \cdot s^{-1}$,则该反应的反应级数为 _____,若反应速率系数的单位为 $L^2 \cdot mol^{-2} \cdot s^{-1}$,则该反应的反应级数为 _____。

3. 在被 NO 污染的大气中，有如下反应：NO(g)＋O_3(g)⟶NO_2(g)＋O_2(g)；已知该反应为二级反应，其反应速率方程式为_____。

4. 某二级反应 2A ⟶ P，$k=0.1\ mol^{-1}\cdot dm^3\cdot s^{-1}$，$c_0=0.1\ mol\cdot dm^{-3}$，当反应速率降低 9 倍时，所需时间_____。

5. 通常活化能大的反应，其反应速率_____；加入催化剂可使反应速率_____；这主要是因为活化能_____，因而活化分子_____的缘故。

6. 在某反应中，加入催化剂可以_____反应速率，主要是因为_____反应活化能，速率系数 k _____。

三、计算题

1. 某一级反应，当反应物反应掉 78％所需时间为 10min，求反应的半衰期。

2. 298K 时 N_2O_5(g) 分解反应半衰期为 5.7h，此值与 N_2O_5 的起始浓度无关，试求：
（1）该反应的速率系数；
（2）作用完成 90％时所需要的时间。

3. 某化学反应中随时检测物质 A 的含量，1h 后，发现 A 已作用了 75％，试问 2h 后，A 还剩多少没有作用？该反应对 A 是：
（1）一级反应；
（2）二级反应（设 A 与另一反应物 B 起始浓度相同）；
（3）零级反应（求 A 作用完所需时间）。

4. 在 298K 时，用旋光仪测定蔗糖在酸溶液中水解的转化速率，在不同时间所测得的旋光度（α_t）如下

t/min	0	10	20	40	80	180	300	∞
α_t/(°)	6.60	6.17	5.79	5.00	3.71	1.40	−0.24	−1.98

试求该反应的速率系数 k 值。（蔗糖在酸溶液中水解可近似按一级反应处理，且蔗糖浓度与旋光度之间存在 $\dfrac{c_{A,0}}{c_A}=\dfrac{\alpha_0-\alpha_\infty}{\alpha_t-\alpha_\infty}$）

5. 溴烷分解反应的活化能 $E_a=229.3\ kJ\cdot mol^{-1}$，650K 时的速率系数 $k=2.14\times10^{-4}\ s^{-1}$，现欲使此反应在 10min 内完成 80％，问应将反应温度控制为多少？

6. 硝基异丙烷在水溶液中被碱中和时，反应速率系数与温度的关系为：$\lg k = -3163.0/T + 11.89$（$k$ 的单位：$dm^3\cdot mol^{-1}\cdot min^{-1}$）
计算：
（1）活化能；
（2）在 283K 酸碱起始浓度均为 $0.008\ mol\cdot dm^{-3}$ 时反应到 24.19min，反应物剩余百分数。

7. 某抗生素在人体血液中呈现简单级数的反应，如果给病人在上午 8 点注射一针抗生素，然后在不同时刻 t 测定抗生素在血液中的浓度 c [以 $mg\cdot(100cm^3)^{-1}$ 表示]，得到如下数据：

t/h	4	8	12	16
c/[$mg\cdot 100cm^3)^{-1}$]	0.480	0.326	0.222	0.151

(1) 确定反应级数；

(2) 求反应的速率系数 k 和半衰期 $t_{1/2}$；

(3) 若抗生素在血液中的浓度不低于 $0.37 \text{ mg} \cdot (100\text{cm}^3)^{-1}$ 才为有效，问约何时该注射第二针？

四、拓展题

通过查阅资料，了解动力学发展现状及其对化工生产带来的实际意义。

第八章
表面现象与胶体

学习指导

1. 理解表面张力及表面吉布斯函数的概念。
2. 了解表面张力的影响因素。
3. 了解高度分散体系的热力学基本方程。
4. 理解吸附现象、溶液的表面吸附。
5. 理解溶液界面上的吸附及表面活性物质的作用。
6. 了解吉布斯吸附公式。
7. 理解物理吸附和化学吸附的含义和区别。
8. 掌握朗缪尔单分子层吸附理论。
9. 掌握表面活性剂的结构、特点及性质。
10. 理解表面活性剂在溶液中的性质。
11. 掌握临界胶束浓度、亲水亲油平衡值。
12. 掌握表面活性剂的应用。
13. 掌握乳状液的定义、乳化作用。
14. 了解乳状液的性质、鉴别和制备。

  自然界中的物质一般以气、液、固三种相态存在。三种相态相互接触可产生五种界面：气-液、气-固、液-液、液-固、固-固界面。界面即所有两相的接触面。一般常把与气体接触的界面称为表面。自然界中许多现象都与界面的特殊性质有关，如在光滑玻璃上的微小汞滴会自动呈球形，水在玻璃毛细管中会自动上升，固体表面会自动地吸附其他物质等。由于小颗粒（粒径在 $1\sim1000\mathrm{nm}$）分散体系界面特殊性质引起的体系特殊性十分突出，会产生特有的界面现象，所以经常把胶体与界面现象一起来研究。胶体表面化学与实际应用有着非常紧密的联系，从大千世界中五彩缤纷的自然现象，如蓝天白云、曙光晚霞、雨滴露珠，到日常生活中琳琅满目的各式商品，如服装服饰、食品饮料、乳液香波，再到工业生产中种类繁多的工业技术，如石油开采、气体分离，这一切都与胶体表面化学密切相关。胶体表面化学的理论和技术目前已广泛应用于石油化工、纺织、医药、食品和环境保护等诸多工业部门和技术领域。

第一节　表面张力及表面吉布斯函数

> **学习导航**
>
> 在 293.15K 及 101.325kPa 下，把半径为 1×10^{-3}m 的汞滴分散成半径为 1×10^{-9}m 的汞滴，试求此过程体系表面吉布斯函数变（ΔG）为多少？已知 293.15K 时汞的表面张力为 0.4865N·m^{-1}。

一、液体的表面张力

1. 表面现象

物质表面层中的分子与相内层中的分子二者所受到的作用力是不相同的。例如某纯液体与其饱和蒸气相接触，如图 8-1 所示，表面上的分子所处的状态与相内部分子所处的状态不同，相内部分子受到周围分子的作用力，总的来说是对称的，各个方向上的力彼此相互抵消，合力为零。而表面上的分子，由于两相性质的差异，所受的作用力是不对称的，液体内部的分子对表面层中的分子吸引力，远大于外部气体分子对它的吸引力，使表面层中的分子受到指向液体内部的拉力，从而液体表面的分子总是趋向于液体内部移动，力图缩小表面积。液体的表面就如同一层绷紧了的富于弹性的膜。通常人们看到的汞滴、露水珠呈球形，就是这个道理。因为相同体积的物体球形表面积最小，扩张表面就需要对体系做功。

2. 表面张力

液体内部分子所受的力可以彼此抵消，但表面分子受到内相分子的拉力大，受到气相分子的拉力小（因为气相密度低），所以表面分子受到被拉入内相的作用力。这种作用力使表面有自动收缩到最小的趋势，把引起液体表面收缩的单位长度的力叫做表面张力，用 γ 表示，单位是 N·m^{-1}。在两相（特别是气-液）界面上，处处存在着表面张力，它垂直于表面的边界，指向液体内部并与表面相切，如图 8-2 所示。

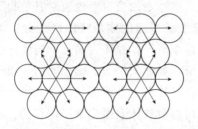
图 8-1　气液表面分子与内部分子受力情况示意图

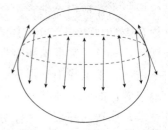
图 8-2　表面张力分析图

3. 表面张力的推导

如图 8-3 所示，将一含有一个活动边框的金属线框架放在肥皂液中，然后取出悬挂，活动边在下面。由于金属框上的肥皂膜的表面张力作用，可滑动的边会被向上拉，直至顶部。

如果在活动边框上挂一重物,使重物质量W_2与边框质量W_1所产生的重力F $[F=(W_1+W_2)g]$与总的表面张力大小相等方向相反,则金属丝不再滑动。平衡时,有

$$F = 2\gamma l \tag{8-1}$$

即

$$\gamma = F/(2l) \tag{8-2}$$

l是滑动边的长度,因膜有两个面,所以边界总长度为$2l$,γ就是作用于单位边界上的表面张力。

二、表面吉布斯函数

1. 表面吉布斯函数

以液-气组成的体系为例。由于液体表面层中的分子受到一个指向体相的拉力,若将体相中的分子移到液体表面以扩大液体的表面积,则必须由环境对体系做功,这种为扩大液体表面所做的功称为表面功,它是一种非体积功W'。在可逆的条件下,环境对体系做的表面功($\delta W'_r$)与使体系增加的表面积$\mathrm{d}A_s$成正比,即

$$\delta W'_r = F\mathrm{d}x = 2\gamma l\mathrm{d}x = \gamma \mathrm{d}A_s \tag{8-3}$$

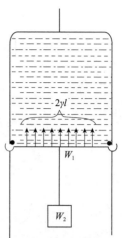

图8-3 表面张力推导示意图

由热力学知恒温、恒压和组成不变的条件下,过程吉布斯函数变等于过程的可逆非体积功,即$\Delta G = W'_r$,所以上述条件下增大表面积$\mathrm{d}A$所做的功$\delta W'_r$应有如下关系:

$$\mathrm{d}G_{T,p,x} = \delta W'_r = \gamma \mathrm{d}A_s \tag{8-4}$$

可改写成

$$\gamma = \frac{\delta W'_r}{\mathrm{d}A_s} = \left(\frac{\partial G}{\partial A_s}\right)_{T,p,x} \tag{8-5}$$

式中,γ为表面吉布斯函数,即体系增加单位表面所增加的吉布斯函数,$\mathrm{J} \cdot \mathrm{m}^{-2}$。

在恒温、恒压和组成不变的条件下表面张力、表面功、表面吉布斯函数3个概念是一回事,是具有相同量值和量纲的不同的三个物理量。

2. 表面张力影响因素

① 物质的本性 一般$\gamma(s) > \gamma(l)$,相同聚集态时

$$\gamma(金属键) > \gamma(离子键) > \gamma(极性共价键) > \gamma(非极性共价键)$$

可以看出键的极性越强,γ越大,因为非极性共价键组成的非极性分子之间只有色散力,极性分子间有色散力、取向力、诱导力。

② 某物质的表面张力与其接触相有关。

③ 温度升高,分子间作用力减小,表面张力降低。

④ 压力增大表面张力降低。

【例8-1】20℃时汞的表面张力$\gamma = 4.85 \times 10^{-1} \mathrm{N} \cdot \mathrm{m}^{-1}$,若在此温度及101.325kPa时,将半径$r_1 = 1\mathrm{mm}$的汞滴分散成半径为$r_2 = 10^{-5}\mathrm{mm}$的微小液滴时,请计算环境所做的最小功。

解 因为T,p恒定,所以γ为常数,环境所做的最小功为可逆过程表面功W'_r。

设 A_1,A_2分别为汞滴分散前后的总面积,N为分散后的汞的滴数,则

$$W'_r = \int_{A_1}^{A_2} \gamma \mathrm{d}A_s = \gamma(A_2 - A_1)$$

$$A_1 = 4\pi r_1^2, \quad A_2 = N \cdot 4\pi r_2^2 = \frac{\frac{4}{3}\pi r_1^3}{\frac{4}{3}\pi r_2^3} \cdot 4\pi r_2^2 = 4\pi r_1^3/r_2$$

$$W_r' = \int_{A_1}^{A_2} \gamma \mathrm{d}A_s = \gamma(A_2 - A_1) = \gamma(4\pi r_1^3/r_2 - 4\pi r_1^2) = \gamma \cdot 4\pi \left(\frac{r_1^3}{r_2} - r_1^2\right)$$

所以：$W_r' = \gamma \cdot 4\pi \left(\dfrac{r_1^3}{r_2} - r_1^2\right) = 4.85 \times 10^{-1} \times 4 \times 3.14 \times \left[\dfrac{(1\times 10^{-3})^3}{10^{-8}} - (1\times 10^{-3})^2\right]$

$= 0.609(\mathrm{J})$

第二节 吸附现象

> **学习导航**
>
> 用活性炭吸附 $CHCl_3$ 时，0 ℃时的最大吸附量为 93.8 $dm^3 \cdot kg^{-1}$。已知该温度下 $CHCl_3$ 的分压力为 1.34×10^4 Pa 时的平衡吸附量为 82.5 $dm^3 \cdot kg^{-1}$，试计算：
> （1）朗缪尔吸附定温式中的常数 b；（2）$CHCl_3$ 分压力为 6.67×10^3 Pa 时的平衡吸附量。

一、吸附现象

1. 吸附的概念

在一定条件下，相界面上物质的浓度自动发生变化的现象，称为吸附。吸附可以发生在固-气、固-液、液-液等界面上。本节将重点讨论气体在固体表面上的吸附作用。固体表面上的原子或分子与液体一样，受力也是不均匀的，而且不像液体表面分子可以移动，通常它们是定位的。固体表面是不均匀的，即使从宏观上看似乎很光滑，但从原子水平上看是凹凸不平的。正由于固体表面原子受力不对称和表面结构不均匀性，它可以吸附气体或液体分子，使表面吉布斯函数下降，而且不同的部位吸附和催化的活性不同。

例如，固体活性炭就有吸附溴气以及从溶液中吸附溶质的特性。在充满溴气的玻璃瓶中，加入一些活性炭，可以看到红棕色的溴蒸气将渐渐消失，这表明活性炭的表面具有富集溴分子的能力，这种现象即是吸附。具有吸附能力的物质称为吸附剂或基质，被吸附的物质则称为吸附质。用活性炭吸附溴时，活性炭为吸附剂，溴是吸附质。常用的吸附剂有：硅胶、分子筛、活性炭等。为了测定固体的比表面，常用的吸附质有：氮气、水蒸气、苯或环己烷的蒸气等。

吸附作用有着广泛的应用，按照吸附作用力性质的不同，吸附分为物理吸附和化学吸附两种，区别见表 8-1。

表 8-1　物理吸附与化学吸附的区别

性质	物理吸附	化学吸附
吸附作用力	范德华力	化学键力
吸附层数	单分子层或多分子层	单分子层
吸附热	小（近于液化热）	大（近于反应热）
选择性	无或很差	较强
可逆性	可逆	不可逆
吸附平衡	易达到	难于达到

2. 物理吸附

物理吸附的特点如下：
① 吸附力是由固体和气体分子之间的范德华引力产生的，一般比较弱；
② 吸附热较小，接近于气体的液化热，一般在几千焦每摩尔以下；
③ 吸附无选择性，任何固体可以吸附任何气体，当然吸附量会有所不同；
④ 吸附稳定性不高，吸附与解吸速率都很快；
⑤ 吸附可以是单分子层的，但也可以是多分子层的；
⑥ 吸附不需要活化能，吸附速率并不因温度的升高而变快。

总之：物理吸附仅仅是一种物理作用，没有电子转移，没有化学键的生成与破坏，也没有原子重排等。

3. 化学吸附

化学吸附的特点：
① 吸附力是由吸附剂与吸附质分子之间产生的化学键力，一般较强；
② 吸附热较高，接近于化学反应热，一般在 $40 kJ \cdot mol^{-1}$ 以上；
③ 吸附有选择性，固体表面的活性位只吸附与之可发生反应的气体分子，如酸位吸附碱性分子，反之亦然；
④ 吸附很稳定，一旦吸附，就不易解吸；
⑤ 吸附是单分子层的；
⑥ 吸附需要活化能，温度升高，吸附和解吸速率加快。

总之：化学吸附相当于吸附剂表面分子与吸附质分子发生了化学反应，在红外、紫外-可见光谱中会出现新的特征吸收带。

二、溶液的表面吸附

1. 溶液的表面吸附现象

吸附作用可以发生在各种不同的相界面上，溶液表面对溶液中的溶质可产生吸附作用，以改变其表面张力。经研究发现，溶质在溶液中的分布是不均匀的，表面层浓度和溶液内部本体浓度不同，这种现象称为溶液表面的吸附现象。一切自发过程，总是使表面积自动缩小或表面张力降低的过程。若溶剂的表面张力大于溶质的表面张力，则将溶质溶入溶剂后，溶质将力图浓集在溶液表面，以降低溶剂的表面张力。同时，由于扩散作用又使溶液本体及表面层中的浓度趋于均匀一致。当这两种相反的作用达到平衡时，会使得溶液表面层浓度大于溶液内部浓度，这种吸附称为正吸附。相反，若溶质的表面张力大于溶剂的表面张力，则将溶质溶入溶剂后，溶质将力图进入溶液内部，以降低溶剂的表面张力。达到扩散平衡后，最终会使溶液表面层浓度小于溶液内部浓度，这种吸附称为负吸附。

2. 吉布斯吸附等温式

纯液体是单组分体系，在指定温度下，它的表面张力是一定的，而溶液的表面张力不仅与温度有关，而且还与溶质的种类及浓度有关。在恒定温度下，溶液表面张力对浓度作图，所得曲线称为溶液表面张力等温线，常见的曲线有三类，如图8-4所示。

第Ⅰ类：随着溶液浓度增大，溶液表面张力略有升高。

第Ⅱ类：溶液表面张力随着浓度的增大开始降低得较快，以后降低得较慢。

第Ⅲ类：溶液的表面张力随着浓度的增大开始急剧下降，达一定浓度后，表面张力趋于恒定，几乎不再随浓度的增大而改变。

溶液表面吸附溶质的量可用吉布斯吸附等温式定量地表示：

$$\Gamma = -\frac{c}{RT} \times \frac{d\gamma}{dc} \tag{8-6}$$

式中，c 为溶液本体浓度；$\frac{d\gamma}{dc}$ 表示溶液表面张力随浓度的变化率；Γ 表示溶液表面浓度与内部主体浓度之差，称为表面吸附量。在一定温度下，若 $\frac{d\gamma}{dc}>0$，则 $\Gamma<0$，表明增大溶质的浓度能使溶液表面张力上升，在溶液的表面层必然会发生负吸附现象。反之，若 $\frac{d\gamma}{dc}<0$，则 $\Gamma>0$，表明增大溶质的浓度能使溶液表面张力下降，则必然发生正吸附作用。若 $\frac{d\gamma}{dc}=0$，则 $\Gamma=0$，说明溶液表面此时无吸附作用。

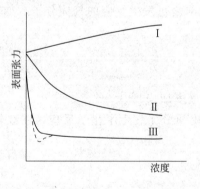

图8-4 表面张力与浓度的关系

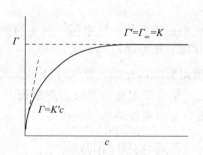

图8-5 溶液吸附等温线

3. 表面活性物质在吸附层的定向排列

在一般情况下，表面活性物质的 Γ-c 曲线的形式如图8-5所示。在一定温度下，体系的平衡吸附量 Γ 和浓度 c 之间的关系可用如下经验公式来表示，即

$$\Gamma = \Gamma_m \frac{kc}{1+kc} \tag{8-7}$$

式中，k 为经验常数，与溶质的表面活性大小有关。由上式可知，当浓度很小时，Γ 与

c 呈直线关系；当浓度很大时，Γ 与 c 呈曲线关系；当浓度足够大时，则呈现一个吸附量的极限值，即 $\Gamma = \Gamma_m$。此时若再增加浓度，吸附量不再改变，说明溶液的表面吸附已达到饱和状态，溶液中的溶质不再能更多地吸附于表面，所以 Γ_m 称为饱和吸附量。Γ_m 可以近似地看作是单位表面上定向排列呈单分子层吸附时溶质的物质的量。由实验测出 Γ_m 值，可算出每个被吸附的表面活性物质分子的横截面积 a_m，即

$$a_m = \frac{1}{\Gamma_m N_a} \tag{8-8}$$

式中 N_a 为阿伏伽德罗常数。

三、固体表面吸附

1. 等温吸附

研究指定条件下的吸附量是人们十分关心的问题。吸附量的大小，一般用单位质量吸附剂所吸附气体的物质的量 n 或其他在标准状况下（0℃，101.325kPa）所占有的体积 V 来表示。

$$n^a = \frac{n}{m} \tag{8-9}$$

$$V^a = \frac{V}{m} \tag{8-10}$$

单位分别为 $mol \cdot kg^{-1}$ 或 $m^3 \cdot kg^{-1}$。

固体对气体的吸附量是温度和气体压力的函数，即 $V^a = f(T, p)$。为了便于找出规律，在吸附量、温度、压力这三个变量中，常常固定一个变量，测定其他两个变量之间的关系，这种关系可用曲线表示。当 $T=$ 常数，$V^a = f(p)$，得吸附等温线。当 $p=$ 常数，$V^a = f(T)$，得吸附等压线。当 $V^a=$ 常数，$p = f(T)$，得吸附等量线。上述三种吸附曲线中最重要、最常见的是吸附等温线，三种曲线之间具有相互联系，例如测定一组吸附等温线，可以分别算出吸附等压线和吸附等量线。从吸附等温线可以反映出吸附剂的表面性质、孔分布以及吸附剂与吸附质之间的相互作用等有关信息。常见的吸附等温线有如下五种类型，如图 8-6 所示，其中除第 I 种为单分子层吸附等温线外，其余四种都是多分子层吸附等温线（图中 p/p_s 称为比压，p_s 是吸附质在该温度时的饱和蒸气压，p 为吸附质的压力）

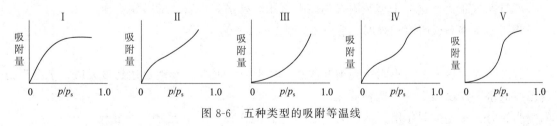

图 8-6 五种类型的吸附等温线

2. 朗缪尔单分子层吸附理论及吸附等温式

1916 年，朗缪尔根据大量实验事实，从动力学观点出发，提出了固体对气体的吸附理论（称为单分子层吸附理论），其理论要点如下。

① 吸附为单分子层的化学吸附——化学键力，作用范围相当于分子直径大小（为 0.2～0.3nm 之间）；

② 被吸附分子之间、吸附分子和自由分子之间无相互作用；

③ 吸附剂的表面是均匀的，各处的吸附能力相同；
④ 吸附平衡是动态平衡。

固体在吸附气体的过程中，同时也存在气体脱离固体表面的解吸过程，当吸附速率大时，吸附过程起主导作用，随着吸附的进行，吸附速率不断减小，解吸速率则增大，当两者速率相等时，达到动态平衡。从宏观上看，气体不再被吸附，实际上两过程仍在进行，只是 $v_{吸附}=v_{解吸}$ 而已。

若以 θ 表示表面被覆盖的百分数，则 $(1-\theta)$ 表示尚未被覆盖的百分数。气体的吸附速率与 $(1-\theta)N$ 成正比（N 代表固体表面具有吸附能力的总晶格位置），故 $v_{吸}=kp(1-\theta)N$。而解吸速率则与 θN 成正比，即 $v_{解吸}=k_{-1}\theta N$。达到吸附平衡时有 $v_{吸}=v_{解吸}$，即

$$kp(1-\theta)N = k_{-1}\theta N$$

整理，得
$$\theta = \frac{bp}{1+bp} \tag{8-11}$$

式（8-11）称为朗缪尔吸附等温式。其中 $b=\dfrac{k}{k_{-1}}$，是吸附平衡常数，也称为吸附系数，其大小与吸附剂、吸附质的本质及温度有关。b 值越大，表示吸附能力越强。因 $\Gamma=k\theta$，当 $\theta=1$ 时，表示气体分子在固体表面的吸附达到饱和状态，此时吸附量不再随气体压力的上升而增加，对应的吸附量称为饱和吸附量，用 Γ_∞ 表示。即有 $\Gamma=k=\Gamma_\infty$。故

$$\Gamma = \Gamma_\infty \frac{bp}{1+bp} \tag{8-12}$$

或
$$\frac{1}{\Gamma} = \frac{1}{\Gamma_\infty} + \frac{1}{b\Gamma_\infty} \times \frac{1}{p} \tag{8-13}$$

由式（8-13）可知，以 $\dfrac{1}{\Gamma}$ 对 $\dfrac{1}{p}$ 作图，可得一直线，由直线的斜率和截距可求出 Γ_∞ 和 b。

朗缪尔吸附等温式适用于单分子层吸附，能较好地描述 Ⅰ 型吸附等温线在不同压力范围内的吸附特征。

当压力足够低或吸附较弱（b 很小）时，$bp\ll1$，则式（8-12）化简为

$$\Gamma = \Gamma_\infty bp$$

Γ 与 p 成正比，这与 Ⅰ 型吸附等温线在低压时几乎为一直线的事实吻合。

当压力足够高或吸附较强时，$bp\gg1$，则 $1+bp\approx bp$，则

$$\Gamma = \Gamma_\infty$$

这表明固体表面上的吸附达到饱和状态，Γ 不随 p 而变，吸附量达到最大值，Ⅰ 型吸附等温线的水平线段即反映了这种情况。

当压力大小或吸附作用力适中时，吸附量 Γ 与平衡压力 p 呈抛物线变化。

应该指出的是，朗缪尔吸附等温式只能解释部分实验现象，主要是因其对吸附剂、吸附质及吸附过程作了一番假设，且理论假设过于简单。

3. 吸附热力学

在吸附过程中的热效应称为吸附热。物理吸附过程的热效应相当于气体凝聚热，很小；化学吸附过程的热效应相当于化学键能，比较大。固体在等温、等压下吸附气体是一个自发过程，$\Delta G<0$，气体从三维运动变成吸附态的二维运动，熵减少，$\Delta S<0$，$\Delta H=\Delta G+$

$T\Delta S$,$\Delta H<0$。吸附通常是放热过程。在保持吸附量不变的平衡吸附过程中，如果吸附温度发生了变化，则吸附的气相压力也会发生相应变化，从而使吸附保持平衡，吸附量不变。再结合热力学基本方程可得

$$\left(\frac{\partial \ln p}{\partial T}\right)_n = -\frac{\Delta_{ads}H_m}{RT^2} \tag{8-14}$$

在摩尔吸附焓 $\Delta_{ads}H_m$ 为常数时，将上式积分得

$$\ln\frac{p_2}{p_1} = \frac{\Delta_{ads}H}{R}\left(\frac{1}{T_2}-\frac{1}{T_1}\right) \tag{8-15}$$

此为吸附等量线，因 T 升高，需 p 增大，由此可知 $\Delta_{ads}H_m$ 一般为负，即吸附为放热过程。

吸附热一般会随吸附量的增加而下降，这说明固体表面的能量是不均匀的。吸附总是首先发生在能量较高、活性较大的位置上，然后依次发生在能量较低、活性较小的位置上。从吸附热的数据可以更多地了解吸附的性质及固体表面的性质。

第三节 表面活性剂

> **学习导航**
>
> 许多油类对衣物、餐具等有很好的去油污作用，而只用水却很难去油污，请说明原因。

一、表面活性剂

1. 表面活性剂的概念

表面活性剂是指具有固定的亲水亲油基团，在溶液的表面能定向排列，并能使表面张力显著下降的物质。不能只从降低表面张力的角度来定义表面活性剂，应该认为，凡是加入少量能使其溶液体系的界面状态发生明显变化的物质，称为表面活性物质。各种水溶液表面张力与浓度的关系可归结为三类（见图8-7）。

（1）第一类　表面张力在稀浓度时随浓度急剧下降（曲线1）。某些物质的加入量很少时，就可使水的表面张力显著下降，如肥皂、油酸钠、苯磺酸钠等。

（2）第二类　表面张力随浓度逐渐下降（曲线2），如乙醇、丁醇等低碳醇和醋酸。

（3）第三类　表面张力随浓度稍有上升（曲线3），如无机酸、碱、盐、蔗糖等。

表面活性剂达到一定浓度后可缔合形成胶团，从而具有润湿或抗黏、乳化或破乳、起泡或消泡以及增溶、分散、洗涤、防腐、抗静电等一系列物理化学作用及相应的实际应用，成为一类灵活多样、用途广泛的精细化工产品。

2. 表面活性剂的结构

表面活性剂一般都是线型分子，其分子中同时含有亲水（憎油）性的极性基团和亲油（憎水）性的非极性基团，从而使表面活性剂既具有亲水又具有亲油的双亲性。例如，在表

面活性剂硬脂酸钠 $C_{17}H_{35}COONa$ 的分子中，$C_{17}H_{35}—$为亲油基，COO—为亲水基，从分子结构上看，它是两亲分子。但是具有两亲结构的物质，并不一定都是表面活性剂。例如脂肪酸钠盐，当碳原子数较少时（如甲酸、乙酸、丙酸、丁酸钠盐），虽然也具有亲油和亲水两部分结构，但没有像肥皂那样的去污能力，所以不是表面活性剂。只有当含碳原子数达到一定数目后，脂肪酸钠盐才表现出明显的表面活性。可是，当碳原子数超过一定数目以后，由于变成不溶于水的化合物，又失去了表面活性的作用。所以，对于脂肪酸钠盐来说，含碳原子数在 3~20 之间，才有明显的表面活性剂特征。可以把表面活性剂化学结构上的特点予以简单的归纳。表面活性剂分子，可以看作是烃类化合物分子上的一个或几个氢原子，被极性基团取代而构成的物质。其中极性取代基可以是离子，也可以是非离子基团。因此，表面活性剂分子结构一般是由亲水基和亲油基构成（见图 8-8），具有不对称结构。

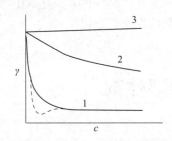

图 8-7 溶液浓度与表面张力的关系

图 8-8 表面活性剂分子示意图

亲水基是容易溶于水或容易被水所润湿的原子团，如磺酸基、羧基、硫酸酯基、羟基、氨基等；亲油基又称疏水基、憎水基，由烃链—$(CH_2)_n$—组成，链有长有短，有的具有支链，或者被杂原子或环状原子团所中断。表面活性剂的亲油基一般是由长链烃基构成，结构上差别不大，一般包括下列结构：

① 直链烷基（碳原子数为 8~20）；
② 支链烷基（碳原子数为 8~20）；
③ 烷基苯基（烷基碳原子数为 8~16）；
④ 烷基萘基（烷基碳原子数 3 个以上）；
⑤ 松香（$C_{19}H_{29}COOH$）衍生物；
⑥ 高分子量聚环氧丙烷基；
⑦ 长链全氟（或高氟代）烷基；
⑧ 聚硅氧烷基；
⑨ 全氟聚环氧丙烷基（低分子量）。

表面活性剂的亲水基部分的基团种类繁多，常见的有羧基（—COO^-）、磺酸基（—SO_3^-）、硫酸酯基（—OSO_3^-）、醚基（—O—）、伯氨基、仲氨基、叔氨基、羟基（—OH）、磷酸酯基（—OPO_3^{2-}）等。

3. 表面活性剂的特点

（1）双亲性　表面活性剂的分子结构具有不对称的极性特点，分子中同时含有亲水性的极性基团和亲油性的非极性基团——亲水基和亲油基，因此，表面活性剂具有既亲水又亲油的双亲性。

(2) 溶解性　表面活性剂至少应溶于液相中的某一相。

(3) 表面吸附　表面活性剂的溶解，使溶液表面自由能降低，产生表面吸附，在达到平衡时，表面活性剂在界面上的浓度大于溶液整体中的浓度。

(4) 界面定向　吸附在界面上的表面活性剂分子，定向排列成分子膜，覆盖于界面上。

(5) 形成胶束　当表面活性剂在溶剂中的浓度达到一定值时，其分子会产生聚集生成胶束，这一浓度的极限值称为临界胶束浓度。

(6) 多功能性　表面活性剂在其溶液中显示多种复合功能。如清洗、发泡、润湿、乳化、增溶、分散等。

4. 表面活性剂的分类

根据所需要的性质和具体应用场合不同，有时要求表面活性剂具有不同的亲水亲油结构和相对密度。通过变换亲水基或亲油基种类及在分子结构的位置，可以达到所需亲水亲油平衡的目的。经过多年研究和生产，已衍生出许多表面活性剂种类，每一种类又包含许多品种，给识别和使用带来一定的困难，因此有必要对表面活性剂进行科学分类。

表面活性剂的分类方法很多，可以根据疏水基结构进行分类，分直链、支链、芳香链、含氟长链等；也可以根据亲水基进行分类，分为羧酸盐、磺酸盐、硫酸酯盐、磷酸酯盐、季铵盐、PEO 衍生物、内酯等；有些研究者根据其分子构成的离子性分成非离子型、阴离子型、阳离子型和两性表面活性剂（见表 8-2）；还可根据其水溶性、化学结构特征、原料来源等进行分类。

表 8-2　表面活性剂的分类

类别		类别通式	名称	主要用途
离子型	阴离子型	R—COONa	羧酸盐	皂类洗涤剂、乳化剂
		R—OSO$_3$Na	硫酸酯盐	乳化剂、洗涤剂、润湿剂、发泡剂
		R—SO$_3$Na	磺酸盐	洗涤剂、合成洗衣粉
		R—OPO$_3$Na$_2$	磷酸酯盐	洗涤剂、乳化剂、抗静电剂
	阳离子型	R—NH$_2$·HCl	伯胺盐	乳化剂、纤维助剂、分散剂、矿物浮选剂、抗静电剂、防锈剂
		R$_2$NH·HCl	仲胺盐	
		R$_3$N·HCl	叔胺盐	
		R$_4$N$^+$·RCl$^-$	季铵盐	杀菌剂、消毒剂、清洗剂、防霉剂
两性离子型		RN(CH$_3$)$_2$COOH	甜菜碱型	化妆品、抗静电剂
		R—NHCH$_2$COOH	氨基酸型	医疗用品和日用品
非离子型		R—O(C$_2$H$_4$O)$_n$H	脂肪醇聚氧乙烯醚	液状洗涤剂及印染剂
		R—COO(C$_2$H$_4$O)$_n$H	脂肪酸聚氧乙烯酯	乳化剂、分散剂、纤维油剂和染色助剂
		R—C$_6$H$_4$—O—(C$_2$H$_4$O)$_n$H	烷基苯酚聚氧乙烯醚	消泡剂、破乳剂、渗透剂
		R$_2$N—(C$_2$H$_4$O)$_n$H	聚氧乙烯烷基胺	染色助剂、纤维柔软剂、抗静电剂
		R—COOCH$_2$(CHOH)$_3$H	多元醇型	化妆品和纤维油剂

(1) 按极性基团的解离分类　表面活性剂的性能取决于其亲水基和亲油基的构成,但亲水基在种类和结构上的改变远比亲油基的改变对表面活性剂性质的影响大。因此,最常用的方法是按分子结构中亲水基团的带电性分为阴离子、阳离子、两性离子和非离子表面活性剂四大类,然后在每一类中再按照官能团的特征加以细分,如表 8-2 所示。这种分类既方便又有许多优点,每类表面活性剂都有其特性,只要知道它是哪一种类型的,即可以推测其性质和应用范围。

(2) 按表面活性剂的用途分类　可分为乳化剂、润湿剂、发泡剂、分散剂、絮凝剂、去污剂、破乳剂和抗静电剂等。此分类适合工业实际应用中选取表面活性剂,但没有显示表面活性剂的化学结构,同一结构的表面活性剂在不同体系时的作用也一样。

(3) 按表面活性剂的组成结构分类　可分为常规表面活性剂和特种表面活性剂。常规表面活性剂是由碳、氢组成的亲油基和由氧、硫、氮等元素组成的亲水基直接连接形成。与此对应的是结构特殊、含有其他元素、产量小、性能独特的特种表面活性剂。

(4) 按表面活性剂的性能特点分类　可分为常规表面活性剂和功能性表面活性剂。常规表面活性剂具有基本的表面性能,如降低表面张力,聚集形成胶束,润湿、乳化、分散等。功能性表面活性剂带有某种活性官能团,表现出特定性质,如可反应性质、杀菌性、螯合金属离子等。

二、表面活性剂在溶液中的性质

1. 界面吸附

物质自一相中迁移至界面的这种过程即为"吸附"过程,吸附可以发生在各种界面上。在溶液中,当表面活性剂溶于水时,其亲水基有进入溶液中的倾向,而疏水基有趋向离开水而伸向空气中。结果使表面活性剂分子在两相界面上发生相对聚集。表面活性剂在界面上发生相对聚集的这种现象即称为"吸附"。表面活性剂在固-液界面的吸附可能以下述方式进行。

(1) 离子交换吸附　吸附于固体表面的反离子被同电性的表面活性离子所取代。

(2) 离子对吸附　表面活性离子吸附于具有相反电荷的、未被反离子所占据的固体表面位置上。

(3) 氢键形成吸附　表面活性剂分子或离子与固体表面极性基团形成氢键而吸附。

(4) π 电子极化吸附　对含丰富 π 电子的芳香基团表面活性剂易与带正电的固体表面吸附从而形成 π 电子极化吸附。

(5) 化学作用吸附　表面活性剂分子活性基团与固体表面通过化学键结合,可以得到牢固的分子层。

2. 临界胶束浓度

(1) 胶束　两亲分子溶解在水中达一定浓度时,其非极性部分会互相吸引,从而使得分子自发形成有序的聚集体,使憎水基向里、亲水基向外,减小了憎水基与水分子的接触,使体系能量下降,这种多分子有序聚集体称为胶束。

(2) 临界胶束浓度　表面活性剂在水中随着浓度增大,表面上聚集的活性剂分子形成定向排列的紧密单分子层,多余的分子在体相内部也三三两两的以憎水基互相靠拢,聚集在一起形成胶束，这开始形成胶束的最低浓度称为临界胶束浓度，简称 cmc。

这时溶液性质与理想性质发生偏离，在表面张力对浓度绘制的曲线上会出现转折。继续增加活性剂浓度，表面张力不再降低，而体相中的胶束不断增多、增大。形成的胶束可呈现棒状、层状或球状等多种形状（见图 8-9）。

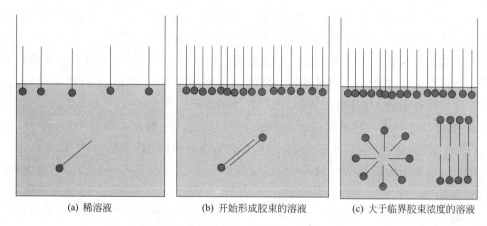

(a) 稀溶液　　　　(b) 开始形成胶束的溶液　　(c) 大于临界胶束浓度的溶液

图 8-9　表面活性剂分子在溶液本体及表面层中的分布

当 $c<$cmc 时，分子在溶液表面定向排列，表面张力迅速降低；$c=$cmc 时，溶液表面定向排列已经饱和，表面张力达到最小值。开始形成小胶束；$c>$cmc 时，溶液中的分子的憎水基相互吸引，分子自发聚集，形成球状、层状胶束，将憎水基埋在胶束内部。

（3）胶束的结构　在 cmc 附近，表面活性剂溶液的许多性质都会出现转折，如表面张力、电导率、去污能力等。以 cmc 为界限，在较小浓度范围内，其水溶液的许多物理化学性质，如表面张力、渗透压、密度、洗涤能力等都将发生突变，如图 8-10 所示。这就说明表面活性剂溶液的各种表面性质必然与溶液内部的性质有关，这就需要对其表面活性剂在溶液中的状态进行研究。

cmc 值的大小主要决定于表面活性剂的分子结构和在水中的强电解质的浓度，与强电解质的种类和非电解质无关。离子型表面活性剂的 cmc 决定于亲油基（憎水基）的长短，一般碳原子数越大，cmc 越小。但亲油基中若引入双键或支链，则使 cmc 变大。非离子型表面活性剂的 cmc 主要由亲水基的种类决定，如聚氧乙烯链增长，cmc 变大。表面活性剂随着无机盐类强电解质的加入而使 cmc 值降低。

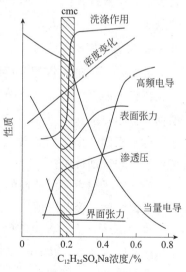

图 8-10　表面活性剂溶液性质与浓度的关系

在 cmc 时，表面活性剂的各种物理化学性质，如表面张力、电导率、渗透压、密度、增溶性、洗涤性等都有显著的变化。因此，原则上这些性质的突变都可利用来测定 cmc，方法是只要测定各种性质随浓度的变化，在性质突变点上的浓度即为 cmc。

3. 亲水亲油平衡值

亲水亲油平衡值是指表面活性剂的亲水基和疏水基之间在大小和力量上的平衡关系。反映这种平衡程度的量被称为亲水-亲油平衡值（简称 HLB 值）。

HLB 值越大，该表面活性剂的亲水性越强；HLB 值越小，该表面活性剂的亲油性越强。表面活性剂的 HLB 是选择和评价表面活性剂使用性质的重要指标，它有两种表示法：一种以符号表示，亲水性最强的为 HH，强的为 H，中等的为 N；亲油性强的为 L，最强的为 LL。另一种以数值表示，HLB 值为 40 的是亲水性最强的，而为 1 的是亲水性最弱的表面活性剂。HLB 值获得方法有实验法和计算法两种，后者较为方便。

表面活性剂的亲水亲油平衡值是一个经验值。也可将 HLB 值作为结构因子的总和来处理，把表面活性剂结构分解为一些基团，并可认为每一个基团对 HLB 值均有确定的贡献。由实验得出各种基团的 HLB 数值，称为 HLB 基团数值。

HLB 值没有绝对值，它是相对于某个标准所得的值。一般以石蜡的 HLB 值为 0、油酸的 HLB 值为 1、油酸钾的 HLB 值为 20、十二烷基硫酸钠的 HLB 值为 40 作为标准，由此则可得到阴、阳离子型表面活性剂的 HLB 值在 1~40 之间，非离子型表面活性剂的 HLB 值在 1~20 之间。

按照表面活性剂在实际中的不同用途，要求分子中的亲水部分和疏水部分要有适当的比例，即亲水性适量。如果亲水基的亲水性太强，在水中溶解度太大，就不利于界面吸附。如若疏水性太强表面亲水性太小，就不能溶于水。对相同疏水基，若亲水基不同，则其亲水性也不同。另一方面，当表面活性剂的亲水基相同时，疏水基越长，则亲水性就越差。因此，疏水基的疏水性可用疏水基的分子量来表示。对于亲水基，由于种类繁多，不可能用分子量来表示其亲水性，因每一种亲水基的亲水能力不同。然而，对于聚环氧乙烷类非离子表面活性剂而言，分子量越大，则其亲水性就越强。故对非离子表面活性剂，一般可以用亲水基的分子量来表示其亲水性。

4. 判断表面活性剂的亲水亲油性的方法

(1) 表面活性剂的溶解度　在水中，溶解度大亲水性强而亲油性差；反之，溶解度小则亲油性就相对强。

(2) 表面活性剂的临界胶束浓度　其 cmc 值小，亲油性好，亲水性差，其 cmc 值大，亲水性好，亲油性差。

(3) 离子型表面活性剂的 Krafft 点　离子型表面活性剂在水中的溶解度随温度的升高加大；但温度升至某一值后，溶解度迅速增大。离子型表面活性剂其溶解度明显上升的这个温度称为 Krafft 点，此温度的浓度（溶解度）其实就是该温度下的 cmc。

Krafft 点高者，其 cmc 值小，亲油性好，亲水性差；反之，Krafft 点低者，其 cmc 值大，亲水性好，亲油性差。

(4) 非离子型表面活性剂的"浊点"　对于聚氧乙烯型非离子表面活性剂，温度升高到一定程度时，溶解度会急剧下降，分层并析出，溶液出现浑浊，称为起昙，此温度称为浊点。

浊点高者，其 cmc 值大，亲油性差，亲水性好；反之，浊点低者，其 cmc 值小，亲水性差，亲油性好。

(5) 表面活性剂的亲水亲油平衡值　HLB 值越大，亲水性越强，HLB 越小，亲油性越强。

三、表面活性剂的作用

表面活性剂的种类繁多，应用广泛，不同的表面活性剂具有不同的作用。总体来说，表面活性剂具有润湿、增溶、分散、乳化与去乳、助磨、发泡与消泡，以及防锈、杀菌、消除静电等作用。

1. 润湿作用

降低农药的表面张力，可使农药附着在植物叶面。低表面张力的物质可制成螺栓松动剂。增加表面张力，可制成防雨布。

浮游选矿原理：捕集剂包在矿物表面形成憎水表面，使其脱离无用的矿石。加起泡剂，使矿物附着在气泡表面，浮出水面，收集气泡，灭泡，获得矿物质。

第三次采油原理：第一、二次采的油只占储量的百分之三十几。第三次采油，表面活性剂与岩砂润湿，占据岩砂表面，使石油脱离岩砂，浮出水面。

2. 起泡和消泡作用

起泡剂：显著降低表面张力的物质。明胶和蛋白质虽然降低表面张力不多，但形成的泡很牢固，也是很好的起泡剂。

消泡剂：降低膜表面牢固程度的物质，如植物油、高碳醇等。

3. 增溶作用

表面活性剂可以增加有机物在水中的溶解度。表面活性剂达到临界胶束浓度以上，在溶液中形成胶束，胶束促使有机物溶解，溶解原理有两种：有机物被夹在胶束内部，如饱和脂肪烃、环烷烃等；有机物吸附在胶束表面，如有机染料离子。

增溶以后，溶液透明。依数性变化不大，说明胶束数目没有增加，有机物也没有解离成离子，而是整个被夹在胶束中。

4. 乳化作用

乳状液分为水包油型（如牛奶）和油包水型（如石油）。

检验方法：加入水溶性的亚甲蓝和油溶性的苏丹红Ⅲ染料。水包油型加入亚甲蓝完全呈蓝色，加入苏丹红只显星星点点红色；油包水型加入亚甲蓝只显星星点点蓝色，加入苏丹红完全显红色。

应用：把油溶性药与水溶性药做成一个制剂，用油作溶剂，把油溶性药溶解在溶剂中，把水溶性药以油包水方式也溶进去。

5. 洗涤作用

表面活性剂表面张力小，更易与衣物结合，使污物脱离。表面活性剂的胶束把污物夹在胶束中，胶束吸附在泡沫表面。

6. 莲花效应

荷叶表面具有疏水、自洁、防尘功能，是由于荷叶表面有很小的突起的表皮细胞，表皮细胞上有疏水的蜡质，水珠在荷叶上滚动时也能带走灰尘。

7. 超双疏、双亲界面

双疏：既疏水又疏油。双亲：既亲水又亲油。

在输油管内壁做成双疏表面,可降低阻力;在帆布上做成双疏表面,可防水、防雨。玻璃、瓷砖做成双疏表面有自洁、防雾功能。

8. 助磨作用

细小颗粒表面积大,加入表面活性剂,可降低表面张力,防止其自动结合成大颗粒。

第四节　乳状液

> **学习导航**
>
> 　　原油在提炼之前都要进行预处理,把里面的杂质及水分去掉,所以常常采用电脱盐、脱水的方法进行处理,那么可不可以采取其他方法去除原油中的水分呢?

一、乳化作用

1. 乳状液的定义

乳状液对人们并不陌生,牛奶就是一种常见的乳状液。无论是工业上,还是日常生活中,乳状液都有广泛的应用。例如,油漆、涂料工业的乳胶,化妆品工业的膏、霜,机械工业用的高速切削冷却润滑液,油井喷出的原油,农业上杀虫用的喷洒药液,印染业的色浆等,都是乳状液。从广义上讲,两种互不相混溶的液体中,一种液体以微滴状分散另一种液体中,所形成的多相分散体系,称为乳状液。

在乳状液中,以微细液珠形式分散存在的那一相称为分散相(内相、不连续相),另一相是连在一起的,称为分散介质(外相、连续相)。常见的乳状液一般都有一相是水或水溶液(通常称为水相),另一相则是与水不相混溶的有机相(通常称为油相)。

2. 乳化剂

两种纯的、互不混溶的液体即使经过长时间剧烈搅拌也不能形成稳定的乳状液,稍经放置,很快又分成两层。实验证明,要得到稳定的乳状液,必须加入第三种物质。第三种物质称为乳化剂,它通常是表面活性剂或高分子物质。乳化剂可以降低两相之间的界面张力,使形成的乳状液保持稳定,并通过形成单分子界面膜及空间或静电阻挡层,防止乳化粒子聚集,提高乳液稳定性。乳化剂大都为表面活性剂,其典型功能是起乳化作用。

用于食品工业的乳化剂多是蔗糖脂肪酸酯、卵磷脂、甘油单柠檬酸酯、大豆磷脂、失水山梨醇脂肪酸酯及糊精等。用于化妆品的乳化剂多是聚氧乙烯甘油脂肪酸酯、失水山梨醇聚氧乙烯四油酸酯、烷基酚聚氧乙烯醚和山梨醇聚氧乙烯醚等。用于纺织染整工业的乳化剂多是脂肪醇聚氧乙烯醚、烷基酚聚氧乙烯醚、脂肪酸失水山梨醇酯、失水山梨醇聚氧乙烯醚和脂肪酸皂等。用于石油钻井操作的乳化剂有脂肪酸皂类(松香酸皂、油酸皂)、$C_{12} \sim C_{15}$ 烷基苯磺酸、石油磺酸钠、癸醇磷酸酯、二甲苯磺酸钠和十八烷基苯磺酸等。

另外,橡胶工业中常用硬脂酸钠、松香酸钠、十二烷基苯磺酸钠、烷基二苯醚磺酸钠、高级烷基醚硫酸酯盐、烷基酚聚氧乙烯醚、脂肪醇聚氧乙烯醚和聚丙二醇环氧乙烷加成物等。

3. 乳化作用

加入表面活性剂，易在两相界面形成稳定的吸附层，使分散相的不稳定性降低，形成具有一定稳定性的乳状液；这种使得乳状液得以稳定的作用，称为乳化作用。在乳化作用中，对乳化剂的要求是：乳化剂必须吸附或富集在两相之间的界面上，即界面张力降低；乳化剂必须赋予粒子以电荷，使粒子间产生静电排斥力，或在粒子周围形成一种稳定的、黏度高的保护层。因此，作为乳化剂的物质必须具有两亲基团，才能起乳化作用。表面活性剂能满足上述要求。表面活性剂定向排列形成保护层，降低了油水两相界面的界面张力，降低了油在水中分散所需做的功。表面活性剂分子膜将液滴包住，由于形成表面双电子层，防止了碰撞的液滴彼此合并，保护乳液的稳定性。

为了得到稳定的乳状液，常加入表面活性剂，其作用如下。

(1) 降低界面张力　表面活性剂在相界面上会发生吸附。由于吸附，表面活性剂分子定向、紧密地吸附在油/水界面上，使界面能降低，防止了油或水聚集。例如，煤油/水的界面张力一般在 $40\text{mN}\cdot\text{m}^{-1}$ 以上。如果在其中加入适当的表面活性剂，则界面张力可降至 $1\text{mN}\cdot\text{m}^{-1}$ 以下。这样一来，把煤油分散在水中就显得容易得多。此外，因表面活性剂分子膜将液滴包住，可防止碰撞的液滴聚集。

表面活性剂通过降低体系的界面张力而使乳状液稳定的作用虽然重要，但它不能代表乳化剂的全部作用，否则无法解释无表面活性的物质能使乳状液稳定的现象。总之，界面张力降低并非是乳状液稳定的唯一衡量标准。

(2) 增加界面强度　表面活性剂在界面上吸附，形成界面膜。当表面活性剂浓度较低时，界面上吸附的分子较少，界面强度较差，所形成的乳状液稳定性也差；当表面活性剂溶液增高至一定浓度后，表面活性剂分子在界面上的排列形成一个紧密的界面膜，其强度相应增大，乳状液珠之间的凝聚所受到的阻力较大，因此形成的乳状液稳定性较好。实践证明，作为乳化剂的表面活性剂必须加入足够量，一般要超过该表面活性剂的 cmc 值，才具有最佳的乳化效果。

并不是所有的表面活性剂都能作为乳化剂。作为乳化剂的表面活性剂的分子结构必须是碳链较长、无支链、亲水基在一端的。

(3) 产生界面电荷　以离子型表面活性剂作为乳化剂时，表面活性剂在界面吸附时，疏水基碳氢链插入到油相中，极性亲水部分在水相中。其他无机反离子部分与之形成扩散双电层。由于在一个体系中乳液滴微粒带有相同符号电荷，故当液滴接近时，相互有斥力，从而防止凝聚，提高了乳状液的稳定性。

研究结果表明，在所有各种影响乳化液稳定性的因素中，界面膜的强度是稳定性的主要影响因素，而界面张力的降低起相辅相成的作用。如果表面活性剂是离子型的，则表面电荷构成稳定性的另一因素。

由两种以上表面活性剂组成的乳化体系称为复合乳化剂。复合乳化剂吸附在油水界面上，分子间发生作用可形成缔合物。由于分子间强烈作用，界面张力显著降低；同时，乳化剂在界面上形成的界面膜的强度也增大。

二、乳状液的性质

1. 乳状液的分类

乳状液大致可分为以下三类。

① 若与水不相混溶的油状液体呈细小的油滴分散在水里，所形成的乳状液称为水包油型乳状液，记作"油/水"（或"O/W"）。牛奶就属此类。在这种乳状液中，水是分散介质，油是分散相。O/W型乳状液可以用水稀释。

② 若水以很细小的水滴被分散在油里，则叫油包水型乳状液，记作"水/油"（或"W/O"）。原油即属此类。在这种乳状液中，油是分散介质，水是分散相。W/O型乳状液只能用油稀释，而不能用水稀释。

③ 油、水互为内外相的乳状液称为多重型[O(W/O)/W]乳状液。此种乳状液较少，这里不详细介绍。

2. 乳状液的鉴别

根据"油""水"的不同性质对乳状液进行鉴别。

(1) 染色法

① 加入"苏丹红" "苏丹红"为油溶性染料，在乳状液加入少量"苏丹红"染料，油包水型乳状液整体呈橘黄色；水包油型乳状液，染料保持原状。

② 加入甲基橙 甲基橙为水溶性染料。在乳状液加入少量甲基橙染料，水包油型乳状液整体呈红色；油包水型乳状液染料保持原状。根据"油""水"的不同性质对乳状液进行鉴别。

(2) 稀释法 水包油型乳状液能与水混溶；油包水型乳状液能与油混溶。

(3) 电导法 利用水和油的电导率相差很大的原理。水包油型乳状液电导率大，可使电路中串联的氖灯发光。

3. 乳状液的制备

通常，将液体通过机械方法，以微小粒子分散于另一液体中。也可将液体以分子状态溶解于另一液体中，然后适当地聚集而形成乳液。制备粒径小于$1\mu m$以下的微乳状液必须借助于表面活性剂。

(1) 乳化剂添加法 加乳化剂制备乳状液的方法可分为乳化剂在油相法和乳化剂在水相法。乳化剂在油相法，即预先将乳化剂加于油相，然后再加入水相的方法。用该法制备O/W型乳状液时，先将乳化剂溶化于油相，然后在缓慢搅拌下加入水相，连续相由油相转化为水相，即逆转乳化法。制备小粒子的O/W型乳状液广泛采用逆转乳化法。使O/W型乳状液稳定的乳化剂为亲水性的。乳化剂在水相法，即预先将乳化剂加于水相，然后再加入油相的方法。

(2) 温度乳化法（相转变乳化法） 该法以非离子表面活性剂的HLB值随温度升高由亲水性向亲油性变化的特性为基础。温度乳化法制备W/O型乳状液比制备O/W型乳状液困难。原因：W/O型乳状液粒子的静电排斥力较O/W型小，易发生聚集作用。解决方法：利用氨基酸凝胶乳化法制备。即在水中溶解氨基酸形成氨基酸溶液，然后边搅拌边加入表面活性剂。氨基酸能降低表面活性剂和水的互溶度，从而防止粒子聚集。

4. 乳液的破坏

在生产、生活及科学研究中，人们有时希望得到稳定的乳状液，如配制农药喷洒液、研制电镀添加剂、配制化妆品和切削液等；有时又希望破坏已存在的乳状液，如 W/O 型乳状原油、豆乳制豆腐等。这就需要破坏乳状液，以除去全部或大部分水，即破乳。破乳实质上就是消除乳状液稳定化条件，使分散的液滴聚集、分层的过程。

破乳方法通常有以下三种。

（1）机械法　最常用的是离心分离法，它是利用水、油密度的不同，在离心力作用下，促进排液过程而使乳状液破坏。在离心破乳过程中，对乳状液加热，使外相黏度降低，可加速排液过程，即加快破乳。

（2）物理法　此法包括电沉降法、超声波法和过滤法等。

电沉降法主要用于 W/O 型乳状液破乳。其机理是：在高压静电场作用下，油中的水珠发生聚集，从而使乳状液破坏。此法用于 O/W 型乳状液破乳效果不理想。

超声波法破乳选用的超声波强度应适当，如强度太大反而会导致分散而达不到破乳目的。

过滤法破乳是使乳状液通过多孔材料而实现破乳的。如用碳酸钙层，它仅能让水通过，而油则保留在其上，从而达到破乳目的。用黏土砂粒经亲油性大的表面活性剂处理作为过滤层，它仅能让油通过，而水不能通过，亦可达到破乳目的。如蒸汽机冷凝水中的油可用活性炭过滤除去。

（3）化学法　化学法破乳主要通过加入一种化学物质体系来改变乳状液的类型和界面性质，使之变得不稳定而发生破乳。在 O/W 型乳状液中加入制备 W/O 型乳状液用的乳化剂，即可达到破乳的目的。反之，在 W/O 型乳状液中加入制备 O/W 型乳状液用的乳化剂，也可达到破乳目的。例如，原油破乳是采用制备 O/W 型乳状液用的乳化剂（通常用蓖麻油硫酸化物）。对于用钠皂、钾皂为乳化剂制备的乳状液，如加入强酸或适当的含多价离子盐的水溶液，即可破乳。这是由于加入的强酸和皂作用生成自由脂肪酸而使乳化剂失去乳化活性的缘故；加入多价离子盐是使乳状液发生变性而破乳的。油脂精炼时，加入食盐将水化的油破乳也是一个化学法破乳实例。

阅读材料

微乳状液

由水、油、表面活性剂和助表面活性剂所形成的分散相液滴直径约为 10～100nm 的胶体分散体系称为微乳状液。制备微乳状液需要大量的表面活性剂和助表面活性剂，微乳液的分散相液滴尺寸大于胶团，小于常规乳状液液滴，具有胶团和一般乳状液的某些性质，既可看作是胀大的胶团，也可视为液滴极微小的乳状液。

一种液体以极微小的液珠（直径为 5～50nm）自发地分散在另一液体中的分散体系，也是透明或半透明的热力学稳定体系。和乳状液一样，微乳状液也有水包油（O/W）和油包水（W/O）两种类型。制备微乳状液的关键是配方，微乳状液的性质只与配方有关，而与制备条件无关。制备微乳状液时，除表面活性剂外，一般还要加助表面活性剂（碳链为中等长度的极性有机物，如壬醇），而且表面活性剂和助表面活性剂的用量很大，常占整个体系的10%~30%（质量）。从液珠大小考虑，微乳状液是介于加溶胶团和乳状液之间的一个体系。正因为如此，对微乳状液的形成机理出现了混合膜和加溶作用两种理论。

此理论认为微乳状液是液珠极微小的乳状液，微乳状液能自发形成的原因，是表面活性剂和助表面活性剂的混合膜可在油-水界面上形成暂时的负界面张力。微乳状液形成条件是

$$\gamma_i = (\gamma_{O/w})_a - \pi < 0$$

式中，γ_i 为有表面活性剂和助表面活性剂时的油-水界面张力；$(\gamma_{O/w})_a$ 为油相中有助表面活性剂时的油-水界面张力；π 是油-水界面压力。若 $\pi > (\gamma_{O/w})_a$，则 $\gamma_i < 0$，扩大界面是体系界面自由能下降过程，因而微乳状液可以自发形成。微乳状液形成后 $\gamma_i = 0$，体系处于热力学平衡状态。助表面活性剂的作用是降低 $(\gamma_{O/w})_a$ 和增加 π，使 γ_i 变负。

此理论认为微乳状液的实质是胀大了的胶团，是在特殊条件下加溶作用的结果。加溶作用是自发进行的，所以微乳状液可自发形成。表面活性剂的浓度超过临界胶束浓度时，即有加溶作用，但一般加溶量小于10%（质量），能形成微乳状液。形成微乳状液的条件是表面活性剂的亲水、亲油性接近平衡，如果表面活性剂的亲水、亲油接近平衡而稍亲水，则可形成 O/W 型微乳状液；反之，可形成 W/O 型微乳状液。非离子表面活性剂的亲水、亲油性可用改变温度或分子中氧化乙烯链节长短来调整。离子型表面活性剂的亲水、亲油性随温度变化不大，一般用加助表面活性剂来调整，这就是离子表面活性剂形成微乳状液时一定要在油相中加入助表面活性剂的原因。

微乳状液是一种高度分散的热力学稳定体系，在医药、日用化工和工业上均有很多应用，特别是在原油生产中，用微乳状液驱油，可大大提高原油的采收率。

主要公式小结

1. 表面张力 $\gamma = F/(2l)$

2. 表面吉布斯函数 $\gamma = \dfrac{\delta W'_r}{dA_s} = \left(\dfrac{\partial G}{\partial A_s}\right)_{T,p,x}$

3. 吉布斯吸附等温式 $\Gamma = -\dfrac{c}{RT} \times \dfrac{d\gamma}{dc}$

4. 溶液表面吸附等温线 $\Gamma = \Gamma_m \dfrac{kc}{1+kc}$

5. 朗缪尔吸附等温式 当 $\theta = \dfrac{\Gamma}{\Gamma_\infty}$，可得 $\dfrac{1}{\Gamma} = \dfrac{1}{\Gamma_\infty} + \dfrac{1}{b\Gamma_\infty} \cdot \dfrac{1}{p}$

6. 吸附等量线微分式 $\left(\dfrac{\partial \ln p}{\partial T}\right)_n = \dfrac{\Delta_{ads} H_m}{RT^2}$

7. 吸附等量线积分式 $\ln \dfrac{p_2}{p_1} = \dfrac{\Delta_{ads} H}{R}\left(\dfrac{1}{T_2} - \dfrac{1}{T_1}\right)$

习 题

一、计算题

1. 在 293K 时，把半径为 1×10^{-3} m 的水滴分散成半径为 1×10^{-6} m 的小水滴，比表面

增加多少倍？表面吉布斯函数增加多少？环境至少需做功多少？已知 293 K 时 $\gamma(H_2O) = 72.75 \times 10^{-3}$ N·m^{-1}。

2. 在 298 K 时，1,2-二硝基苯(NB)在水中所形成的饱和溶液的浓度为 5.9×10^{-3} mol·L^{-1}，计算直径为 1×10^{-8} m 的 NB 微球在水中的溶解度。已知 298K 时 NB/水的表面张力为 25.7×10^{-3} N·m^{-1}，NB 的密度为 1566 kg·m^{-3}。

3. 373 K 时，水的表面张力为 58.9×10^{-3} N·m^{-1}，密度为 958.4 kg·m^{-3}，在 373 K 时直径为 1×10^{-7} m 的气泡内的水蒸气压为多少？在 101.325 kPa 外压下，能否从 373 K 的水中蒸发出直径为 1×10^{-7} m 的气泡？

4. 水蒸气骤冷会发生过饱和现象。在夏天的乌云中，用干冰微粒撒于乌云中使气温骤降至 293 K，此时水汽的过饱和度 (ρ/ρ_s) 达 4，已知 293 K 时 $\gamma(H_2O) = 72.75 \times 10^{-3}$ N·m^{-1}，$\rho(H_2O) = 997$ kg·m^{-3}。

求算：(1) 开始形成雨滴的半径；(2) 每一滴雨中所含的水分子数。

5. 273.15 K 和 293.15 K 时，水的饱和蒸气压分别为 610.2 Pa 和 2 333.1 Pa。在吸附一定量水的糖炭上，在上述温度下吸附平衡时水的蒸气压分别为 104.0 Pa 和 380.0 Pa。计算：(1) 糖炭吸附 1 mol 水蒸气的吸附热；(2) 糖炭吸附 1 mol 液体水的吸附热（设吸附热与温度和吸附量无关）。

6. 1g 活性炭吸附 CO_2 气体，在 303K 吸附平衡压力为 79.99 kPa，在 273K 时吸附平衡压力为 23.06 kPa，求 1g 活性炭吸附 0.04L 标准状态的 CO_2 气体的吸附热（设吸附热为常数）。

二、简答题

1. 表面吉布斯函数、表面张力二者的概念、单位是否相同，如何表示？
2. 什么是表面，常见的表面有几种？表面张力产生的原因是什么？
3. 试解释：①人工降雨；②有机蒸馏中加沸石；③过饱和溶液、过饱和蒸气、过冷现象；④重量法分析中的陈化作用等。
4. 体系的吉布斯函数的数值越低，体系就越稳定。物体总有降低本身单位表面吉布斯函数的趋势。请说明纯液体、溶液和固体是如何降低本身单位表面吉布斯函数的？
5. 从吉布斯吸附等温式中，如何理解吸附量是表面过剩量？
6. 若用 $CaCO_3$ 进行热分解，问微小颗粒 $CaCO_3$ 的分解压 p_1 与大块 $CaCO_3$ 的分解压 p_2 相比，两者大小如何？试说明为什么。
7. 有人说因为存在着溶液表面吸附现象，所以溶质在溶液表面层的浓度总是大于其在溶液本体的浓度。这种说法对吗？为什么？
8. 为什么气体吸附在固体表面一般总是放热的？而却有一些气固吸附是吸热的（如 H_2 在玻璃上的吸附），如何解释这种现象？
9. 研究固体表面吸附时，常应用朗缪尔吸附等温方程，请说明它的应用范围和用途。
10. 表面活性剂具有什么样的结构特征？举例说明其应用。
11. 按常用的分类方法，表面活性剂分为哪几类？
12. 表面活性剂的结构与功能的关系是什么？
13. 阳离子表面活性剂的基本性质有哪些？
14. 乳状液的定义、形成条件、类型及鉴别方法是什么。

15. 影响乳状液稳定的因素有哪些？
16. 破乳的方法有哪些？
17. 结合所学知识解释洗涤剂的去污原理。
18. 常见的食品乳化剂有哪些？并说明各自的应用范围。
19. 为什么非离子表面活性剂不能用作稳泡剂？
20. 消泡剂的消泡机理是什么？
21. 污垢的去除机理是什么？
22. 表面活性剂的结构与去污力的关系如何？
23. 试论述乳状液液滴表面带电的途径。
24. 什么是临界胶束浓度？并说明其测定方法。
25. 絮凝剂分子应具备哪些特点？
26. 试论述起泡作用在原油开采中的应用。

三、拓展题

查阅资料，写出一个常见的洗涤剂配方，并说明每种成分的作用。

物理化学实训

实训一 基本知识的准备

一、物理化学实训课程的重要性

物理化学实训按照课程结构划分属于化学基础能力课程,物理化学实训是化学实训科学的重要分支,是综合了化学领域中无机化学、有机化学、分析化学所需的基本研究工具和研究方法,借助于物理学和化学的基本原理、技术和仪器,采用教学运算工具来研究物质的物理化学性质和化学反应规律,了解化学现象的一门学科,为后续课程教学和毕业设计起到一个支撑作用。希望通过本课程的学习,学生在知识、技能、态度上达到以下目标:①知识方面,了解相关实训仪器的结构和性能;理解实训项目的原理;掌握物理化学的实训方法。②技能方面:掌握物理化学实训仪器的基本操作;学会实训数据的分析与处理;学会相关图像的绘制;学会查阅相关手册、图册等技术资料。③态度方面:通过本实训课程的学习,培养学生良好的职业素养,主要指良好实训工作习惯、严谨的工作作风、认真学习的态度、团结协作精神、创新精神和独立思考能力等。

物理化学实训是物理化学的重要组成部分,包含研究化学热力学、化学动力学、电化学、界面与胶体化学等的基本实验实训方法,对巩固和加深对物理化学基本原理的理解,提高对物理化学知识的灵活运用能力,培养科学研究素质,并逐步建立科学的世界观和方法论都起到十分重要的作用。在强调现代科技人才的素质教育与创新能力培养的今天,高超的实训技能更是适应知识快速更新、科学技术多学科交叉发展的基本需求。

二、实训基本方法

1. 实训预习

实训前须仔细研读实训讲义,预先了解实训目的和原理、所用仪器的构造和使用方法以及实训操作过程和步骤。在预习的基础上,写出实训预习报告,其中包括**实训目的、实训原理、实训操作步骤、注意事项以及实训数据记录表**等相关内容。

2. 实训操作

① 先做好各种准备工作,记录实训条件,如室温、大气压等。

② 实训开始后,要仔细观察实训现象,严格控制实训条件,详细记录试验数据。

③ 要有良好的实训作风和严谨的科学态度。做到仪器摆放合理,实训台清洁整齐,实训操作有条有理,数据记录一丝不苟;还要积极思维,善于发现和解决实训中出现的各种问题。出现异常情况时应及时与指导教师商量解决。

④ 实训结束后,数据交指导教师审查,经签字同意后,方可离开实训室。

3. 实训记录

原始数据的记录必须忠实、准确。不准使用铅笔，不能随意涂改数据。如果发现某个实训数据确有问题，应该舍弃时，可用笔轻轻圈去。实训结束后应将每次实训的原始记录交给实训指导教师签字，并附在实训报告后面，一并上交。

4. 实训报告

实训结束后，学生应根据实训过程及实训原始数据出具一份完整的实训报告。

物理化学实训报告的内容包括：

① 实训目的；
② 实训原理、实训装置示意图和实训条件；
③ 实训步骤；
④ 实训数据及处理；
⑤ 结果讨论、实训误差分析及思考题的解答。

手工画图必须使用坐标纸，也可以用相关数据处理软件在计算机上进行实训数据处理，但应上交纸质文档。在写报告时，要求开动脑筋、钻研问题、耐心计算、认真画图，使每次报告都达到要求。重点应放在对实训数据的处理和对实训结果的分析讨论上。

一份好的实训报告应该符合实训目的明确、原理清楚、数据准确、画图合理、结论正确、讨论深入、条理清楚和书写整齐等要求。实训报告的质量在很大程度上反映了学生实训操作的实际水平和数据分析处理能力，因此要求字迹工整、纸面清洁。数据处理、画图、误差分析、问题归纳等内容应严谨、认真、有理有据。实训报告是实训考核中非常重要的一部分，应予以高度重视。

三、物理化学实训室守则

① 着装符合要求，遵守课堂纪律，维护课堂秩序，不迟到，不早退，保持室内安静。
② 在实训过程中听从教师指导，按操作规程进行实训，实训台面、药品架应保持清洁，公用试剂用毕应立即盖严后放回原处。
③ 注意节约，使用和洗涤玻璃仪器和器皿时小心，防止伤到自己和损坏器皿。使用贵重仪器时，应严格遵守操作规程，发现故障后立即报告教师，不要擅自动手检修。
④ 实训完毕，需将药品、试剂排列整齐，仪器要洗净放好，实训台面擦拭干净，经教师检查验收后，方可离开实训室。
⑤ 注意安全。实训室内严禁吸烟、吃零食！实训结束后立即关掉电源、关好水龙头，拉下电闸。离开实训室前应认真进行检查，严防不安全事故。
⑥ 废纸及其他固体废物应倒入废品缸内，不能倒入水槽或随便乱扔。
⑦ 玻璃仪器损坏时，应如实向实训老师报告，认真填写损坏仪器登记表，然后补领。
⑧ 实训室内一切物品，严禁携出室外，借物必须办理登记手续。
⑨ 离开实训室前将手洗净消毒。
⑩ 同学轮流值日，值日生负责当天实训室卫生、安全和一些服务性的工作。

四、实训的安全防护

物理化学实训的安全防护，是一个关系到培养学生良好的实训素质，保证实训顺利进行，确保实训者和实训室财产安全的重要问题。

1. 安全用电常识

违章用电常常可能造成人身伤亡、火灾、损坏仪器设备等严重事故。物理化学实训室使用电器较多，特别要注意安全用电。实训表1列出了50Hz交流电通过人体的反应情况。

实训表1　50Hz交流电通过人体的反应

电流强度/mA	1～10	10～25	25～100	100 以上
人体反应	麻木感	肌肉强烈收缩	呼吸困难,甚至停止呼吸	心脏心室纤维性颤动,死亡

(1) 防止触电

① 不用潮湿的手接触电器。

② 电源裸露部分应有绝缘装置（例如电线接头处应裹上绝缘胶布）。

③ 实训时，应先连接好电路后才接通电源。实训结束时，先切断电源再拆线路。

④ 修理或安装电器时，应先切断电源。

⑤ 如有人触电，应迅速切断电源，然后进行抢救。

(2) 防止引起火灾

① 使用的保险丝要与实训室允许的用电量相符。

② 电线的安全通电量应大于用电功率。

③ 室内若有氢气、煤气等易燃易爆气体，应避免产生电火花。继电器工作和开关电闸时，易产生电火花，要特别小心。电器接触点（如电插头）接触不良时，应及时修理或更换。

④ 如遇电线起火，立即切断电源，用沙或二氧化碳、四氯化碳灭火器灭火，禁止用水或泡沫灭火器等导电液体灭火。

(3) 防止短路

① 线路中各接点应牢固，电路元件两端接头不要互相接触，以防短路。

② 电线、电器不要被水淋湿或浸在导电液体中，例如实训室加热用的灯泡接口不要浸在水中。

2. 气体钢瓶使用的注意事项

使用储气瓶必须按正确的操作规程进行，注意事项如下。

① 气瓶应存放在阴凉、干燥、远离热源（如夏日应避免日晒，冬天与暖气片隔开，平时不要靠近炉火等）的地方，并将气瓶固定在稳固的支架、实训桌或墙壁上，防止受外来撞击和意外跌倒。易燃气体气瓶（如氢气瓶等）的放置房间，原则上不应有明火或电火花产生，且应与氧气瓶分开存放。

② 搬运钢瓶要小心轻放，钢瓶帽要旋上。

③ 使用时应装减压阀和压力表，气瓶使用时要通过减压器使气体压力降至实训所需范围。安装减压器前应确定其连接尺寸规格是否与气瓶接头相符，接头处需用专用垫圈。一般可燃性气瓶（如 H_2、C_2H_2）接头的螺纹是反向的左牙纹，不燃性或助燃性气瓶（如 N_2、O_2）接头的螺纹是正向的右牙纹。有些气瓶需使用专用减压器（如氨气瓶），各种减压器一般不得混用。减压器都装有安全阀，它是保护减压器安全使用的装置，也是减压器出现故障

的信号装置。减压器的安全阀应调节到接受气体的体系或容器的最大工作压力。

④ 不要让油或易燃有机物沾染气瓶（特别是气瓶出口和压力表上）。

⑤ 开启总阀门时，不要将头或身体正对总阀门，防止万一阀门或压力表冲出伤人。

⑥ 不可把气瓶内气体用光，以防重新充气时发生危险。

⑦ 为了安全使用，各类气瓶应定期送检验单位进行技术检查，一般气瓶至少三年检验一次，充装腐蚀性气体的储气瓶至少每两年检验一次。不合格者应降级使用或予以报废。

⑧ 氢气瓶应放在远离实训室的专用小屋内，用紫铜管引入实训室，并安装防止回火的装置。

实训二　常用仪器操作技能训练

本部分主要是要求学生掌握一些（非数显型）实训室较常用仪器操作方法，对一些数显型的仪器不再单独介绍。

任务一　阿贝折光仪使用方法

一、实训目标

1. 知识目标

了解阿贝折光仪构造及工作原理。

2. 技能目标

初步掌握阿贝折光仪使用方法。

3. 态度目标

① 着装规范；

② 实训操作严谨科学，实训记录详细真实；

③ 在实训过程中保持实训场所安静和整洁。

二、实训任务

测定无水乙醇、正丙醇、环己烷等样品的折射率（实训温度 25℃）。

三、实训知识

折射率是物质的重要物理常数之一，可借助它了解物质的纯度、浓度及其结构，在实训室中可用阿贝折射仪来测量液体物质的折射率，液体用量少，操作方便，读数准确。

1. 原理

当一束光投在两种不同性质的介质的交界面上时发生折射现象，如实训图 1 所示，式中 α 为入射角，β 为折射角。光的入射角和折射角的正弦之比称为折射率，常用 n 表示。

$$n = \frac{\sin\alpha}{\sin\beta}$$

若温度一定,对两种固定介质而言,n 是一常数,它是物质重要的物理性质之一。一般文献中记录的物质折射率数据是 20℃时,以钠光灯光源测定出来的,用 n_D^{20} 表示。液体的折射率一般用阿贝折光仪测定。

2. 结构

阿贝折光仪(见实训图 2)的主要部分是由两块折射率为 1.75 的直角玻璃棱镜组成的棱镜组。两块棱镜在其对角线上重叠,之间留有微小缝隙,其中可以铺展一层极薄的待测液层,入射光线经反射镜 7 反射至辅助棱镜 6 后,在其磨砂面上发生漫反射,以各种角度通过试液层,在试液与测量棱镜的界面发生折射(小于临界角的部分有光线通过,是亮区;大于临界角的部分无光线通过,是暗区),所有折射光线的折射角都落在临界角之内,具有临界角的光线从测量棱镜出来反射到目镜上,此时,若将目镜的十字线调节到适当位置,则会看到目镜上呈半明半暗状态。实训时,转动读数手柄,调节棱镜组的角度,使明暗分界线正好落在目镜十字线的交叉点上,这时从读数标尺上就可读出试液的折射率。

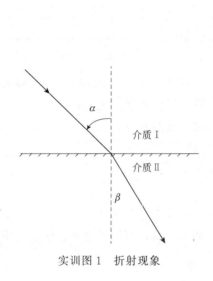

实训图 1 折射现象

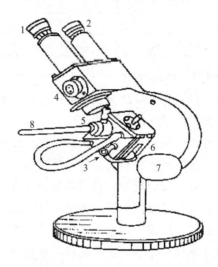

实训图 2 阿贝折光仪
1—测量望远镜;2—读数望远镜;3—恒温入水口;
4—消色散手柄;5—测量棱镜;6—辅助棱镜;
7—反射镜;8—温度计

为了方便,阿贝折光仪的光源是日光而不是单色光,日光通过棱镜时要发生色散,使临界线模糊,因而在测量望远镜的镜筒下面设计了一套消色散棱镜(阿米西棱镜),旋转消色散手柄 4,就可使色散现象消除。

折射率 n 值与温度和入射光的波长有关,故应在其右上角标出测量温度,右下角标出测量时所用的波长。例如 n_D^{25} 表示介质在 25℃时对钠黄光的折射率。阿贝折射仪使用的光源为白光。白光为各种不同波长的混合光。由于波长不同的光在相同介质内的传播速度不同,所以会产生色散现象,使目镜的明暗分界线不清楚。为此在仪器上装有可调的消色补偿器,通过它可清除色散,得到清楚的明暗分界线,这时所测得的液体折射率,与用钠光 D 线所得的液体折射率相同。

3. 阿贝折光仪的使用方法

(1) 折光仪的校正 通常用测定蒸馏水折射率的方法进行校准,在 20℃下折光仪应表示出折射率为 1.33299 或可溶性固形物为 0。若校正时温度不是 20℃，应查出该温度下蒸馏水的折射率再进行核准（见实训表 2）。对于高刻度值部分，用具有一定折射率的标准玻璃块（仪器附件）校准。方法是打开进光棱镜，在校准玻璃块的抛光面上滴一滴溴化萘，将其粘在折射棱镜表面上，使标准玻璃块抛光的一端向下，以接受光线。测得的折射率应与标准玻璃块的折射率一致。校准时若有偏差，可先使读数指示于蒸馏水或标准玻璃块的折射率值，再调节分界线调节螺丝，使明暗分界线恰好通过十字线交叉点。

实训表 2 不同温度下水的折射率

$t/℃$	n_D	$t/℃$	n_D	$t/℃$	n_D	$t/℃$	n_D
10	1.33370	16	1.33331	22	1.33281	28	1.33219
11	1.33365	17	1.33324	23	1.33272	29	1.33208
12	1.33359	18	1.33316	24	1.33263	30	1.33196
13	1.33352	19	1.33307	25	1.33255		
14	1.33346	20	1.33299	26	1.33242		
15	1.33339	21	1.33290	27	1.33231		

（2）折射率的测定方法

第一步：以脱脂棉球蘸取乙醇擦净棱镜表面，待乙醇挥发完毕，滴加 1~2 滴样液于进光棱镜磨砂面上，迅速闭合两块棱镜，调节反光镜，使两镜筒内视野最亮；

第二步：由目镜观察，转动棱镜旋钮，使视野出现明暗两部分；

第三步：旋转色散补偿器旋钮，使视野中只有黑白两色；

第四步：旋转棱镜旋钮，使明暗分界线在十字线交叉点；

第五步：从读数镜筒中读取折射率或质量分数；

第六步：打开棱镜，用水、乙醇或乙醚擦净棱镜表面及其他各机件。

在测定水溶性样品后，用脱脂棉吸水洗净，若为油类样品，须用乙醇或乙醚、二甲苯等擦拭。

四、仪器和药品

仪器：沸点仪 1 套，阿贝折光仪（包括恒温装置）1 套，长、短吸管各 1 支，温度计（50~100℃，1/10℃）1 支。

药品：正丙醇，无水乙醇（A.R.），环己烷等。

五、实训步骤

1. 用蒸馏水校正阿贝折光仪

通常用测定蒸馏水折射率的方法进行校准，在 25℃ 下折光仪应表示出折射率为 1.33255。若校正时温度不是 25℃，应查出该温度下蒸馏水的折射率再进行核准。测定三次取平均值。

2. 测定样品的折射率

数据记录于实训表 3。

实训表3　数据记录表（温度____℃）

样品	折射率			相对平均偏差
	次数		平均值	
正丙醇	1			
	2			
	3			
无水乙醇	1			
	2			
	3			
环己烷	1			
	2			
	3			

六、注意事项

① 在测定纯液体样品时，沸点仪必须是干燥的。

② 在整个实训中，取样管必须是干燥的。

③ 取样至阿贝折射仪测定时，取样管应该垂直向下。

七、实训讨论

① 讨论阿贝折光仪校正的重要性。

② 如未进行仪器校正，则必须进行数据校正的方法。

$$n_{H_2O}^{25℃} = 1.3325$$

$$\Delta n = n_{H_2O}^{实验} - n_{H_2O}^{25℃} = n_{H_2O}^{实验} - 1.3325$$

$$n_{样品}^{25℃} = n_{样品}^{实验} - \Delta n$$

任务二　旋光仪的使用方法

一、实训目标

1. 知识目标

了解旋光仪构造及工作原理。

2. 技能目标

初步掌握旋光仪使用方法。

3. 态度目标

① 着装规范；

② 实训操作严谨科学、实训记录详细真实；

③ 在实训过程中保持实训场所安静和整洁。

二、实训任务

① 测定蔗糖（A.R.）、葡萄糖（A.R.）、果糖（A.R.）溶液的旋光度（实训温度25℃）。

② 计算蔗糖（A.R.）、葡萄糖（A.R.）、果糖（A.R.）的比旋光度。

三、实训知识

1. 旋光仪结构及工作原理

测定旋光度的仪器叫旋光仪，物理化学实训中常用 WXG-4 型旋光仪测定旋光物质的旋光度的大小，从而定量测定旋光物质的浓度，其光学系统见实训图 3。

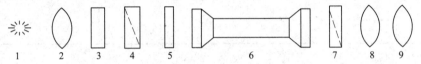

实训图 3　旋光仪的结构示意图
1—光源；2—透镜；3—滤光片；4—起偏镜；5—石英片；
6—样品管；7—检偏镜；8,9—望远镜

旋光仪主要由起偏器和检偏器两部分构成。起偏器是由第一尼科尔棱镜构成，固定在仪器的前端，用来使各向振动的可见光产生偏振光。检偏器是由第二尼科尔棱镜构成，由偏振片固定在两保护玻璃之间，并随刻度盘同轴转动，用来测量偏振面的转动角度。

旋光仪就是利用检偏镜来测定旋光度的。如调节检偏镜使其透光的轴向角度与起偏镜的透光轴向角度互相垂直，则在检偏镜前观察到的视场呈黑暗，再在起偏镜与检偏镜之间放入一个盛满旋光物的样品管，则由于物质的旋光作用，使原来由起偏镜出来的偏振光转过了一个角度 α，这样视物不呈黑暗，必须将检偏镜也相应地转过一个 α 角度，视野才能重又恢复黑暗。因此检偏镜由第一次黑暗到第二次黑暗的角度差，即为被测物质的旋光度。

由于肉眼对鉴别黑暗的视野误差较大，为精确确定旋光角，常采用比较方法，即三分视野法。即在起偏镜后中部装一狭长的石英片，其宽度约为视野的三分之一，因为石英也具有旋光性，故在目镜中出现三分视野。如实训图 4 所示。当三分视野消失时，即可测得被测物质旋光度。

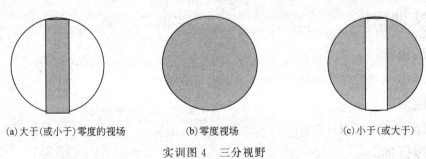

(a) 大于(或小于)零度的视场　　(b) 零度视场　　(c) 小于(或大于)
实训图 4　三分视野

2. WXG-4 型旋光仪的使用方法

① 接通电源，开启钠光灯，约 5min 后，调节目镜焦距，使三分视野清晰。

② 仪器零点校正。在样品管中装满蒸馏水（无气泡），调节检偏镜，使三分视野消失，记下角度值，即为仪器零点，用于校正系统误差。

③ 测定旋光度。在样品管中装入试样，调节检偏镜，使三分视野消失，读取角度值将其减去（或加上）零点值，即为被测物质的旋光度。

④ 双游标读数法。考虑到仪器可能有偏心差，在刻度盘上开有 A、B 两个游标窗（见实训图5），可由两个游标窗中读得的数据取平均值（旋光仪采用双游标读数，以消除度盘偏心差。度盘分360格，每格1°，游标分20格，等于度盘19格，用游标直接读数到0.05°。度盘和检偏镜因为一体，借手轮能作粗、细转动。游标窗前方装有两块4倍的放大镜，供读数时用）。

⑤ 测量完毕后，关闭电源，将样品管取出洗净擦干放入盒内。

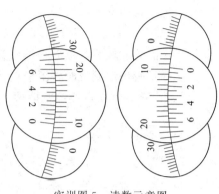

实训图5　读数示意图

四、仪器和药品

仪器：旋光仪1台，恒温水槽1套，50mL 移液管1支，150mL 锥形瓶1个，分析天平1台，滤纸、擦镜纸等。

药品：蔗糖（A.R.），葡萄糖（A.R.），果糖（A.R.）等。

五、实训步骤

（1）测定旋光仪的零点读数

在样品管中装满蒸馏水（无气泡），调节检偏镜，使三分视野消失，记下角度值，即为仪器零点，用于校正系统误差。为了减少人为产生的测定误差，平行测定三次，取平均值即可。

（2）测定蔗糖（A.R.）、葡萄糖（A.R.）、果糖（A.R.）溶液的旋光度

分别取5g蔗糖（A.R.）、葡萄糖（A.R.）、果糖（A.R.）放在1、2、3号锥形瓶中，用量筒加20mL去离子水倒入使其溶解，然后取三个50mL容量瓶定容，每种样品溶液平行测定三次。数据记录于实训表4。

实训表4　数据记录表（温度____℃）

样品浓度/g·mL^{-1}	旋光管长度/dm	旋光度		比旋光度 $[\alpha]_\lambda^t$
		次数	平均值	
蔗糖		1		
		2		
		3		
葡萄糖		1		
		2		
		3		
果糖		1		
		2		
		3		

六、注意事项

① 仪器连续使用时间不宜过长，一般不超过 4h，如使用时间过长，中间应关闭电源开关 10~15min，待钠光灯冷却后再继续使用。

② 观察者的个人习惯特点对零位调节及旋光角的读数均会起相当作用，每个学生都要作出自己的零位读数，不要用别人测量的数值。

③ 样品管装填好溶液后，不应有气泡，不应漏液。

④ 样品管用后要及时将溶液倒出，用蒸馏水洗涤干净，揩干。所有镜片均不能用手直接擦拭，应用软绒布或擦镜纸擦拭。

七、实训讨论

① 用蒸馏水校正仪器的零点的作用。

② 比旋光度的计算方法及实际运用探讨。

偏振光通过光学活性物质的溶液时，其振动平面所旋转的角度叫做该物质溶液的旋光度，以 α 表示。旋光度的大小与光源的波长、温度、旋光性物质的种类、溶液的浓度及液层的厚度有关。对于特定的光学活性物质，在光源波长和温度一定的情况下，其旋光度 α 与溶液的浓度 c 和液层的厚度 L 成正比。即

$$\alpha = KcL$$

$$[\alpha]_\lambda^t = \frac{\alpha}{Lc}$$

式中，$[\alpha]_\lambda^t$ 为比旋光度；t 为温度，℃；λ 为光源波长，nm；α 为旋光度，(°)；L 为液层厚度或旋光管长度，dm；c 为溶液浓度，g·mL^{-1}。

实训三　基础实训

本部分内容为方法原理性实训教学环节，学生可选做完成下面所列出的实训项目。

任务一　超级恒温水浴与其性能测定

一、实训目标

1. 知识目标

了解超级恒温水浴的构造及恒温原理。

2. 技能目标

初步掌握超级恒温水浴的装配、调节和使用。

3. 态度目标

① 着装规范；

② 实训操作严谨科学，实训记录详细真实；
③ 在实训过程中保持实训场所安静和整洁。

二、实训任务

绘制超级恒温水浴的灵敏度曲线（温度-时间曲线）。

三、实训知识

在科学研究及物理化学实训中所测的数据，如折射率、黏度、表面张力、电导、化学反应速率系数等都与温度有关，因此须在恒温条件下测定。恒温就是使温度在很小范围（实训室内一般为±0.1℃）内波动。通常用超级恒温水浴来控制温度维持恒温。要使恒温设备维持在高于室温的某一温度，就必须不断地补充一定的热量，使由于散热等原因所引起的热损失得到补偿。

超级恒温水浴由不锈钢水浴箱、温度传感器、控温机箱（常用电子继电器）、电子加热器、搅拌器等组成，其装置示意图如实训图 6 所示。

恒温器的温度控制装置属于"通""断"类型，当加热器接通后，恒温介质温度上升，热量的传递使水银温度计中的水银柱上升。但热量的传递需要时间，因此常出现温度传递的滞后，往往是加热器附近介质的温度超过设定温度，所以恒温槽的温度超过设定温度。同理，降温时也会出现滞后现象。由此可知，恒温槽控制的温度有一个波动范围，并不是控制在某一固定不变的温度。控温效果可以用灵敏度 ΔT 表示：

实训图 6 MC20G 型超级恒温槽

$$\Delta T = \pm \frac{\Delta T_1 - \Delta T_2}{2}$$

式中，ΔT_1 为恒温过程中水浴的最高温度；ΔT_2 为恒温过程中水浴的最低温度。可以看出：实训图 7 曲线 a 表示恒温槽灵敏度较高；b 表示恒温槽灵敏度较差；c 表示加热器功率太大；d 表示加热器功率太小或散热太快。

影响恒温槽灵敏度的因素如下：
① 恒温介质流动性好，传热性能好，控温灵敏度就高；
② 加热器功率要适宜，热容量要小，控温灵敏度就高；
③ 搅拌器搅拌速度要足够大，才能保证恒温槽内温度均匀；
④ 继电器电磁吸引电键，后者发生机械作用的时间愈短，断电时线圈中的铁芯剩磁愈小，控温灵敏度就高；
⑤ 电接点温度计热容小，对温度的变化敏感，则灵敏度高；
⑥ 环境温度与设定温度的差值越小，控温效果越好。

四、仪器

恒温水浴 1 套，贝克曼温度计 1 支，1/10 温度计（0～50℃和 0～100℃）各 1 支，

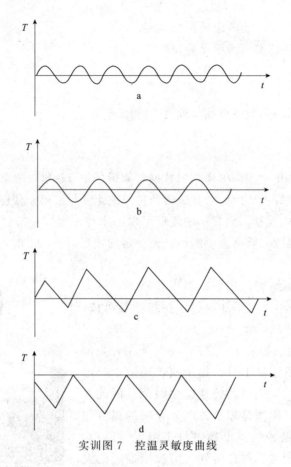

实训图7 控温灵敏度曲线

500mL 烧杯1个,放大镜1个。

五、实训步骤

① 恒温槽内装入适量的蒸馏水(水浴槽2/3容积)。
② 将水银温度计插入指定插孔内。
③ 调节水温至25℃,恒定5min。
④ 调节贝克曼温度计,使其放入水浴中的温度的水银面在1~2℃之间。
⑤ 用贝克曼温度计测量水浴温度并记录水浴温度在25℃时的温度偏差。
⑥ 调节水温在35℃、45℃,分别用贝克曼温度计测量水浴温度并记录达到指定温度的时间。
⑦ 作灵敏度曲线。将贝克曼温度计的起始温度读数调节在标尺中部,放入恒温槽。当0.1分度温度计读数刚好为设定温度时,立刻用放大镜读取贝克曼温度计读数,然后每隔30s记录一次,连续观察15min。如有时间可改变设定温度,重复上述步骤。

六、数据记录与处理

(1) 实训数据记录
见实训表5。
(2) 数据处理
计算25℃、35℃、45℃时所用水浴的温度误差。

实训表5　数据记录表

室温_____℃；大气压_____kPa

水温/℃	恒温槽温度/℃	水银温度计温度/℃	贝克曼温度计		
			T_1	T_2	ΔT
25					
35					
45					

（3）实训结果处理
① 将时间、温度读数列表；
② 用坐标纸绘出温度-时间曲线；
③ 求出该套设备的控温灵敏度并加以讨论。

七、注意事项

学会正确使用贝克曼温度计。

八、实训讨论

① 超级恒温水浴灵敏度与温度有何关系？超级恒温水浴灵敏度受哪些因素影响？
② 各种水恒温设备为什么加搅拌器？
③ 水恒温设备能否在低于室温下工作？

任务二　燃烧焓的测定

一、实训目标

1. 知识目标
① 燃烧焓的概念；
② 恒容燃烧热和恒压燃烧热的关系。

2. 技能目标
① 掌握氧弹式量热计测定物质恒容燃烧热的方法；
② 学会间接计算法求出物质的燃烧焓。

3. 态度目标
① 着装规范；
② 实训操作严谨科学、实训记录详细真实；
③ 在实训过程中保持实训场所安静和整洁。

二、实训任务

① 测定量热计的水当量K值。
② 测定萘的燃烧焓。

三、实训知识

有机物的燃烧焓 $\Delta_r H_m^{\ominus}(T)$ 是指 1mol 的有机物在温度 T，压力 $p^{\ominus}$ 时完全燃烧所放出的热量，通常称燃烧热。燃烧产物指定该化合物中 C 变为 $CO_2(g)$，H 变为 $H_2O(l)$，S 变为 $SO_2(g)$，N 变为 $N_2(g)$，Cl 变为 $HCl(aq)$，金属都成为游离状态。

燃烧热的测定，除了有其实际应用价值外，还可用来求算化合物的生成热、化学反应的反应热和键能等。

量热方法是热力学的一个基本实训方法。热量有 Q_p 和 Q_V 之分。用氧弹式量热计测得的是恒容燃烧热 Q_V；从手册上查到的燃烧热数值都是在 298.15K，101.325kPa 下的数据，即标准摩尔燃烧焓，属于恒压燃烧热 Q_p。由热力学第一定律可知，$Q_V = \Delta U$；$Q_p = \Delta H$。若把参加反应的气体和反应生成的气体都作为理想气体处理，则它们之间存在以下关系：

$$\Delta H = \Delta U + \Delta(pV)$$
$$Q_p = Q_V + \Delta nRT$$

式中，Δn 为反应前后反应物和生成物中气体的物质的量之差；R 为气体常数；T 为反应的热力学温度。

在本实训中，氧弹式量热计（见实训图 8）装置内桶是本实验的研究对象，为一孤立体系，燃烧反应前后体系的 $\Delta U = 0$。量热体系包括内桶中的水、氧弹、搅拌器、贝克曼温度计以及氧弹反应体系中的各物质等。用贝克曼温度计测试燃烧前后量热计温度变化 ΔT 代入下式即可求出燃烧热 $Q_{v,m}$。

$$\Delta U = \frac{m}{M} Q_{v,m} + m_{引} Q_{引} + K \Delta T = 0 \tag{1}$$

式中，m 为待测物质量；M 为待测物摩尔质量；$Q_{v,m}$ 为待测物的摩尔恒溶热；$m_{引}$ 为燃烧掉的引火丝的质量；$Q_{引}$ 为单位质量引火丝燃烧后产生的热量；K 为量热计的水当量。

K 值可以通过已知燃烧热的热化学标准物质来标定，最常用的标准物质是苯甲酸。已知 K 值后，代入式（1）来测定待测物的燃烧热。已知苯甲酸的 $\Delta_c H_m^{\ominus}$（苯甲酸，s，298.15K）$= -3226.7 \text{kJ} \cdot \text{mol}^{-1}$，引火镍丝的燃烧热 $Q_{引} = -3243 \text{kJ} \cdot \text{kg}^{-1}$。

实训图 8 氧弹式量热计

四、仪器和药品

仪器：氧弹量热计（附压片机）1套，贝克曼温度计1支，1000cm³和2000cm³容量瓶各1只，温度计1支，镊子、小扳手各1把，压片机1台，台秤、分析天平各1台，万用电表，氧气瓶等。

药品：苯甲酸，萘等。

五、实训步骤

1. 测定量热计的水当量值 K

① 样品压片　剪取约13cm长的引火丝，穿在压片机上，倒入约1g苯甲酸压片，将压好的片在分析天平上称量。

② 充氧气　在氧弹内装入10mL蒸馏水，放好样品进行充氧，在充氧前后都要用万用电表检查两极是否通路，若不通重新操作。

③ 量热计的安装　将氧弹放入铜水桶中，用容量瓶准确取3L自来水装入铜水桶中，装好温度计，在两极上接好点火导线盖好盖子。

④ 燃烧和温度的测量

初期：每隔1min取温度一次，共读10次；

中期：通电点火，每半分钟读取温度一次，读至温度不再上升；

末期：每隔1min读取温度一次，共读10次；

温度测量数据记录于实训表6。

实训表6　数据记录表

	次数	温度		次数	温度		次数	温度
初期	1		中期	1		末期	1	
	2			2			2	
	3			3			3	
	4			4			4	
	⋮			5			⋮	
	10			⋮			10	

⑤ 其他　实训结束，放出余气，称取剩余引火丝质量。

2. 测定萘的燃烧热

称取约0.6g萘，用上述方法测定萘的燃烧热。

六、数据处理

① 绘出苯甲酸燃烧的温度时间曲线，用作图法求出 Δt_1，算出水当量 K。

用雷诺法校正温差。具体方法为：将燃烧前后观察所得的一系列水温和时间关系作图，得一曲线，如实训图9所示。

实训图9 H 点意味着燃烧开始，热传入介质；D 点为观察到的最高温度值；从相当于

室温的 J 点作水平线交曲线于 I，过 I 点作垂线 ab，再将 FH 线和 GD 线延长并交 ab 线于 A、C 两点，其间的温度差值即为经过校正的 ΔT。实训图 9 AA' 为开始燃烧到温度上升至室温这一段时间 Δt_1 内，由环境辐射和搅拌引进的能量所造成的升温，故应予扣除。CC' 为由室温升到最高点 D 这一段时间 Δt_2 内，热量计向环境的热漏造成的温度降低，计算时必须考虑在内，故可认为，AC 两点的差值较客观地表示了样品燃烧引起的升温数值。

在某些情况下，热量计的绝热性能良好，热漏很小，而搅拌器功率较大，不断引进的能量使得曲线不出现极高温度点，如实训图 10 所示。校正方法相似。

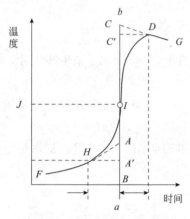 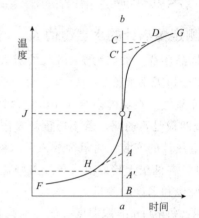

实训图 9　雷诺温度校正图　　　　实训图 10　绝热良好情况下的雷诺校正图

② 绘出萘燃烧的温度时间曲线，用作图法求出 Δt_2，再计算出萘的恒容燃烧热 Q_V。

③ 计算萘的恒压燃烧热 Q_p。

七、注意事项

① 调节好量热计水的温度。

② 充装氧气时注意安全。

③ 正确使用贝克曼温度计，学会调节水银高度及正确读数。

八、实训讨论

① 查看实训项目数据，分析操作过程中存在的问题，引导学生改进实训项目测定方法。

② 怎样才能保证样品的完全燃烧？什么叫水当量 K？在使用氧气瓶应注意哪些规则？

九、文献值

文献值见实训表 7。

实训表 7　苯甲酸和萘的燃烧焓

名称	燃烧焓/kJ·mol^{-1}	燃烧焓/J·g^{-1}	测定条件
苯甲酸	−771.24	−26410	p,20℃
萘	−1231.8	−40205	p,20℃

任务三　双液系气液相图的绘制

一、实训目标

1. 知识目标

① 沸点的概念；
② 标准曲线的绘制的作用。

2. 技能目标

① 掌握阿贝折光仪的原理及使用方法；
② 掌握沸点的测定方法。

3. 态度目标

① 穿着规范；
② 实训操作严谨科学；
③ 实训记录真实、详细；
④ 在实训过程中保持实训场所安静和整洁。

二、实训任务

① 测定标准溶液的折射率。
② 测定混合液在沸点气-液平衡时的折射率。

三、实训知识

两种液态物质混合而成的两组分体系称为双液系。根据两组分间溶解度的不同，可分为完全互溶、部分互溶和完全不互溶三种情况。两种挥发性液体混合构成完全互溶体系时，如果该两组分的蒸气压不同，则混合物的组成与平衡时气相的组成不同。当压力保持一定，沸点与两组分的相对含量有关。我们把一定压力下，双液系的沸点与组成的 T-x 关系图称为相图。一般有下列三种情况：

① 混合物的沸点介于两种纯组分之间 [如实训图 11(a)]；
② 混合物存在着最高恒沸点 [如实训图 11(b)]；
③ 混合物存在着最低恒沸点 [如实训图 11(c)]。

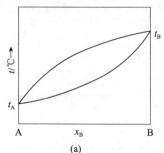
(a)

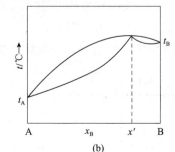
(b)

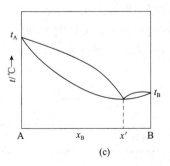
(c)

实训图 11　完全互溶双液系的沸点-组成图

对于后两种情况，为具有恒沸点的双液系相图。它们在最低或最高恒沸点时的气相和液相组成相同。因而不能像第一类那样通过反复蒸馏的方法而使双液系的两个组分相互分离，只能采取精馏等方法分离出一种纯物质和另一种恒沸混合物。为了测定双液系的 T-x 图，需在气液平衡后，同时测定双液系的沸点和液相、气相的平衡组成。实训中气液平衡组分的分离是通过沸点仪实现的，而各相组成的准确测定是通过阿贝折光仪测量折射率进行的。

本实训测定的正丙醇-乙醇双液系相图属于混合物的沸点介于两种纯组分之间体系。方法是利用沸点仪（实训图 12）直接测定一系列不同组成混合物的气-液平衡温度（沸点），并收集少量气相和液相冷凝液，分别用阿贝折光仪测定其折射率，然后根据折射率与样品浓度之间的工作曲线，查得所对应的气相、液相组成。

沸点仪有多种，各有各的特点，但都需满足测量液体沸点和分离平衡时气相和液相组成的目的。本实训使用的沸点仪是一只带有回流冷凝管的长径圆底蒸馏瓶。冷凝管底部有一凹形小槽，可收集少量冷凝的气相样品。通入的电流先经过变压器调压后，再通过浸没在溶液中的电热丝对溶液加热，这样可防止暴沸和过热现象。

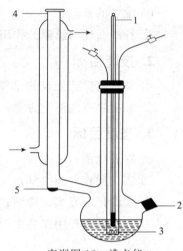

实训图 12　沸点仪
1—温度计；2—加样口；3—电热丝；
4—气相凝液取样口；5—凹形小槽

四、仪器和药品

仪器：沸点测定仪 1 套，阿贝折光仪（包括恒温装置）1 套，长、短吸管各 1 支，调压器 1 台，温度计（50～100℃，1/10℃）1 支，量筒（100mL）1 个，烧杯（500 mL）1 个。

药品：正丙醇，无水乙醇（A.R.）等。

五、实训步骤

按照实训图 12 所示安装好仪器。要注意电热丝以及电热丝连线的接点应完全浸没在液体内；温度计的水银球应一半浸没在待测液里，但不能和电热丝相接触。

1. 标准曲线的绘制

先将阿贝折光仪的恒温装置控制在一特定温度（如 25℃，也可根据室温进行选择）。然后用阿贝折光仪测定正丙醇、乙醇以及已知准确浓度（摩尔分数表示）的正丙醇-乙醇混合液的折射率，作折射率-组成的关系曲线（数据见实训表 8）。

测定已知组成的正丙醇-乙醇溶液的折射率，绘制标准曲线（30℃）。

实训表 8　数据记录表（一）　　　　　室温＿＿大气压＿＿

w（正丙醇）/%	0%	20%	40%	60%	80%	100%
折射率						

2. 测定未知溶液的沸点气液两相的折射率（数据记录于实训表9）

实训表9　数据记录表（二）　　　　　室温____大气压____

混合溶液之体积组成		沸点/℃	气相冷凝液分析		液相组成分析	
每次加乙醇/mL	每次加正丙醇/mL		折射率	w（正丙醇）/%	折射率	w（正丙醇）/%
20mL	0					
	2					
	3					
	4					
	5					
	5					
0	20mL					
2						
3						
4						
4						
5						

六、注意事项

① 电热丝及其接触点不能露出液面，一定要浸没在待测液内，否则通电加热会引起有机溶剂燃烧。

② 读取溶液沸点和停止加热准备测定折射率时，一定要使体系达到气-液平衡。取样分析后，吸管不能倒置。

③ 严格控制加热电压，只要能使液体沸腾即可。过大的电流，会引起待测液燃烧或烧断电阻丝，甚至烧坏变压器。

④ 测定折射率的时候一定要迅速，以防止由于挥发而改变其组成。

七、实训讨论

① 折射率测定为什么要在恒温下进行？

② 影响实训精度的因素之一是回流的好坏，如何使回流进行得充分，标志是什么？

③ 蒸馏瓶、量筒等是否需要用水洗涤，是否需要用待测液润洗？蒸馏瓶中残余的正丙醇-乙醇溶液对下一个试样的测定有没有影响？

④ 为什么要绘制标准曲线？

⑤ 根据实验结果，提出实训改进方案。

任务四　电导测定及其应用

一、实训目标

1. 知识目标

① 电导的概念；

② 测定电导率的作用。

2. 技能目标

① 掌握 DDS-11A 数显型电导率仪的测定原理及使用方法。
② 掌握利用电导率法测定弱电解质的解离常数。

3. 态度目标

① 着装规范；
② 实训操作严谨科学；
③ 实训记录真实、详细；
④ 在实训过程中保持实训场所安静和整洁。

二、实训任务

① 测定醋酸的解离平衡常数。
② 测定自来水、蒸馏水的电导率。

三、实训知识

AB 型弱电解质（如 HAc）在溶液中解离达到平衡时，解离平衡常数 K_c 与初始浓度 c 和解离度 α 有以下关系：

$$
\begin{array}{cccc}
& \text{HAc} & \rightleftharpoons & \text{H}^+ & + & \text{Ac}^- \\
t=0 & c & & 0 & & 0 \\
t=t_{平衡} & c(1-\alpha) & & c\alpha & & c\alpha
\end{array}
$$

$$K_c^\ominus = \frac{c\alpha^2}{c^\ominus(1-\alpha)} \tag{1}$$

在一定温度下 $K_c^\ominus$ 是常数，因此可以通过测定 AB 型弱电解质在不同浓度时的 α 代入式 (1) 求出 $K_c^\ominus$。

醋酸溶液的解离度可用电导法来测定，将电解质溶液放入电导池内，溶液电导（G）的大小与两电极之间的距离（l）成反比，与电极的面积（A）成正比：

$$G = \kappa \frac{A}{l} \tag{2}$$

式中，$\frac{l}{A}$ 为电导池常数，以 K_{cell} 表示；κ 为电导率。其物理意义：在两平行而相距 1m，面积均为 $1m^2$ 的两电极间，电解质溶液的电导称为该溶液的电导率，其单位以 SI 制表示为 $S \cdot m^{-1}$（CGS 制表示为 $S \cdot cm^{-1}$）。

由于电极的 l 和 A 不易精确测量，因此在实训中是用一种已知电导率值的溶液先求出电导池常数 K_{cell}，然后把欲测溶液放入该电导池测出其电导值，再根据式（2）求出其电导率。

溶液的摩尔电导率是指把含有 1mol 电解质的溶液置于相距为 1m 的两平行板电极之间的电导。以 Λ_m 表示，其单位以 SI 单位制表示为 $S \cdot m^2 \cdot mol^{-1}$（以 CGS 单位制表示为 $S \cdot cm^2 \cdot mol^{-1}$）。

摩尔电导率与电导率的关系：

$$\Lambda_m = \frac{\kappa}{c} \tag{3}$$

式中，c 为该溶液的浓度，其单位以 SI 单位制表示为 mol·m^{-3}。

对于弱电解质溶液来说，可以认为

$$\alpha = \frac{\Lambda_m}{\Lambda_m^\infty} \tag{4}$$

式中，Λ_m^∞ 是溶液在无限稀释时的极限摩尔电导率。

把式（4）代入式（1）可得

$$K_c^\ominus = \frac{c\Lambda_m^2}{c^\ominus \Lambda_m^\infty (\Lambda_m^\infty - \Lambda_m)} \tag{5}$$

或

$$c\Lambda_m = (\Lambda_m^\infty)^2 K_c^\ominus c^\ominus \frac{1}{\Lambda_m} - \Lambda_m^\infty K_c^\ominus c^\ominus \tag{6}$$

以 $c\Lambda_m$ 对 $\frac{1}{\Lambda_m}$ 作图，其直线的斜率为 $(\Lambda_m^\infty)^2 K_c^\ominus c^\ominus$，如知道 Λ_m^∞ 值，就可算出 $K_c^\ominus$。

四、仪器和药品

仪器：电导率仪 1 台，恒温槽 1 套，电导池 1 只，电导电极 1 只，容量瓶（100mL）5 只，移液管（25mL、50mL）各 1 支，洗瓶 1 个，洗耳球 1 个。

药品：0.1mol·L^{-1} HAc 溶液。

五、实训步骤

1. 解离常数的测定

① 0.1mol·L^{-1} HAc 溶液电导率的测定　吸取 25mL 0.1mol·L^{-1} HAc 溶液放入 HAc 电导池中，然后测其电导率，重复测定三次，取平均值。记录于实训表 10。

② 0.05mol·L^{-1} HAc 溶液电导率的测定　在装有 0.1mol·L^{-1} HAc 溶液的电导池中加水 25mL，摇匀，然后测其电导率，重复测定三次，取平均值。记录于实训表 10。

③ 0.025mol·L^{-1} HAc 溶液电导率的测定　在装有 0.05mol·L^{-1} HAc 溶液的电导池中吸出 25mL 溶液，再加入 25mL 纯水，然后测其电导率，重复测三次，取平均值（25℃时无限稀的 HAc 水溶液的摩尔电导率 = 3.907×10^{-2} S·m^2·mol^{-1}）。记录于实训表 10。

实训表 10　数据记录表

大气压：____；室温：____

浓度 c /mol·L^{-1}	κ/μS·cm^{-1}		Λ_m/S·cm^2·mol^{-1}	α	$K_c^\ominus$
	测量值	平均值			
0.1000					

续表

浓度 c /mol·L^{-1}	κ /μS·cm^{-1}		Λ_m/S·cm^2·mol^{-1}	α	$K_c^{\ominus}$
	测量值	平均值			
0.05					
0.025					

2. 测定自来水和蒸馏水的电导率

用电导水洗净电导池和铂电极，电导池注入自来水，测其电导率值，重复测定三次。同样方法测定蒸馏水的电导率。

实训完毕后仍将电极浸在蒸馏水中。

六、注意事项

① 要恒定，测量必须在同一温度下进行。恒温槽的温度要控制在（25.0±0.1）℃。
② 测定前，都必须将电导电极及电导池洗涤干净，以免影响测定结果。
③ 注意所测得电导率 κ 与计算公式中的电导率 κ 的单位有所不同，实训测得的 κ 是 μS·cm^{-1}，而公式中的是 S·m^{-1}。
1S·cm^{-1} = 10^{6}μS·cm^{-1}

七、实训讨论

① 电导率的测定为什么要在恒温下进行？
② 铂黑电极上的溶液为什么不能擦拭，要用滤纸吸？
③ 测水及溶液电导前，为什么电极反复冲洗干净，特别是测水前？
④ 根据实验结果，提出实训改进方案。

任务五　原电池电动势和电极电势的测定

一、实训目标

1. 知识目标

掌握可逆电池电动势的测量原理和 UJ34 型电位差计的操作技术。

2. 技能目标

① 学会几种电极和盐桥的制备方法。
② 测定 Cu-Zn 原电池的电动势及 Cu、Zn 电极的电极电势。

3. 态度目标

① 着装规范；

② 实训操作严谨科学；
③ 实训记录真实、详细；
④ 在实训过程中保持实训场所安静和整洁。

二、实训任务

测定 Cu-Zn 原电池的电动势及 Cu、Zn 电极的电极电势。

三、实训知识

凡把化学能转变为电能的装置称为化学电源（或电池、原电池）。电池是由两个电极和连通两个电极的电解质溶液组成的。如实训图 13 所示。

把 Zn 片插入 $ZnSO_4$ 溶液中构成 Zn 电极，把 Cu 片插在 $CuSO_4$ 溶液中构成 Cu 电极。用盐桥（其中充满电解质）把这两个电极连接起来就成为 Cu-Zn 电池。该电池可视为可逆电池。

在电池中，每个电极都具有一定的电极电势。当电池处于平衡态时，正、负电极的电极电势之差就等于该可逆电池的电动势。即

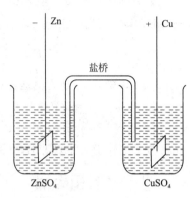

实训图 13　Cu-Zn 电池示意图

$$E = E_+ - E_- \tag{1}$$

对于 Cu-Zn 电池，其电池表示式为

$$Zn \mid ZnSO_4(m_1) \parallel CuSO_4(m_2) \mid Cu$$

其电极反应为 $\begin{cases} 负极反应：Zn \longrightarrow Zn^{2+}(a_{Zn^{2+}}) + 2e^- \\ 正极反应：Cu^{2+}(a_{Cu^{2+}}) + 2e^- \longrightarrow Cu \end{cases}$

其电池反应为：$Zn + Cu^{2+}(a_{Cu^{2+}}) \longrightarrow Cu + Zn^{2+}(a_{Zn^{2+}})$

其电动势为：$E = E_{Cu^{2+},Cu} - E_{Zn^{2+},Zn}$

$$E_{Cu^{2+},Cu} = E^{\ominus}_{Cu^{2+},Cu} - \frac{RT}{2F} \ln \frac{1}{a_{Cu^{2+}}} \tag{2}$$

$$E_{Zn^{2+},Zn} = E^{\ominus}_{Zn^{2+},Zn} - \frac{RT}{2F} \ln \frac{1}{a_{Zn^{2+}}} \tag{3}$$

在式（2）和式（3）中，Cu^{2+}，Zn^{2+} 的活度可由其质量摩尔浓度 m_i 和相应电解质溶液的平均活度系数 $\gamma_\pm$ 计算出来。

$$a_{Cu^{2+}} = m_2 \gamma_\pm \tag{4}$$

$$a_{Zn^{2+}} = m_1 \gamma_\pm \tag{5}$$

如果能由实训确定出 $E_{Cu^{2+},Cu}$ 和 $E_{Zn^{2+},Zn}$，则其相应的标准电极电势 $E^{\ominus}_{Cu^{2+},Cu}$ 和 $E^{\ominus}_{Zn^{2+},Zn}$ 即可被确定。

怎样测定 Cu 电极和 Zn 电极的电极电势呢？既然电池的电动势等于正、负极的电极电势之差，那么可以选择一个电极电势已经确知的电极，如 Ag-AgCl 电极，让它与 Cu 电极组成电池 $AgCl-Ag \mid KCl(1mol \cdot kg^{-1}) \parallel CuSO_4(m_1) \mid Cu$。该电池的电动势为：

$$E = E_{Cu^{2+},Cu} - E_{AgCl,Ag} \tag{6}$$

因为电动势 E 可以测量，$E_{AgCl,Ag}$ 已知，所以 $E_{Cu^{2+},Cu}$ 可以被确定，进而可由式（2）求出 $E^{\ominus}_{Cu^{2+},Cu}$。

用同样方法可以确定 Zn 电极的电极电势 $E_{Zn^{2+},Zn}$ 和标准电极电势 $E^{\ominus}_{Zn^{2+},Zn}$，让 Zn 电极与 Ag-AgCl 电极组成电池 Zn│ZnSO$_4$(m_1)‖KCl(1mol·kg^{-1})│AgCl-Ag。该电池的电动势为

$$E = E_{AgCl,Ag} - E_{Zn^{2+},Zn} \tag{7}$$

测量 E，$E_{AgCl,Ag}$ 已知，所以 $E_{Zn^{2+},Zn}$ 可以被确定，进而可由式（3）求出 $E^{\ominus}_{Zn^{2+},Zn}$。

本实训测得的是实训温度下的电极电势 E_T 和标准电极电势 $E^{\ominus}_T$，为了比较方便起见（和附录中所列出的 $E^{\ominus}_{298K}$ 比较），可采用下式求出 298K 时的标准电极电势 $E^{\ominus}_{298K}$，即

$$E^{\ominus}_T = E^{\ominus}_{298K} + \alpha(T-298) + \frac{1}{2}\beta(T-298)^2 \tag{8}$$

式中，α、β 为电池中电极的温度系数。对 Cu-Zn 电池来说，有

Cu 电极 $\alpha = 0.016 \times 10^{-3}$ V·K^{-1}，$\beta = 0$

Zn 电极 $\alpha = 0.0100 \times 10^{-3}$ V·K^{-1}，$\beta = 0.62 \times 10^{-6}$ V·K^{-2}

关于电位差计的测量原理和 UJ34 型电位差计的使用方法，借鉴参考书。

四、仪器和药品

仪器：UJ34 型电位差计，标准电池，YJ42 型精密稳压电源，检流计，整流器，毫安表，滑线电阻（10^{4}Ω），恒温槽一套，Cu 电极、Zn 电极，Ag-AgCl 电极，Pt 电极，镀 Cu 池，镀 Ag 池，镀 AgCl 池。

药品：0.1mol·kg^{-1} ZnSO$_4$ 溶液，0.1mol·kg^{-1} CuSO$_4$ 溶液，1mol·kg^{-1} KCl 溶液，1mol·L^{-1} HCl 溶液，6mol·L^{-1} H$_2$SO$_4$ 溶液，饱和 Hg$_2$(NO$_3$)$_2$ 溶液，镀 Cu 溶液，镀 Ag 溶液，琼脂，KCl（分析纯），氨水。

五、实训步骤

1. 制备 Zn 电极

取一锌条（或 Zn 片）放在稀硫酸中，浸数秒钟，以除去锌条上可能生成的氧化物，之后用蒸馏水冲洗，再浸入饱和硝酸亚汞溶液中数秒，使其汞齐化，用镊子夹住湿滤纸擦拭 Zn 条，使 Zn 条表面有一层均匀的汞齐。最后用蒸馏水洗净之，插入盛有 0.1mol·L^{-1} ZnSO$_4$ 的电极管内即为 Zn 电极。将 Zn 电极汞齐化的目的是使该电极具有稳定的电极电势，因为汞齐化能消除金属表面机械应力不同的影响。

2. 制备 Cu 电极

取一粗 Cu 棒（或 Cu 片），放在稀 H$_2$SO$_4$ 中浸泡片刻，取出用蒸馏水冲洗，把它放入镀 Cu 池内作阴极。另取一 Cu 丝或 Cu 片，作阳极进行电镀。电镀的线路如实训图 14 所示。

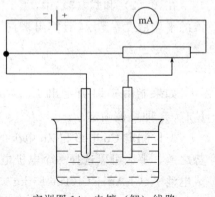

实训图 14　电镀（解）线路

调节滑线电阻，使阴极上的电流密度为 $25mA·cm^{-2}$（电流密度是单位面积上的电流强度）。电流密度过大，会使镀层质量下降。电镀 20min 左右，取出阴极，用蒸馏水洗净，插入盛有 $0.1mol·kg^{-1}CuSO_4$ 的电极管内即成 Cu 电极（也可用洁净的 Cu 丝经处理后直接作 Cu 电极）。

镀 Cu 液的配方：100mL 水中含有 15g $CuSO_4·5H_2O$，5g H_2SO_4，5g C_2H_5OH。

若用一纯 Cu 棒，用稀 H_2SO_4 浸洗处理，擦净后用蒸馏水洗净，亦可直接作为 Cu 电极。

3. 制备饱和 KCl 盐桥

在 1 个锥形瓶中，加入 3g 琼脂和 100mL 蒸馏水，在水浴上加热直到完全溶解，再加入 30g KCl，充分搅拌 KCl 后，趁热用滴管将此溶液装入 U 形管内，静置，待琼脂凝结后即可使用。不用时放在饱和 KCl 溶液中（已制备好）。

4. 测量 Cu-Zn 电池的电动势

用盐桥把 Cu 电极和 Zn 电极连接起来，把该电池的 Zn 极（负极）与电位差计的负极接线柱相接，Cu 极（正极）与电位差计的正极接线柱相连。每隔 3min 测一次电动势 E。每测一次后都要将开关推向标准，对电位差计进行校准。若连续测量的几次数据不是朝一个方向变动，或在 15min 内，其变动小于 0.5mV，可以认为其电动势是稳定的，取最后几次连续测量的平均值作为该电池的电动势。

5. 测量 Zn 电极与 Ag-AgCl 电极所组成的电池的电动势

用盐桥连接这两个电极，同实训步骤 4 的方法测量其电动势。在这个电池中，Ag-AgCl 电极是正极，Zn 电极为负极。

6. 测量 Cu 电极与 Ag-AgCl 电极所组成的电池的电动势

用盐桥连接这两个电极，同实训步骤 4.的方法测量其电动势。在该电池中 Ag-AgCl 电极为负极，Cu 电极为正极。

六、数据记录与处理

室温：_____ 气压：_____

① 数据记录于实训表 11、实训表 12 中。

实训表 11 电池电动势数据记录表

电池	电池反应	电动势/V				平均值/V
		计算值	测得值			
			(1)	(2)	(3)	
Cu-Zn 电池						
Cu-AgCl/Ag						
Zn-AgCl/Ag						

实训表 12　电极电势和标准电极电势数据处理表

电极名称	电极电势 E/V		标准电极电势 $E^{\ominus}$/V	
	理论值	实训值	理论值	实训值

$$E_{AgCl,Ag} = 0.2353V$$

② 计算 Zn 电极的电极电势 $E_{Zn^{2+},Zn}$ 和标准电极电势 $E^{\ominus}_{Zn^{2+},Zn}$。由实训步骤（5）所得的电动势 E，并利用 $E_{AgCl,Ag}=0.2353V$，据前面式（7）计算 Zn 电极的电极电势 $E_{Zn^{2+},Zn}$，再利用式（3）计算 Zn 电极的标准电极电势 $E^{\ominus}_{Zn^{2+},Zn}$。

③ 计算 Cu 电极的电极电势 $E_{Cu^{2+},Cu}$ 和标准电极电势 $E^{\ominus}_{Cu^{2+},Cu}$。由实训步骤 6 所得的电动势 E，及 $E_{AgCl,Ag}=0.2353V$，可由式（6）计算 Cu 电极的电极电势 $E_{Cu^{2+},Cu}$ 再利用式（2）计算 Cu 电极的标准电极电势 $E^{\ominus}_{Cu^{2+},Cu}$。

④ 计算 Cu-Zn 电池的电动势 E：该电池的电动势 E 为

$$E = E_{Cu^{2+},Cu} - E_{Zn^{2+},Zn}$$

由数据处理中的 2 和 3 计算出的 Cu-Zn 电池的电动势 E，并将其与实训步骤 4 的测量值作比较，计算它们之间的相对误差。

⑤ 文献值

$E^{\ominus}_{Cu^{2+},Cu} = 0.337V$　　（$T=298K$ 时）

$E^{\ominus}_{Zn^{2+},Zn} = 0.7628V$　　（$T=298K$ 时）

有关电解质的平均活度系数 $\gamma_{\pm}$

电解质溶液　　　　0.1mol·kg^{-1}CuSO$_4$　　　　0.1mol·kg^{-1}ZnSO$_4$

$\gamma_{\pm}$　　　　　　　0.1600　　　　　　　　　　0.150

七、注意事项

① 因 $Hg_2(NO_3)_2$ 为剧毒物质，所以在将 Zn 电极汞齐化时所用的滤纸不能随便乱扔。做完实训后应立即将其倒入室外垃圾箱中。另外盛 $Hg_2(NO_3)_2$ 的瓶塞要及时盖好。

② 标准电池属精密仪器，使用时一定要注意，切记不能倒置。

③ 在测量电池电动势时，尽管采用的是对消法，但在对消点前，测量回路将有电流通过，所以在测量过程中不能一直按下电键按钮，否则回路中将一直有电流通过，电极就会产生极化，溶液的浓度也会发生变化，测得的就不是可逆电池电动势，所以应按一下调一下，直至平衡。

八、实训讨论

① 对消法测电动势的基本原理是什么？为什么用伏特表不能准确测定电池电动势？

② 电位差计、标准电池、检流计及工作电池各有什么作用？

③ 参比电极应具备什么条件？它有什么作用？

④ 盐桥有什么作用？应选择什么样的电解质作盐桥？

任务六　蔗糖水解反应速率系数的测定

一、实训目标

1. 知识目标

① 旋光度、反应速率系数和半衰期的概念；
② 了解该反应的反应物浓度与旋光度之间的关系。

2. 技能目标

① 了解旋光仪的基本原理，掌握旋光仪的正确使用方法；
② 计算蔗糖水解反应速率系数和半衰期。

3. 态度目标

① 穿着规范；
② 实训操作严谨科学；
③ 实训记录详细真实；
④ 在实训过程中保持实训场所安静和整洁。

二、实训任务

测定蔗糖水解反应液相应时间点的旋光度及 α_∞。

三、实训知识

蔗糖在水中转化成葡萄糖与果糖，其反应为

$$C_{12}H_{22}O_{11} + H_2O \xrightarrow{H^+} C_6H_{12}O_6 + C_6H_{12}O_6$$
（蔗糖）　　　　　　（葡萄糖）　（果糖）

它属于二级反应，在纯水中此反应的速率极慢，通常需要在 H^+ 催化作用下进行。由于反应时水大量存在，尽管有部分水分子参与反应，仍可近似地认为整个反应过程中水的浓度是恒定的，而且 H^+ 是催化剂，其浓度也保持不变。因此蔗糖转化反应可看作为一级反应。

一级反应的速率方程可由下式表示：

$$-\frac{dc}{dt} = kc$$

式中，c 为时间 t 时的反应物浓度；k 为反应速率系数。

积分可得

$$\ln c = -kt + \ln c_0$$

c_0 为反应开始时反应物浓度。

一级反应的半衰期为

$$t_{1/2} = \frac{\ln 2}{k} = \frac{0.693}{k}$$

从上式中不难看出，在不同时间测定反应物的相应浓度，是可以求出反应速率系数 k 的。然而反应是在不断进行的，要快速分析出反应物的浓度是困难的。但是，蔗糖及其转化产物，都具有旋光性，而且它们的旋光能力不同，故可以利用体系在反应进程中旋光度的变化来度量反应进程。

测量物质旋光度所用的仪器称为旋光仪。溶液的旋光度与溶液中所含旋光物质的旋光能力、溶剂性质、溶液浓度、样品管长度及温度等均有关系。当其他条件均固定时，旋光度 α 与反应物浓度 c 呈线性关系，即

$$\alpha = Kc$$

式中，比例常数 K 与物质旋光能力、溶剂性质、样品管长度、温度等有关。物质的旋光能力用比旋光度来度量，比旋光度用下式表示：

$$[\alpha]_D^{20} = \frac{100\alpha}{lc_A}$$

式中，"20"表示实训时温度为 20℃，D 是指用钠灯光源 D 线的波长（即 589nm）；α 为测得的旋光度，l 为样品管长度，dm；c_A 为浓度，g·(100mL)$^{-1}$。

作为反应物的蔗糖是右旋性物质，其比旋光度 $[\alpha]_D^{20}=66.6$；生成物中葡萄糖也是右旋性物质，其比旋光度 $[\alpha]_D^{20}=52.5$，但果糖是左旋性物质，其比旋光度 $[\alpha]_D^{20}=-91.9$。由于生成物中果糖的左旋性比葡萄糖右旋性大，所以生成物呈左旋性质。因此随着反应的进行，体系的右旋角不断减小，反应至某一瞬间，体系的旋光度可恰好等于零，而后就变成左旋，直至蔗糖完全转化，这时左旋角达到最大值 α_∞。

设最初系统的旋光度为 $\alpha_0 = K_反 c_{A,0}$ （$t=0$，蔗糖尚未水解）   (1)
最终系统的旋光度为 $\alpha_\infty = K_生 c_{A,0}$ （$t=\infty$，蔗糖已完全水解） (2)
当时间为 t 时，蔗糖浓度为 c_A，此时旋光度为 α_t。

$$\alpha_t = K_反 c_A + K_生 (c_{A,0} - c_A) \tag{3}$$

联立式（1）、式（2）、式（3）可得

$$c_{A,0} = \frac{\alpha_0 - \alpha_\infty}{K_反 - K_生} = K'(\alpha_0 - \alpha_\infty) \tag{4}$$

$$c_A = \frac{\alpha_t - \alpha_\infty}{K_反 - K_生} = K'(\alpha_t - \alpha_\infty) \tag{5}$$

将式（4）、式（5）两式代入速率方程即得

$$\ln(\alpha_t - \alpha_\infty) = -kt + \ln(\alpha_0 - \alpha_\infty)$$

以 $\ln(\alpha_t - \alpha_\infty)$ 对 t 作图可得一直线，从直线的斜率可求得反应速率系数 k，进一步也可求算出 $t_{1/2}$。

四、仪器和药品

仪器：旋光仪 1 台，50mL 移液管 1 支，恒温水槽 1 套，150mL 锥形瓶 1 个，秒表 1 个，台秤 1 台。

药品：蔗糖（A.R.），HCl 溶液（3mol/L），滤纸、擦镜纸等。

五、实训步骤

1. 测定旋光仪的零点读数

蒸馏水为非旋光性物质，可用来校正仪器的零点（即 $\alpha=0$ 时，仪器对应的刻度）。洗净样品管，将样品管一端盖子打开，转入去离子水，使液体成一突出液面，然后盖上玻璃片，

此时管内不应有空气泡存在，再旋上套盖，使玻璃片紧贴旋光管，勿使漏水。但必须注意旋紧套盖时，不能用力过猛，以免压碎玻璃片，用滤纸擦干样品管，再用擦镜纸将样品管两端的玻璃片擦干净。放入旋光仪，打开电源，预热 5～10min，钠灯发光正常。调目镜聚焦，使视野清晰；调检偏镜至三分视野暗度相等为止，记录游标（右边）刻度为检偏镜旋角，记录仪器零点（注意：0°以下的实际旋光度＝读数－180°）。读数三次取平均值，即为零点，用来校正仪器的系统误差。

2. 蔗糖水解反应及反应过程旋光度的测定

取 5g 蔗糖放在锥形瓶中，用量筒加 20mL 去离子水倒入使其溶解。用 25mL 移液管移取 25mL HCl 溶液放入蔗糖水溶液，边放边振荡，当 HCl 溶液放出一半时按下秒表开始计时（注意：秒表一经启动，勿停直至实训完毕）。迅速用反应混合液将样品管洗涤三次后，将反应混合液装满样品管，擦净后放入旋光仪，测定规定时间的旋光度。测得第一个数据时间应该为反应开始的前 3min 内。测量时先将三分视场调节到全暗，再记录时间（注意时间要记录准确，以实际反应时间为准），后读数。反应开始的 15 min 之内，每隔 1min 读数一次，15 min 后，由于反应物浓度降低反应速率变慢，可将每次测量时间间隔适当延长，一直测定到旋光度为负值，并要测量 4~5 个负值为止。数据记录于实训表 13。

实训表 13　数据记录表　　　　室温____大气压____

t/min	$\alpha_t - \alpha_\infty$	$\ln(\alpha_t - \alpha_\infty)$	t/min	$\alpha_t - \alpha_\infty$	$\ln(\alpha_t - \alpha_\infty)$
3			35		
6			45		
15			60		
20			75		
25			90		

3. α_∞ 的测量

测定过程中，可将剩余的反应混合物放入 60℃ 恒温槽中加热 60min，使反应充分后，冷却至室温后测定体系的旋光度，连续读数三次取平均值。

由于反应液的酸度很大，因此样品管一定要擦干净后才能放入旋光仪内，以免酸液腐蚀旋光仪，实训结束后必须洗净样品管。

六、数据记录与处理

① 将反应过程所测得的旋光度 α_t 和时间 t 列表（如实训表 14 所示），并作出 α_t-t 的曲线图。

实训表 14　蔗糖反应液所测时间与旋光度原始数据

t/min								
α_t								
t/min								
α_t								

② 从 α_t-t 的曲线图上，等时间间隔取 8 个 α_t 数值，并算出相应的 $\alpha_t - \alpha_\infty$ 和 $\ln(\alpha_t - \alpha_\infty)$ 的数值并列表（如实训表 15）。

实训表 15　$\ln(\alpha_t - \alpha_\infty)$ 与 t 数据

$t/\min$								
$\alpha_t - \alpha_\infty$								
$\ln(\alpha_t - \alpha_\infty)$								

③ 用 $\ln(\alpha_t - \alpha_\infty)$ 对 t 作图，由直线斜率求出反应速率系数 k（直线斜率的相反数即为速率系数 k），并计算反应的半衰期 $t_{1/2}$。

七、注意事项

① 学会正确寻找零点视场。
② 旋光管必须放在恒温槽中恒温，保持反应温度的稳定。
③ 秒表的时间不能停下，否则实训重做。
④ 测定溶液的旋光度时，先看秒表的时间，然后读出旋光仪的读数。

八、实训讨论

① 在实训过程中，用蒸馏水来校正旋光仪的零点，但进行数据处理时并不需要校正零点，为什么？
② 在混合蔗糖溶液时，是将 HCl 溶液加到蔗糖溶液中去的，可否将蔗糖加到 HCl 溶液中？
③ 根据实验结果，提出实验的改进方案。

九、文献值

文献值见实训表 16。

实训表 16　温度与盐酸浓度对蔗糖水解速率系数的影响

$c_{HCl}/\text{mol} \cdot L^{-1}$	$k \times 10^3/\min^{-1}$		
	298.2K	308.2K	318.2K
0.0502	0.4169	1.738	6.213
0.2512	2.255	9.355	35.85
0.4137	4.043	17.00	60.62
0.9000	11.16	46.76	148.8
1.214	17.455	75.97	

实训四　设计性实训

学生根据教师确定的实训任务自主设计方案，教师和学生共同探讨方案的可行性，首先考虑实训理论依据是否充分，其次兼顾经济性、环保性、实用性等因素。通过教师审阅与指导，要求学生通过仔细检查和修改，确立最完善的实训方案。学生已经学习完成了相关物理化学理论知识，基本掌握了物理化学实训的基本操作技能，学会了独立操作。这样对物理化学实训的教学任务提出了进一步的要求，应培养学生学会完整的实训研究方法，实现从知识技能向研究能力的转化过程，最终达到培养学生的科研素质和创新能力。

任务一　求蔗糖的标准摩尔燃烧焓，并测定10%蔗糖水溶液室温下的比旋光度

一、实训要求

① 写出实训设计原理；
② 完成实训数据的测定和有关计算；
③ 完成实训报告。

二、仪器和试剂

仪器：氧弹量热计（配有氧弹头、控制器并已标好量热计常数），压片机，容量瓶，氧气钢瓶（配有减压阀和充氧机），电子天平，托盘天平，旋光仪。

药品：蔗糖（A.R.）。

三、实训时间

3h 内完成。

任务二　设计"快速检测乙醇和水的混合液在精馏塔顶产品浓度"实训方案

方案要求：
① 写出实训设计原理；
② 写出需要的主要仪器及实训步骤；
③ 要求在 1.5h 完成设计方案。

附录

附录一　某些气体范德华常数

气体	$a \times 10^3 / \text{Pa} \cdot \text{m}^6 \cdot \text{mol}^{-2}$	$b \times 10^6 / \text{m}^3 \cdot \text{mol}^{-1}$
氩(Ar)	136.3	32.19
氢(H_2)	24.76	26.61
氮(N_2)	140.8	39.13
氧(O_2)	137.8	31.83
氯(Cl_2)	657.9	56.22
水(H_2O)	553.6	30.49
氨(NH_3)	422.5	37.07
氯化氢(HCl)	371.6	40.81
硫化氢(H_2S)	449.0	42.87
一氧化碳(CO)	150.5	39.85
二氧化碳(CO_2)	364.0	42.67
二氧化硫(SO_2)	680.3	56.36
甲烷(CH_4)	228.3	42.78
乙烷(C_2H_6)	556.2	63.80
丙烷(C_3H_8)	877.9	84.45
乙烯(C_2H_4)	453.0	57.14
丙烯(C_3H_6)	849.0	82.72
乙炔(C_2H_2)	444.8	51.36
氯仿($CHCl_3$)	1537	102.2
四氯化碳(CCl_4)	2066	138.3
甲醇(CH_3OH)	964.9	67.02
乙醇(C_2H_5OH)	1218	84.07
乙醚[$(C_2H_5)_2O$]	1761	134.4
丙酮[$(CH_3)_2CO$]	1409	99.4
苯(C_6H_6)	1824	115.4

附录二　某些物质的临界参数

物质	临界温度 t_c/℃	临界压力 p_c/MPa	临界密度 ρ/kg·m^{-3}	临界压缩因子 Z_c
氦(He)	−267.96	0.227	69.8	0.301
氩(Ar)	−122.4	4.87	533	0.291
氢(H_2)	−239.9	1.297	31.0	0.305
氮(N_2)	−147.0	3.39	313	0.290
氧(O_2)	−118.57	5.043	436	0.288
氟(F_2)	−128.84	5.215	574	0.288

续表

物质	临界温度 t_c/℃	临界压力 p_c/MPa	临界密度 ρ/kg·m^{-3}	临界压缩因子 Z_c
氯(Cl$_2$)	144	7.7	573	0.275
溴(Br$_2$)	311	10.3	1260	0.270
水(H$_2$O)	373.91	22.05	320	0.23
氨(NH$_3$)	132.33	11.313	236	0.242
氯化氢(HCl)	51.5	8.31	450	0.25
硫化氢(H$_2$S)	100	8.94	346	0.284
一氧化碳(CO)	−140.23	3.499	301	0.295
二氧化碳(CO$_2$)	30.96	7.375	468	0.275
二氧化硫(SO$_2$)	157.5	7.884	525	0.268
甲烷(CH$_4$)	−82.62	4.596	163	0.286
乙烷(C$_2$H$_6$)	32.18	4.872	204	0.283
丙烷(C$_3$H$_8$)	96.59	4.254	214	0.285
乙烯(C$_2$H$_4$)	9.19	5.039	215	0.281
丙烯(C$_3$H$_6$)	91.8	4.62	233	0.275
乙炔(C$_2$H$_2$)	35.18	6.139	231	0.271
氯仿(CHCl$_3$)	262.9	5.329	491	0.201
四氯化碳(CCl$_4$)	283.15	4.558	557	0.272
甲醇(CH$_3$OH)	239.43	8.10	272	0.224
乙醇(C$_2$H$_5$OH)	240.77	6.148	276	0.240
苯(C$_6$H$_6$)	288.95	4.898	306	0.268
甲苯(C$_6$H$_5$CH$_3$)	318.57	4.109	290	0.266

附录三 25.0℃时物质的标准热力学数据

物质	$\Delta_f H_m^\ominus$ /kJ·mol^{-1}	$\Delta_f G_m^\ominus$ /kJ·mol^{-1}	$S_m^\ominus$ /J·mol^{-1}·K^{-1}	$C_{p,m}^\ominus$ /J·mol^{-1}·K^{-1}
Ag(s)	0	0	42.6	25.4
AgCl(s)	−127.0	−109.8	96.3	50.8
AgNO$_3$(s)	−124.4	−33.4	140.9	93.1
Ag$_2$O(s)	−31.1	−11.2	121.3	65.9
Al(s)	0	0	28.3	24.4
AlCl$_3$(s)	−704.2	−628.8	110.7	91.8
AlF$_3$(s)	−1510.4	−1431.1	66.5	75.1
Al$_2$O$_3$(s)	−1675.7	−1582.3	50.9	79.0
Ar(g)	0	0	154.8	20.8
B(s)	0	0	5.9	11.1
Ba(s)	0	0	62.8	28.1

续表

物质	$\Delta_f H_m^\ominus$ /kJ·mol^{-1}	$\Delta_f G_m^\ominus$ /kJ·mol^{-1}	$S_m^\ominus$ /J·mol^{-1}·K^{-1}	$C_{p,m}^\ominus$ /J·mol^{-1}·K^{-1}
BaCl$_2$(s)	−858.6	−810.4	123.7	75.1
BaCO$_3$(s)	−1216.3	−1137.6	112.1	85.3
BaSO$_4$(s)	−1473.2	−1362.2	132.2	101.8
Be(s)	0	0	9.5	16.4
BeCl$_2$(s)	−490.4	−445.6	82.7	64.8
Br$_2$(g)	30.907	3.110	245.463	36.02
Br$_2$(l)	0	0	152.231	75.689
HBr(g)	−36.3	−53.4	198.7	29.1
C(石墨)	0	0	5.694	8.527
C(金刚石)	1.895	2.900	2.377	6.113
CO(g)	−110.5	−137.2	197.7	29.1
CO$_2$(g)	−393.51	−394.38	213.64	37.1
Ca(s)	0.0	0	41.6	25.9
CaC$_2$(s)	−59.8	−64.9	69.96	62.72
CaCl$_2$(s)	−795.4	−748.8	108.4	72.9
CaCO$_3$(方解石)	−1207.6	−1129.1	91.7	83.5
CaF$_2$(s)	−1228.0	−1175.6	68.5	67.0
CaO(s)	−634.9	−603.3	38.1	42.0
Ca(OH)$_2$(s)	−985.2	−897.5	83.4	87.5
CaSO$_4$(s)	−1434.5	−1322.0	106.5	99.7
Cl(g)	121.679	105.680	165.198	21.840
Cl$_2$(g)	0	0	223.1	33.9
HCl(g)	−92.3	−95.3	186.9	29.1
HClO(g)	−78.7	−66.1	236.7	37.2
Cr(s)	0	0	23.8	23.4
CrCl$_3$(s)	−556.5	−486.1	123.0	91.8
Cr$_2$O$_3$(s)	−1139.7	−1058.1	81.2	118.7
Cu(s)	0	0	33.2	24.4
CuCl$_2$(s)	−220.1	−175.7	108.1	71.9
CuO(s)	−157.3	−129.7	42.6	42.3
CuS(s)	−53.1	−53.6	66.5	47.8
CuSO$_4$·5H$_2$O(s)	−2277.98	−1879.9	305.4	281.2
F$_2$(g)	0	0	202.8	31.3
HF(g)	−271.1	−273.2	173.779	29.133
Fe(s)	0	0	27.3	25.1
FeCl$_2$(s)	−341.8	−302.3	118.0	76.7

续表

物质	$\Delta_f H_m^\ominus$ /kJ·mol^{-1}	$\Delta_f G_m^\ominus$ /kJ·mol^{-1}	$S_m^\ominus$ /J·mol^{-1}·K^{-1}	$C_{p,m}^\ominus$ /J·mol^{-1}·K^{-1}
FeCl$_3$(s)	−399.5	−334.0	142.3	96.7
Fe$_2$O$_3$(赤铁矿)	−824.2	−742.2	87.4	103.9
Fe$_3$O$_4$(磁铁矿)	−1118.4	−1015.4	146.4	143.4
FeS(s)	−100.0	−100.4	60.3	50.5
FeSO$_4$(s)	−928.4	−820.8	107.5	100.6
H(g)	217.965	203.247	114.713	20.784
H$_2$(g)	0	0	130.7	28.8
H$_2$O(g)	−241.84	−228.9	188.85	33.58
H$_2$O(l)	−285.8	−237.19	69.92	75.4
H$_2$O$_2$(l)	−187.8	−120.4	109.6	89.1
He(g)	0	0	126.2	20.8
I(g)	106.8	70.2	180.8	20.8
I$_2$(s)	0.0	0	116.1	54.4
I$_2$(g)	62.4	19.3	260.7	36.9
HI(g)	26.5	1.7	206.6	29.2
K(s)	0	0	64.7	29.6
KCl(s)	−436.5	−408.5	82.6	51.3
KMnO$_4$(s)	−837.2	−737.6	171.7	117.6
KNO$_3$(s)	−494.6	−394.9	133.1	96.4
KOH(s)	−424.8	−379.1	78.0	64.9
K$_2$SO$_4$(s)	−1437.8	−1321.4	175.6	131.5
Li(s)	0	0	29.1	24.8
LiH(s)	−90.5	−68.3	20.0	27.9
LiOH(s)	−484.9	−439.0	42.8	49.7
Li$_2$O(s)	−597.9	−561.2	37.6	54.1
Mg(s)	0	0	32.7	24.9
MgCl$_2$(s)	−641.3	−591.8	89.6	71.4
Mg(NO$_3$)$_2$(s)	−790.7	−589.4	164.0	141.9
MgO(s)	−601.6	−569.3	27.0	37.2
Mg(OH)$_2$(s)	−924.5	−833.5	63.2	77.0
MgSO$_4$(s)	−1284.9	−1170.6	91.6	96.5
Mn(s)	0	0	32.0	26.3
MnCl$_2$(s)	−481.3	−440.5	118.2	72.9
MnO$_2$(s)	−520.0	−465.1	53.1	54.1
N$_2$(g)	0	0	191.6	29.1
NH$_3$(g)	−45.9	−16.4	192.8	35.1

续表

物质	$\Delta_f H_m^\ominus$ /kJ·mol^{-1}	$\Delta_f G_m^\ominus$ /kJ·mol^{-1}	$S_m^\ominus$ /J·mol^{-1}·K^{-1}	$C_{p,m}^\ominus$ /J·mol^{-1}·K^{-1}
NH$_4$Cl(s)	−314.4	−202.9	94.6	84.1
NO$_2$(g)	33.2	51.3	240.1	37.2
N$_2$O(g)	82.1	104.2	219.9	38.5
N$_2$O$_3$(g)	83.7	139.5	312.3	65.6
N$_2$O$_4$(g)	9.2	97.9	304.3	77.3
N$_2$O$_5$(g)	11.3	115.1	355.7	84.5
HNO$_3$(l)	−174.1	−80.7	155.6	109.9
HNO$_3$(g)	−135.06	−74.72	266.38	53.35
NH$_4$NO$_3$(s)	−365.56	−183.87	151.08	139.3
Na(s)	0	0	51.3	28.2
NaCl(s)	−411.2	−384.1	72.1	50.5
Na$_2$CO$_3$(s)	−1130.7	−1044.4	135.0	112.3
NaNO$_3$(s)	−467.9	−367.0	116.5	92.9
NaOH(s)	−425.6	−379.5	64.5	59.5
Na$_2$O(s)	−414.2	−375.5	75.1	69.1
Na$_2$O$_2$(s)	−510.9	−447.7	95.0	89.2
Na$_2$SO$_4$(s)	−1387.1	−1270.2	149.6	128.2
Ni(s)	0.0	0	29.9	26.1
NiCl$_2$(s)	−305.3	−259.0	97.7	71.7
O(g)	249.2	231.7	161.1	21.9
O$_2$(g)	0.0	0	205.02	29.4
O$_3$(g)	142.7	163.2	238.9	39.2
P(白磷)	0	0	41.1	23.8
P(红磷)	−17.6	−12.1	22.8	21.2
PCl$_3$(g)	−287.0	−267.8	311.8	71.8
PCl$_5$(g)	−374.9	−305.0	364.6	112.8
H$_3$PO$_4$(s)	−1284.4	−1124.3	110.5	106.1
H$_3$PO$_4$(l)	−1271.7	−1123.6	150.8	145.0
PbO$_2$(s)	−277.4	−217.3	68.6	64.6
PbS(s)	−100.4	−98.7	91.2	49.5
PbSO$_4$(s)	−920.0	−813.0	148.5	103.2
S(正交晶体,s)	0	0	32.1	22.6
S(单斜晶体,g)	277.2	236.7	167.8	23.7
H$_2$S(g)	−20.6	−33.4	205.8	34.2
SO$_2$(g)	−296.8	−300.1	248.2	39.9
SO$_3$(g)	−395.7	−371.1	256.8	50.7

续表

物质	$\Delta_f H_m^\ominus$ /kJ·mol^{-1}	$\Delta_f G_m^\ominus$ /kJ·mol^{-1}	$S_m^\ominus$ /J·mol^{-1}·K^{-1}	$C_{p,m}^\ominus$ /J·mol^{-1}·K^{-1}
H$_2$SO$_4$(l)	−814.0	−690.0	156.9	138.9
Si(s)	0.0	0	18.8	20.0
SiO$_2$(石英)	−910.7	−856.3	41.5	44.43
SiO$_2$(无定形)	−903.49	−850.70	46.9	44.4
SiH$_4$(g)	34.3	56.9	204.62	42.84
SiCl$_4$(g)	−657.01	−616.98	330.73	90.25
SiCl$_4$(l)	−687.0	−619.86	239.7	145.31
Sn(白,s)	0.0	0	51.2	27.0
Sn(灰,s)	−2.1	0.1	44.1	25.8
Ti(s)	0.0	0	30.7	25.0
TiO$_2$(s)	−944.0	888.8	50.6	55.0
Zn(s)	0	0	41.6	25.4
ZnCl$_2$(s)	−415.1	−369.4	111.5	71.3
ZnO(s)	−350.5	−320.5	43.7	40.3
ZnS(闪锌矿,S)	−202.9	−198.3	57.74	45.2
ZnSO$_4$(s)	−982.8	−871.5	110.5	99.2
CS$_2$(l)(二硫化碳)	89.0	64.6	151.3	76.4
CS$_2$(g)(二硫化碳)	116.6	67.1	237.8	45.4
CHCl$_3$(l)(氯仿)	−134.5	−73.7	201.7	114.2
CHCl$_3$(g)(氯仿)	−103.1	6.0	295.7	65.7
CH$_2$O(g)(甲醛)	−108.6	−102.5	218.8	35.4
CH$_2$O$_2$(l)(甲酸)	−424.7	−361.4	129.0	99.0
CH$_3$Br(g)(溴甲烷)	−35.5	−26.3	246.4	42.4
CH$_3$Cl(g)(氯甲烷)	−81.9	—	234.6	40.8
CH$_4$(g)(甲烷)	−74.85	−50.79	186.19	35.3
CH$_3$NO$_2$(l)(硝基甲烷)	−113.1	−14.4	171.8	106.6
CH$_3$NO$_2$(g)(硝基甲烷)	74.7	−6.8	275.0	57.3
CH$_3$OH(l)(甲醇)	−239.1	−166.6	126.8	81.1
CH$_3$OH(g)(甲醇)	−201.5	−162.6	239.8	43.9
CH$_5$N(l)(甲胺)	−47.3	35.7	150.2	102.1
CH$_5$N(g)(甲胺)	−22.5	32.7	242.9	50.1
C$_2$Cl$_4$(l)(四氯乙烯)	−50.6	3.0	266.9	143.4
C$_2$H$_2$(g)(乙炔)	228.2	210.7	200.9	43.9
C$_2$H$_3$Cl(g)(氯乙烯)	37.3	53.6	264.0	53.7
C$_2$H$_3$ClO(l)(乙酰氯)	−273.8	−208.0	200.8	117.0
C$_2$H$_3$ClO(g)(乙酰氯)	−243.5	−205.8	295.1	67.8

续表

物质	$\Delta_f H_m^\ominus$ /kJ·mol⁻¹	$\Delta_f G_m^\ominus$ /kJ·mol⁻¹	$S_m^\ominus$ /J·mol⁻¹·K⁻¹	$C_{p,m}^\ominus$ /J·mol⁻¹·K⁻¹
$C_2H_3N(l)$(乙腈)	31.4	77.2	149.6	91.4
$C_2H_3N(g)$(乙腈)	64.3	81.7	245.1	52.2
$C_2H_4(g)$(乙烯)	52.5	68.4	219.6	43.6
$C_2H_4O(l)$(乙醛)	−191.8	−127.6	160.2	89.0
$C_2H_4O(l)$(环氧乙烷)	−77.8	−11.8	153.9	88.0
$C_2H_4O(g)$(环氧乙烷)	−52.6	−13.0	242.5	47.9
$C_2H_4O_2(l)$(乙酸)	−484.5	−389.9	159.8	123.3
$C_2H_4O_2(g)$(乙酸)	−432.8	−374.5	282.5	66.5

附录四　某些有机化合物的标准摩尔燃烧焓

（标准压力 $p^\ominus = 100\,\text{kPa}$，25℃）

物质	$\Delta_c H_m^\ominus$ /kJ·mol⁻¹	物质	$\Delta_c H_m^\ominus$ /kJ·mol⁻¹
CH_4(甲烷)	−890.31	$C_2H_5CHO(l)$(丙醛)	−1816.3
C_2H_6(乙烷)	−1559.8	$(CH_3)_2CO(l)$(丙酮)	−1790.4
C_3H_8(丙烷)	−2219.9	$CH_3COC_2H_5(l)$(甲乙酮)	−2444.2
$C_5H_{12}(l)$(正戊烷)	−3509.5	$HCOOH(l)$(甲酸)	−254.6
$C_5H_{12}(g)$(正戊烷)	−3536.1	$CH_3COOH(l)$(乙酸)	−874.54
$C_6H_{14}(l)$(正己烷)	−4163.1	$C_2H_5COOH(l)$(丙酸)	−1527.3
$C_2H_4(g)$(乙烯)	−1411.0	$C_3H_7COOH(l)$(正丁酸)	−2183.5
$C_2H_2(g)$(乙炔)	−1299.6	$CH_2(COOH)_2(s)$(丙二酸)	−861.15
$C_3H_6(g)$(环丙烷)	−2091.5	$(CH_2COOH)_2(s)$(丁二酸)	−1491.0
$C_4H_8(l)$(环丁烷)	−2720.5	$(CH_3CO)_2O(l)$(乙酸酐)	−1806.2
$C_5H_{10}(l)$(环戊烷)	−3290.9	$HCOOCH_3(l)$(甲酸甲酯)	−979.5
$C_6H_{12}(l)$(环己烷)	−3919.9	$C_6H_5OH(s)$(苯酚)	−3053.5
$C_6H_6(l)$(苯)	−3267.5	$C_6H_5CHO(l)$(苯甲醛)	−3527.9
$C_{10}H_8(s)$(萘)	−5153.9	$C_6H_5COCH_3(l)$(苯乙酮)	−4148.9
$CH_3OH(l)$(甲醇)	−726.51	$C_6H_5COOH(s)$(苯甲酸)	−3226.9
$C_2H_5OH(l)$(乙醇)	−1366.8	$C_6H_4(COOH)_2(s)$(邻苯二甲酸)	−3223.5
$C_3H_7OH(l)$(正丙醇)	−2019.8	$C_6H_5COOCH_3(l)$(苯甲酸甲酯)	−3957.6
$C_4H_9OH(l)$(正丁醇)	−2675.8	$C_{12}H_{22}O_{11}(s)$(蔗糖)	−5640.9
$CH_3OC_2H_5(g)$(甲乙醚)	−2107.4	$CH_3NH_2(l)$(甲胺)	−1060.6
$(C_2H_5)_2O(l)$(乙醚)	−2751.1	$C_2H_5NH_2(l)$(乙胺)	−1713.3
$HCHO(g)$(甲醛)	−570.78	$(NH_2)_2CO(s)$(尿素)	−631.66
$CH_3CHO(l)$(乙醛)	−1166.4	$C_5H_5N(l)$(吡啶)	−2782.4

附录五　25℃时在水溶液中某些电极的标准电极电势

电极	电极反应	$E^\ominus/V$
第一类电极		
$Li^+\mid Li$	$Li^++e^-\Longleftrightarrow Li$	-3.0401
$K^+\mid K$	$K^++e^-\Longleftrightarrow K$	-2.931
$Ba^{2+}\mid Ba$	$Ba^{2+}+2e^-\Longleftrightarrow Ba$	-2.912
$Ca^{2+}\mid Ca$	$Ca^{2+}+2e^-\Longleftrightarrow Ca$	-2.868
$Na^+\mid Na$	$Na^++e^-\Longleftrightarrow Na$	-2.71
$Mg^{2+}\mid Mg$	$Mg^{2+}+2e^-\Longleftrightarrow Mg$	-2.372
$Mn^{2+}\mid Mn$	$Mn^{2+}+2e^-\Longleftrightarrow Mn$	-1.029
$OH^-,H_2O\mid H_2$	$2H_2O+2e^-\Longleftrightarrow H_2+2OH^-$	-0.8277
$Zn^{2+}\mid Zn$	$Zn^{2+}+2e^-\Longleftrightarrow Zn$	-0.763
$Cr^{3+}\mid Cr$	$Cr^{3+}+3e^-\Longleftrightarrow Cr$	-0.744
$Cd^{2+}\mid Cd$	$Cd^{2+}+2e^-\Longleftrightarrow Cd$	-0.4030
$Co^{2+}\mid Co$	$Co^{2+}+2e^-\Longleftrightarrow Co$	-0.28
$Ni^{2+}\mid Ni$	$Ni^{2+}+2e^-\Longleftrightarrow Ni$	-0.23
$Sn^{2+}\mid Sn$	$Sn^{2+}+2e^-\Longleftrightarrow Sn$	-0.1375
$Pb^{2+}\mid Pb$	$Pb^{2+}+2e^-\Longleftrightarrow Pb$	-0.1262
$Fe^{3+}\mid Fe$	$Fe^{3+}+3e^-\Longleftrightarrow Fe$	-0.037
$H^+\mid H_2$	$2H^++2e^-\Longleftrightarrow H_2$	0.0000
$Cu^{2+}\mid Cu$	$Cu^{2+}+2e^-\Longleftrightarrow Cu$	0.3400
$OH^-,H_2O\mid O_2$	$O_2+2H_2O+4e^-\Longleftrightarrow 4OH^-$	0.401
$Cu^+\mid Cu$	$Cu^++e^-\Longleftrightarrow Cu$	0.521
$I^-\mid I_2$	$I_2+2e^-\Longleftrightarrow 2I^-$	0.535
$Hg_2^{2+}\mid Hg$	$Hg_2^{2+}+2e^-\Longleftrightarrow 2Hg$	0.7973
$Ag^+\mid Ag$	$Ag^++e^-\Longleftrightarrow Ag$	0.7996
$Hg^{2+}\mid Hg$	$Hg^{2+}+2e^-\Longleftrightarrow Hg$	0.851
$Br_2\mid Br^-$	$Br_2(l)+2e^-\Longleftrightarrow 2Br^-$	1.065
$H^+,H_2O\mid O_2$	$O_2+4H^++4e^-\Longleftrightarrow 2H_2O$	1.229
$Cl^-\mid Cl_2$	$Cl_2(g)+2e^-\Longleftrightarrow 2Cl^-$	1.35827
$Au^+\mid Au$	$Au^++e^-\Longleftrightarrow Au$	1.692
$F^-\mid F_2$	$F_2+2e^-\Longleftrightarrow 2F^-$	2.866
第二类电极		
$SO_4^{2-}\mid PbSO_4(s)\mid Pb$	$PbSO_4+2e^-\Longleftrightarrow Pb+SO_4^{2-}$	-0.3588
$I^-\mid AgI(s)\mid Ag$	$AgI+e^-\Longleftrightarrow Ag+I^-$	-0.15224
$Br^-\mid AgBr(s)\mid Ag$	$AgBr+e^-\Longleftrightarrow Ag+Br^-$	0.07133
$Cl^-\mid AgCl(s)\mid Ag$	$AgCl+e^-\Longleftrightarrow Ag+Cl^-$	0.22233

续表

电极	电极反应	$E^{\ominus}/V$
$Cl^-\mid Hg_2Cl_2(s)\mid Hg$	$Hg_2Cl_2+2e^-=2Hg+2Cl^-$	0.2672
$SO_4^{2-}\mid Hg_2SO_4(s)\mid Hg$	$Hg_2SO_4+2e^-=2Hg+SO_4^{2-}$	0.6154
第三类电极		
$Cr^{3+}\mid Cr^{2+}\mid Pt$	$Cr^{3+}+e^-=\!\!=\!Cr^{2+}$	-0.407
$Sn^{4+}\mid Sn^{2+}\mid Pt$	$Sn^{4+}+2e^-=\!\!=\!Sn^{2+}$	0.151
$Cu^{2+}\mid Cu^+\mid Pt$	$Cu^{2+}+e^-=\!\!=\!Cu^+$	0.153
$MnO_4^-,MnO_4^{2-}\mid Pt$	$MnO_4^-+e^-=\!\!=\!MnO_4^{2-}$	0.564
H^+,醌,氢醌$\mid Pt$	$C_6H_4O_2+2H^++2e^-=\!\!=\!C_6H_4(OH)_2$	0.6995
$Fe^{3+}\mid Fe^{2+}\mid Pt$	$Fe^{3+}+e^-=\!\!=\!Fe^{2+}$	0.770
$Tl^{3+}\mid Tl^+\mid Pt$	$Tl^{3+}+2e^-=\!\!=\!Tl^+$	1.252
$Ce^{4+}\mid Ce^{3+}\mid Pt$	$Ce^{4+}+e^-=\!\!=\!Ce^{3+}$	1.61
$Co^{3+}\mid Co^{2+}\mid Pt$	$Co^{3+}+e^-=\!\!=\!Co^{2+}$	1.808

参 考 文 献

[1] 杨一平,吴晓明,王振琪. 物理化学. 第3版. 北京:化学工业出版社,2015.
[2] 肖衍繁,李文斌. 物理化学. 第2版. 天津:天津大学出版社,2003.
[3] 王正烈. 物理化学. 第2版. 北京:化学工业出版社,2006.
[4] 汤瑞湖,李莉. 物理化学. 北京:化学工业出版社,2008.
[5] 张正竞. 基础化学. 北京:化学工业出版社,2007.
[6] 刘志明,吴也平,金丽梅. 应用物理化学. 北京:化学工业出版社,2009.
[7] 上海师范大学等. 物理化学. 第3版. 北京:高等教育出版社,1991.
[8] 刘风云. 物理化学. 北京:化学工业出版社,2008.
[9] 傅献彩,沈文霞,姚天扬. 物理化学. 第4版. 北京:高等教育出版社,1990.
[10] 高职高专化学教材编写组编. 物理化学实验. 第2版. 北京:高等教育出版社,2002.
[11] 孙德坤,沈文霞,姚天扬. 物理化学解题指导. 南京:江苏教育出版社,1998.
[12] 徐晓强,刘洪宇,魏翠娥. 基础化学实验. 北京:化学工业出版社,2013.
[13] 郝奕梅. 化学实验技术. 北京:化学工业出版社,2014.
[14] 田宜灵,李洪玲. 物理化学实验. 北京:化学工业出版社,2008.
[15] 李素婷. 物理化学. 北京:化学工业出版社,2007.
[16] 张澄镜. 超临界流体萃取. 北京:化学工业出版社,2000.